21世纪高等职业教育计算机类"十二五"规划教材

Flash CS5

实用案例教程

Flash CS5 SHIYONG ANLI JIAOCHENG

主　编　刘进军　肖建芳

副主编　邵泳兵　陆深焕　唐美霞　杨秀萍　陈香生

参　编　邱建英　彭朝亮　贺红娟　王凤兰　林新平
　　　　潘婷婷　漆　珣　方小铁　陈志英　杨林邦
　　　　刘　桢　张松慧　张　勇

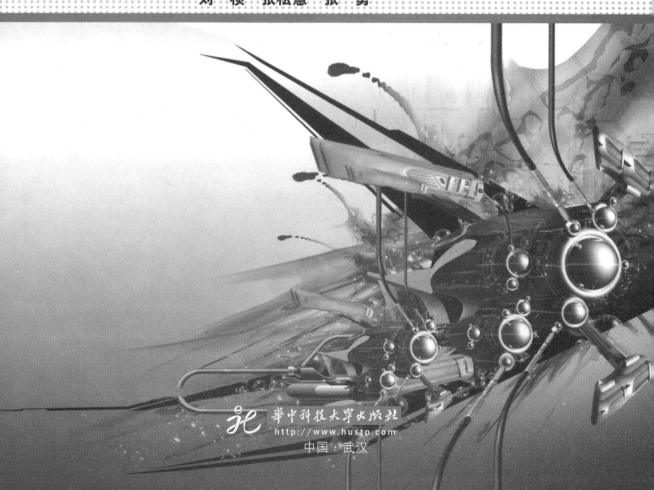

华中科技大学出版社

http://www.hustp.com

中国·武汉

内 容 提 要

Flash CS5 是一款优秀的 2D 动画设计软件,自 2010 年推出以来,受到了动画设计爱好者的普遍欢迎。本书采用大量实用案例结合知识讲解的方法,由浅入深、循序渐进地介绍动画设计的基本理念及使用 Flash CS5 进行动画设计的方法和技巧。

全书共 12 章,第 1 章介绍 Flash CS5 的基本知识;第 2 章介绍 Flash CS5 的各种工具,通过案例较详细地介绍了 3D 旋转工具、骨骼工具和 Deco 工具等;第 3 章介绍逐帧动画的基础知识和如何设计逐帧动画;第 4 章介绍补间动画;第 5 章介绍 Flash CS5 中的文本工具;第 6 章介绍引导层和遮罩层动画;第 7 章介绍在动画中导入外部的图像、声音和视频,并在 Flash CS5 中进行简单的编辑操作;第 8 章介绍 ActionScript 动作脚本的基础知识;第 9 章使用大量案例介绍 ActionScript 动作脚本的进阶知识;第 10 章介绍组件和模板;第 11 章介绍动画的测试、优化、导出与发布;第 12 章中给出几个综合案例,涵盖贺卡、动画网页、课件和 MV 等的制作,通过对案例的学习和模仿,读者可以轻松地掌握设计各种动画作品的方法和技巧。

本书采用案例教学的方法,内容丰富、结构合理、语言精练、图文并茂,既适合于本科及高职高专院校的计算机及艺术设计类专业的教学使用,也可以作为各类培训机构的教材,以及广大动画设计爱好者的自学参考用书。

图书在版编目(CIP)数据

Flash CS5 实用案例教程/刘进军 肖建芳 主编.—武汉:华中科技大学出版社,2012.4
ISBN 978-7-5609-7695-2

Ⅰ.F… Ⅱ.①刘… ②肖… Ⅲ.动画制作软件,Flash CS5-高等学校-教材 Ⅳ.TP391.41

中国版本图书馆 CIP 数据核字(2012)第 011212 号

Flash CS5 实用案例教程   刘进军 肖建芳 主编

策划编辑:何 赟   封面设计:龙文装帧
责任编辑:张 琼   责任校对:祝 菲
责任监印:张正林
出版发行:华中科技大学出版社(中国·武汉)
      武昌喻家山   邮编:430074   电话:(027)87557437
录 排:华中科技大学惠友文印中心
印 刷:华中科技大学印刷厂
开 本:787mm×1092mm 1/16
印 张:25
字 数:640 千字
版 次:2012 年 5 月第 1 版第 1 次印刷
定 价:49.80 元

前　言

Flash CS5 是 Adobe 公司推出的一款优秀的专业 2D 动画设计软件,目前已广泛应用于互联网、多媒体课件制作、广告业及游戏软件制作等领域。

本书由教学经验丰富的高校一线教师编写,采用案例教学和启发式教学的方法,通过使用大量实用案例渗透知识点的讲解方法,由浅入深、循序渐进地介绍了动画设计的基本理念及使用 Flash CS5 设计动画的方法和技巧。

本书内容丰富、图文并茂、语言精练、通俗易懂,配有案例和课后实训等内容,方便读者学习的时候上机操作以巩固知识。同时在难以理解和掌握的部分知识点上也做出了相应的提示,使读者能够很快理解知识并提高操作的技能。章(第 12 章除外)后的课后实训,都有效果提示和技巧提示,使读者在不断的实践操作中来更加牢固地掌握书中讲解的知识点并有自己的创新。

本书由刘进军、肖建芳任主编,邵泳兵、陈香生、唐美霞、陆深焕、杨秀萍任副主编,参加本书编写及校对工作的人员还有邱建英、彭朝亮、贺红娟、王凤兰、林新平、潘婷婷、漆珣、方小铁、陈志英、杨林邦等。全书由刘进军、肖建芳和陆深焕进行审稿及定稿。

本书资源包包含所有的动画案例源文件、相关素材,以及精心为使用本书的教师们制作的 PPT 教学课件。读者可登录网站 http://www.hustp.com,搜索本书名以获取资源包,或通过 upbook@qq.com 索取资源包。由于编者水平有限,加之时间仓促,本书难免有不足之处,欢迎广大教师和读者批评指正。

编　者
2011 年 12 月

目　录

第 1 章　了解 Flash CS5 ···(1)

1.1　Flash CS5 概述 ···(1)

    1.1.1　Flash 简介 ··(1)

    1.1.2　Flash 的应用领域 ···(2)

1.2　Flash CS5 操作界面 ···(4)

    1.2.1　菜单栏 ··(6)

    1.2.2　"工具"面板 ··(11)

    1.2.3　时间轴 ··(12)

    1.2.4　舞台和场景 ··(12)

    1.2.5　Flash 的播放顺序 ···(13)

1.3　Flash 制作流程 ···(13)

1.4　综合案例——使用模板制作动画-随机缓动的蜡烛 ·······························(14)

    课后实训 ···(17)

第 2 章　Flash CS5 的工具 ··(19)

2.1　选择工具、任意变形工具和套索工具 ···(19)

    2.1.1　引入案例——绘制五瓣花 ··(19)

    2.1.2　选择工具 ···(21)

    2.1.3　任意变形工具 ···(22)

    2.1.4　套索工具 ···(24)

2.2　基本绘制工具和编辑工具 ···(26)

    2.2.1　引入案例——绘制圣诞老人 ···(26)

    2.2.2　钢笔工具 ···(29)

    2.2.3　线条工具 ···(33)

    2.2.4　矩形工具和椭圆工具 ··(34)

    2.2.5　铅笔工具 ···(40)

    2.2.6　刷子工具 ···(40)

    2.2.7　颜料桶工具 ··(42)

2.3　3D 旋转和平移工具 ··(43)

    2.3.1　引入案例——绘制透明多面体 ···(43)

    2.3.2　3D 旋转工具 ···(45)

      2.3.3 3D 平移工具 ···(47)

  2.4 Deco 工具 ···(48)

      2.4.1 引入案例——绘制"繁华都市" ···························(48)

      2.4.2 Deco 工具基础知识 ···(53)

      2.4.3 Deco 工具的使用 ···(53)

  2.5 骨骼工具 ···(62)

      2.5.1 引入案例——绘制爬行的蛇 ·····························(62)

      2.5.2 骨骼工具基础知识 ···(64)

      2.5.3 骨骼工具的使用 ···(64)

      2.5.4 手形工具 ··(70)

      2.5.5 缩放工具 ··(70)

      2.5.6 "对齐"面板 ···(71)

  2.6 综合案例 ···(71)

      2.6.1 综合案例 1——原野风光 ·································(71)

      2.6.2 综合案例 2——走路的莲藕人 ·························(75)

  课后实训 ···(79)

第 3 章 逐帧动画 ···(81)

  3.1 时间轴和帧 ···(81)

      3.1.1 引入案例——打字效果 ···································(81)

      3.1.2 时间轴和帧的概念 ···(84)

      3.1.3 帧的基本操作 ···(85)

  3.2 逐帧动画的基本原理和表现方法 ·································(86)

      3.2.1 引入案例——走动的钟表 ·································(86)

      3.2.2 逐帧动画的基本原理 ·······································(90)

      3.2.3 逐帧动画的表现方法 ·······································(90)

      3.2.4 逐帧动画的创建方法 ·······································(93)

  3.3 综合案例 ···(93)

      3.3.1 综合案例 1——骏马奔腾 ·································(93)

      3.3.2 综合案例 2——花吃蝴蝶 ·································(96)

  课后实训 ···(99)

第 4 章 补间动画 ···(101)

  4.1 元件和实例 ···(101)

      4.1.1 引入案例——花的世界 ···································(101)

      4.1.2 元件和实例的概念 ···(103)

      4.1.3 元件的分类 ···(104)

      4.1.4 创建元件 ··(105)

      4.1.5 编辑实例 ··(107)

      4.1.6 库的管理 ··(109)

  4.2 形状补间动画 ··(111)

4.2.1 引入案例——加菲猫 .... (112)

4.2.2 形状补间动画原理 .... (115)

4.2.3 控制变形 .... (115)

4.3 动作补间动画 .... (116)

4.3.1 引入案例——贪嘴懒羊羊 .... (117)

4.3.2 动作补间动画原理 .... (120)

4.3.3 制作渐隐渐显动画 .... (121)

4.4 综合案例 .... (124)

4.4.1 综合案例 1——海底世界 .... (124)

4.4.2 综合案例 2——旋转的风车 .... (128)

课后实训 .... (132)

第 5 章 使用文本工具 .... (133)

5.1 文本样式的设置 .... (133)

5.1.1 引入案例——教师节卡片 .... (133)

5.1.2 创建文本 .... (135)

5.1.3 文本属性 .... (136)

5.1.4 文本类型 .... (137)

5.2 文本的编辑 .... (137)

5.2.1 引入案例——幸福花坊 .... (137)

5.2.2 变形文本 .... (140)

5.2.3 填充文本 .... (140)

5.3 滤镜效果 .... (141)

5.3.1 引入案例——周末特价 .... (141)

5.3.2 滤镜类型 .... (143)

5.4 综合案例 .... (147)

5.4.1 综合案例 1——荧光文字 .... (147)

5.4.2 综合案例 2——旋转文字 .... (149)

课后实训 .... (151)

第 6 章 引导层和遮罩层动画 .... (153)

6.1 图层 .... (153)

6.1.1 引入案例——湖边小屋 .... (153)

6.1.2 图层的创建 .... (160)

6.1.3 图层的编辑 .... (160)

6.2 引导层动画 .... (164)

6.2.1 引入案例——飘落的秋叶 .... (164)

6.2.2 普通引导层 .... (168)

6.2.3 运动引导层 .... (168)

6.2.4 创建沿曲线运动的动画——蝴蝶飞舞 .... (168)

6.3 遮罩层动画 .... (171)

6.3.1 引入案例——卷轴画 ……………………………………………………………(171)

6.3.2 遮罩层动画的原理及使用 ……………………………………………………(174)

6.4 综合案例 ………………………………………………………………………………(175)

6.4.1 综合案例 1——星星字 …………………………………………………………(175)

6.4.2 综合案例 2——太阳地球月亮 …………………………………………………(179)

课后实训 …………………………………………………………………………………………(184)

第 7 章 导入外部素材 ……………………………………………………………………………(186)

7.1 导入图片 ………………………………………………………………………………(186)

7.1.1 引入案例——图片展示 …………………………………………………………(186)

7.1.2 导入图片的格式 …………………………………………………………………(189)

7.1.3 位图文件的导入和编辑 …………………………………………………………(190)

7.2 导入声音 ………………………………………………………………………………(196)

7.2.1 引入案例——图片展示加音效(唱山歌) ………………………………………(196)

7.2.2 可导入声音文件的类型 …………………………………………………………(198)

7.2.3 添加声音 …………………………………………………………………………(199)

7.2.4 编辑声音 …………………………………………………………………………(200)

7.3 导入视频 ………………………………………………………………………………(204)

7.3.1 引入案例——婚礼剪辑 …………………………………………………………(204)

7.3.2 Flash 支持的视频格式 …………………………………………………………(208)

7.3.3 视频编码器 ………………………………………………………………………(208)

7.4 综合案例 ………………………………………………………………………………(211)

7.4.1 综合案例 1——视频播放器 ……………………………………………………(211)

7.4.2 综合案例 2——音频古诗 ………………………………………………………(214)

课后实训 …………………………………………………………………………………………(217)

第 8 章 动作脚本基础 ……………………………………………………………………………(218)

8.1 "动作"面板和动作脚本的使用 ………………………………………………………(218)

8.1.1 引入案例——下雪啦 ……………………………………………………………(218)

8.1.2 "动作"面板 ……………………………………………………………………(220)

8.1.3 动作脚本中的术语 ………………………………………………………………(226)

8.1.4 数据类型 …………………………………………………………………………(228)

8.1.5 语法规则 …………………………………………………………………………(230)

8.1.6. 变量 ………………………………………………………………………………(231)

8.1.7 运算符与表达式 …………………………………………………………………(233)

8.2 ActionScript 程序结构 …………………………………………………………………(238)

8.2.1 引入案例——输出"水仙花数" …………………………………………………(238)

8.2.2 顺序结构 …………………………………………………………………………(239)

8.2.3 选择结构 …………………………………………………………………………(239)

8.2.4 循环结构 …………………………………………………………………………(242)

8.3 影片剪辑的路径和属性 …………………………………………………………………(244)

8.3.1 引入案例——小鱼吹泡泡 (244)
8.3.2 影片剪辑的路径 (245)
8.3.3 影片剪辑的属性 (248)
8.4 函数 (252)
8.4.1 引入案例——电子相册 (252)
8.4.2 时间轴控制函数 (254)
8.4.3 影片剪辑控制函数 (256)
8.4.4 事件处理函数 (260)
8.4.5 浏览器/网络函数 (261)
8.4.6 其他常用普通函数 (265)
8.4.7 自定义函数 (268)
8.5 综合案例 (270)
8.5.1 综合案例 1——齿轮旋转效果 (270)
8.5.2 综合案例 2——"福"到 (271)
课后实训 (275)
第 9 章 动作脚本进阶 (277)
9.1 脚本中常用的对象 (277)
9.1.1 引入案例——点歌小软件 (277)
9.1.2 Math 对象 (278)
9.1.3 Date 对象 (280)
9.1.4 Color 对象 (281)
9.1.5 Sound 对象 (282)
9.2 场景与帧的控制语句 (283)
9.2.1 引入案例——飞翔的雄鹰 (283)
9.2.2 语句解析 (288)
9.3 拖动语句 startDrag 和 stopDrag (289)
9.3.1 引入案例——拼图游戏 (289)
9.3.2 语句解析 (293)
9.4 遮罩语句 setMask (294)
9.4.1 引入案例——放大镜看书 (294)
9.4.2 语句解析 (296)
9.5 鼠标跟随特效 (297)
9.5.1 引入案例——闪闪的星星跟我走 (297)
9.5.2 语句解析 (299)
9.6 综合案例 (300)
9.6.1 综合案例 1——下载进度条 (300)
9.6.2 综合案例 2——小鱼跟着鼠标游 (302)
课后实训 (305)

第 10 章　组件和模板 ·· (308)

　10.1　组件 ··· (308)

　　10.1.1　引入案例——用户注册表 ·· (308)

　　10.1.2　组件及其基本操作 ·· (317)

　　10.1.3　常见组件的应用 ··· (318)

　10.2　模板 ··· (321)

　　10.2.1　引入案例——下雪啦 ·· (321)

　　10.2.2　模板的基本操作 ··· (323)

　10.3　综合案例 ·· (324)

　　10.3.1　综合案例 1——就业问卷调查 ··· (324)

　　10.3.2　综合案例 2——烛光晚餐 ··· (331)

　课后实训 ·· (334)

第 11 章　测试、优化、导出与发布 ··· (336)

　11.1　测试和优化动画 ·· (336)

　　11.1.1　测试动画 ·· (336)

　　11.1.2　优化动画 ·· (339)

　11.2　动画的导出 ··· (340)

　　11.2.1　导出影片 ·· (340)

　　11.2.2　导出图像 ·· (342)

　11.3　动画的发布 ··· (343)

　　11.3.1　发布设置 ·· (343)

　　11.3.2　发布动画 ·· (347)

　11.4　综合案例——导出 QQ 龇牙表情动画 ··· (348)

　课后实训 ·· (349)

第 12 章　综合案例 ·· (350)

　12.1　圣诞贺卡 ·· (350)

　　12.1.1　布局文档 ·· (350)

　　12.1.2　制作元件 ·· (351)

　　12.1.3　布置场景 ·· (354)

　　12.1.4　添加代码 ·· (358)

　　12.1.5　测试影片 ·· (358)

　12.2　banner 动画——金山植物园 ··· (359)

　　12.2.1　布局文档 ·· (359)

　　12.2.2　制作元件 ·· (359)

　　12.2.3　布置场景，添加代码 ··· (365)

　　12.2.4　测试影片 ·· (365)

　12.3　数学课件 ·· (366)

　　12.3.1　布局文档 ·· (366)

　　12.3.2　制作元件 ·· (366)

12.3.3　布置场景，添加代码 ·· (369)

12.3.4　测试影片 ··· (373)

12.4　《童话》MV ·· (373)

12.4.1　前期准备 ··· (373)

12.4.2　布局文档 ··· (375)

12.4.3　制作元件 ··· (375)

12.4.4　布置场景，添加代码 ·· (382)

12.4.5　测试影片 ··· (386)

参考文献 ··· (387)

第1章 了解 Flash CS5

Flash 是一款集多种功能于一体的用于矢量图形编辑和动画制作的软件。Flash 动画是现在最为流行的动画形式之一，它凭借制作简单、体积小巧、表现形式多样、支持跨平台使用及使用"流"播放技术等诸多优势，在互联网、多媒体课件制作、广告业及游戏软件制作等领域得到了广泛的应用。Flash CS5 自 2010 年 4 月正式问世以来，其卓越的性能令 Flash 动画的设计与制作更加简单方便。Flash 动画的使用已不再只停留在计算机上，现在智能手机及数字电视等都安装了 Flash Player，使得 Flash 动画的应用领域更加广泛。

本章学习目标

◇ 了解 Flash 软件的发展历史；
◇ 了解 Flash 动画的特点；
◇ 了解 Flash CS5 的应用领域；
◇ 熟悉 Flash CS5 软件的操作界面；
◇ 掌握使用 Flash CS5 制作动画的基本步骤。

1.1 Flash CS5 概述

1.1.1 Flash 简介

Adobe 公司旗下的 Flash 软件的前身是一个动态变化小程序，这个小程序的名字叫 FutureSplash，是由 FutureWave 公司在 1996 年设计推出的。后来该公司将此技术卖给了 Macromedia 公司，Macromedia 公司获得该技术后将 FutureSplash 重新命名为 Flash Player 1.0。2005 年 4 月，Macromedia 公司被 Adobe 公司收购，此后，Flash 飞速发展。2010 年 4 月，Flash 的最新版本 Flash CS5 也横空出世。

Flash 动画通过帧、元件、图层和场景等元素的组合，利用时间轴和图层等对文本、声音、视频、图形图像等多媒体素材的控制，制作出内容丰富、形象生动的动画作品。Flash 动画有如下主要特点。

● Flash 动画是矢量动画，短小精悍，下载速度快。因为使用矢量绘图，用户只需要用少量数据就可以描述一个复杂的动画，所以使用 Flash 制作的动画文件很小，在网络上下载的速度相对较快。而且矢量绘图的特点是图形不管是放大还是缩小，都不会出现失真的现象，与之相对应的位图图像在放大后会出现不同程度的锯齿等失真现象。

● Flash 动画播放方便。Flash 动画可以在浏览器中观看，并且使用边下载边播放的

"流"播放技术，使得 Flash 动画在网络上广泛流传。同时，Flash 动画还可以在独立的播放器中播放，因此越来越多的多媒体光盘也都使用 Flash 来制作。

● Flash 动画具有交互性，设计简单方便。与传统的动画制作方式相比，Flash 动画更具有交互性且操作更加简单方便，尤其是其可以结合 ActionScript 编程，使得制作交互效果的动画变得更加轻松容易。

1.1.2 Flash 的应用领域

Flash 动画由于具有短小精悍、表现形式多样和播放方便等特点，所以被广泛应用于网页设计、网页广告、网络动画、多媒体教学软件、游戏设计等领域。下面分别对 Flash 在各领域的应用做简单介绍。

1. 网页设计

在进入很多企业网站的主页前常常会看到用 Flash 制作的欢迎页，这些欢迎页面一般色彩鲜明、动感、时尚，而且一般文本比较少，主要是通过对其他多媒体元素的控制来起到吸引眼球的作用并产生震撼的效果。此外，很多网站的 Logo 和 Banner 也都使用 Flash 制作动画。当需要制作一些交互功能较强的网站时，例如，制作某些调查类网站时，如果使用 Flash 制作整个网站，则互动性更强。如图 1-1 所示的网站标题就是使用 Flash 制作的。

图 1-1 Flash 设计的网站标题

2. 网页广告

网站上的广告多如牛毛，而且每天都有更新，这些网页广告一般都需要具备短小精悍、表现力强等特点，因此使用 Flash 软件制作较合适。现在打开任何一个网站的网页，都可以发现一些动感时尚的 Flash 网页广告(见图 1-2)。

图 1-2　Flash 设计的汽车网页广告

3．动画短片

使用 Flash 自创音乐视频及动画电影短片已经成为许多网友的爱好。许多网友都喜欢把自己制作的 Flash 音乐动画、Flash 电影动画上传到网站上供其他网友欣赏，实际上正是这些网络动画的流行，才使得 Flash 动画成了一种网络文化(见图 1-3)。

图 1-3　《帝王之恋》动画短片

4．多媒体教学课件

Flash 动画在多媒体课件制作领域也普遍受到青睐。制作实验演示或多媒体教学光盘时，Flash 动画被大量的使用，如图 1-4 所示的是物理教学"什么是力"的课件。

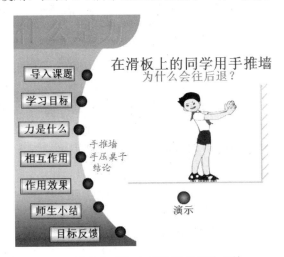

图 1-4　Flash 制作的多媒体课件

5．游戏

使用 Flash 的动作脚本功能可以制作一些有趣的在线小游戏，如植物大战僵尸、连连看、棋牌类游戏等，如图 1-5 所示。

图 1-5　Flash 制作的在线小游戏

6．手机中的应用

由于 Flash 制作的小软件具有占用存储空间小、用户下载速度快的优点，因此，Flash 制作的小软件不仅在计算机网络上广泛使用，手机厂商们也纷纷将使用 Flash 开发的小软件嵌入到新款手机当中，使得手机在我们的工作和生活中发挥着更大的作用。

总之，随着 Flash 软件的发展，Flash 动画的应用领域进一步扩展，相信在不远的将来，Flash 的应用领域将更加广阔。

1.2　Flash CS5 操作界面

Flash CS5 在推出时分为几个版本，本书只介绍 Flash CS5 专业版的相关知识，所有动画的设计与制作都是用 Flash CS5 专业版完成的。在学习动画设计之前，先来熟悉一下 Flash CS5 专业版的操作界面，图 1-6 所示的为 Flash CS5 专业版的启动界面。

从图 1-6 中可以看到，启动界面有"从模板创建"、"打开最近的项目"、"新建"、"扩展"和"学习"五个模块。"从模板创建"模块为初学者提供了很多模板，只要直接选用合适的模板并根据实际需要稍加修改，就可以完成一个动画作品的制作。"新建"模块提供了多种不同类型 Flash 文档的新建方式，例如，要使用 ActionScript 3.0 编程，则需要选择第一项"ActionScript 3.0"。单击"学习"模块的项目，可以打开 Adobe 网站上相应的学习帮助资料，从中可以学习和查看相关的知识。"打开最近的项目"模块用于显示最近编辑过的文档，并且可以从这里打开已有的 Flash 文档来进行编辑。单击"新建"模块的"ActionScript 3.0"选项，如图 1-6 所示，则可以新建一个 Flash 文档。

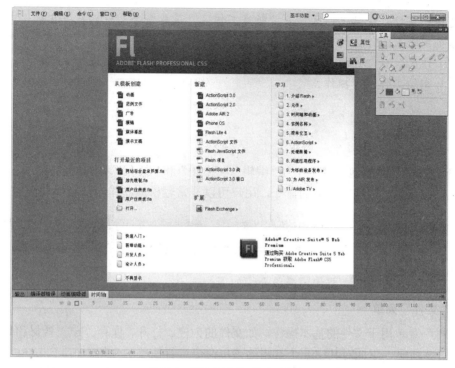

图 1-6　Flash CS5 的启动界面

　　从图 1-7 可知，Flash CS5 的工作界面包括菜单栏、设计区舞台、"时间轴"面板、垂直停放的面板组和"工具"面板等要素。

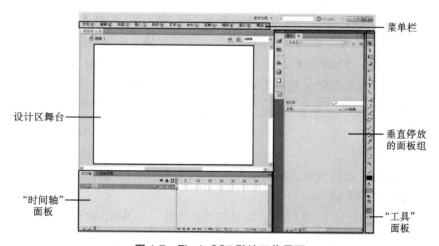

图 1-7　Flash CS5 默认工作界面

　　💾 提示：Flash CS5 默认的工作界面与传统的工作区相比在布局上有很大的改观，如果用户不习惯这个操作界面，可以通过选择"窗口"→"工作区"菜单的子菜单命令来选择合适的工作区样式，如果用户习惯旧版本中传统的布局，则可以通过选择"窗口"→"工作区"→"传统"菜单命令来更换布局。如果要将当前工作区布局保存为自定义的工作区，则可以选择"窗口"→"工作区"→"新建工作区"菜单命令，然后在弹出的"新建工作区"对话框中输入工作区的名称，单击"确定"按钮即可保存当前工作区样式。选择"窗口"→"工作区"→"管理工作区"菜单命令可以对自定义工作区进行管理操作，如重命名工作区和删除工作区等操作。

1.2.1 菜单栏

Flash CS5 的菜单栏包括"文件"、"编辑"、"视图"和"插入"等 11 个主菜单，如图 1-8 所示。通过在菜单栏中选择相应的命令，用户可以非常轻松地制作出精彩的动画。

文件(F) 编辑(E) 视图(V) 插入(I) 修改(M) 文本(T) 命令(C) 控制(O) 调试(D) 窗口(W) 帮助(H)

图 1-8 Flash CS5 的菜单栏

菜单栏中各菜单项的主要作用简单介绍如下。

1. "文件"菜单

"文件"菜单用于文件的基本操作，如文件的创建、打开、保存、导入素材和导出影片等，如图 1-9 所示。下面对其中几个常用的菜单命令进行简单的介绍。

- "新建"：用来新建各种 Flash 文档和项目。用户也可以选择系统模板并根据模板来新建文档。
- "打开"：打开已存在的 Flash 相关文档。
- "保存"：对当前设计文档的源文件进行保存操作。
- "导入"：可以将外部的图像、声音和视频等素材导入到舞台或库中供设计使用。
- "导出"：可以将当前制作好的动画作品文档以影片或图像的形式导出。
- "发布设置"：Flash 动画制作好后需要发布成影片或 HTML 格式的文档，通过此菜单项可以对发布作品的品质、播放等参数进行设置。
- "发布"：按照在"发布设置"中设置好的格式和参数将动画发布成不同类型的文件。

2. "编辑"菜单

"编辑"菜单用于动画内容的编辑操作，如复制、粘贴等，如图 1-10 所示。下面对其常用菜单命令进行简单介绍。

- "复制"和"剪切"：分别用于复制和剪切操作，与 Word 软件中的"复制"和"剪切"菜单的使用方法相同。
- "粘贴到中心位置"：可以将剪贴板中的元素粘贴到舞台的中心位置。
- "查找和替换"：可以在当前文档或当前场景的舞台文本区及动作代码区中查找和替换相应的内容。
- "时间轴"：有下一级菜单命令，可以对当前帧或当前图层进行一些基本的编辑操作，如复制或移动帧和图层等。

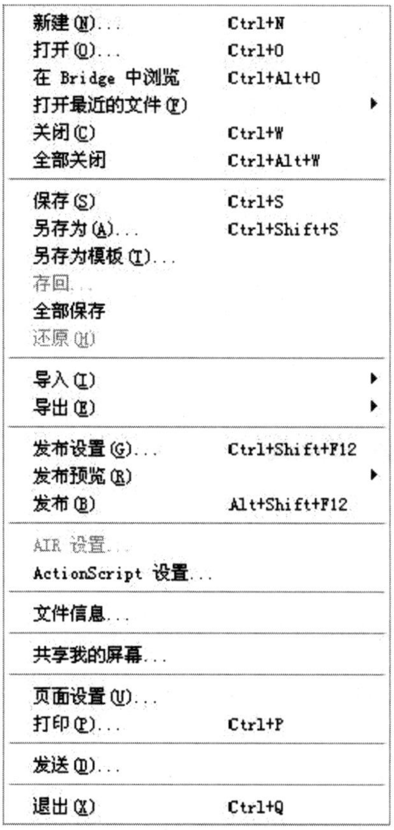

新建 (N)...	Ctrl+N
打开 (O)...	Ctrl+O
在 Bridge 中浏览	Ctrl+Alt+O
打开最近的文件 (F)	▶
关闭 (C)	Ctrl+W
全部关闭	Ctrl+Alt+W
保存 (S)	Ctrl+S
另存为 (A)...	Ctrl+Shift+S
另存为模板 (T)...	
存回	
全部保存	
还原 (H)	
导入 (I)	▶
导出 (E)	▶
发布设置 (G)...	Ctrl+Shift+F12
发布预览 (R)	▶
发布 (B)	Alt+Shift+F12
AIR 设置...	
ActionScript 设置...	
文件信息...	
共享我的屏幕...	
页面设置 (U)...	
打印 (P)...	Ctrl+P
发送 (D)...	
退出 (X)	Ctrl+Q

图 1-9　"文件"菜单

撤消 (U)	Ctrl+Z
重做 (R)	Ctrl+Y
剪切 (T)	Ctrl+X
复制 (C)	Ctrl+C
粘贴到中心位置 (I)	Ctrl+V
粘贴到当前位置 (P)	Ctrl+Shift+V
选择性粘贴 (O)...	
清除 (D)	Backspace
直接复制 (D)	Ctrl+D
全选 (L)	Ctrl+A
取消全选 (V)	Ctrl+Shift+A
查找和替换 (F)	Ctrl+F
查找下一个 (N)	F3
时间轴 (M)	▶
编辑元件 (E)	Ctrl+E
编辑所选项目 (I)	
在当前位置编辑 (E)	
全部编辑 (A)	
首选参数 (S)...	Ctrl+U
自定义工具面板 (Z)...	
字体映射 (G)...	
快捷键 (K)...	

图 1-10　"编辑"菜单

● "首选参数":设置文档的一些参数,如是否显示启动页、ActionScript 代码的显示样式等。

3."视图"菜单

"视图"菜单用于设置开发环境的外观和版式,如放大和缩小视图、显示和隐藏标尺及网格线等,如图 1-11 所示。下面对其常用菜单命令进行简单介绍。

● "放大"和"缩小":每选择一次将舞台放大至原来的 2 倍或缩小为原来的 1/2。
● "缩放比率":在此菜单项的子菜单中可以选择放大或缩小的合适比例。
● "标尺":单击"标尺"菜单项后,"标尺"菜单项前显示出"√"符号,此时窗口中显示标尺,再次单击"标尺"菜单项则可以隐藏标尺。
● "网格":网格线便于对动画元素进行定位。通过其子菜单可以设置显示或隐藏网格线,还可以对网格进行编辑,自定义网格的颜色和大小等参数。
● "紧贴":可以设置对象紧贴至网格、辅助线或对象等。

4."插入"菜单

"插入"菜单用于插入性质的操作,如插入帧、图层、补间、场景和新建元件等,如图 1-12 所示。下面对其常用菜单命令进行简单介绍。

- "新建元件"：利用此菜单命令可以新建一个元件，如图形元件、按钮元件或影片剪辑元件等。元件是最常使用的动画设计元素之一。
- "补间动画"、"补间形状"和"传统补间"：用来设置动画的补间。

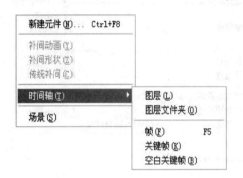

图 1-11 "视图"菜单   图 1-12 "插入"菜单

- "时间轴"：用于进行时间轴的相关操作，如插入图层、图层文件夹、插入帧等。
- "场景"：用于在舞台上添加新的场景。

5．"修改"菜单

"修改"菜单用于修改动画中的元素、场景等动画本身的特性，如修改属性、将位图转换为矢量图等，如图 1-13 所示。下面对其中常用菜单命令进行简单介绍。

- "文档"：通过此菜单命令可以修改文档的基本属性。
- "转换为元件"：用于将当前场景中选定元素转换为元件。
- "转换为位图"：用于将当前选定元素转换为位图。

图 1-13 "修改"菜单

- "分离"：用于将对象分离成为形状，快捷键是 Ctrl+B。也可以将文本框中的文本分离成一个个单独的文字，再次使用分离则可以将单独的文字再分离成为形状。
- "位图"：其下一级菜单中的命令可以将当前位图转换为库中其他位图，或将位图转换为矢量图。
- "元件"：其下一级菜单中的命令可以将当前元件转换为其他元件，或者对元件进行复制。
- "形状"：其下一级菜单中的命令可以对当前形状进行"伸直"等操作，还可以将线条转换为填充，这个在做遮罩动画的过程中可以用到。也可以为补间形状添加形状提示点。

- ● "合并对象"：对选定的多个对象进行合并操作，如进行联合、交集、打孔等操作。
- ● "时间轴"：可以修改时间轴的一些操作，如进行分散到图层、翻转帧等操作。
- ● "变形"：对选定对象进行一些缩放、旋转与倾斜等变形操作。
- ● "排列"：用于设置对象之间的叠放次序，可以通过"上移一层"和"下移一层"等菜单命令来调整叠放次序。
- ● "对齐"：用于设置选定的多个动画元素在舞台上的对齐方式操作，如进行"左对齐"、"右对齐"等操作。
- ● "组合"：将分散的几个动画元素组合成一个整体，也叫组，也可以将单独的一个形状组合成一个组，快捷键是 Ctrl+G。
- ● "取消组合"：与"组合"操作相反的操作。将组合成组的动画元素还原成组合前的样子。

6. "文本"菜单

"文本"菜单用于对文本的属性和样式进行设置，如图 1-14 所示。下面对其常用菜单命令进行简单介绍。

图 1-14 "文本"菜单

- ● "字体"和"大小"：用于设置文本的字体，以及字号大小。
- ● "样式"：用于设置文本的粗体和斜体的样式，以及将选择文本设置成上标和下标等。
- ● "对齐"：用于设置文本在文本框中的对齐方式。
- ● "字母间距"：用于设置加宽或缩小字母之间的距离。

7. "命令"菜单

"命令"菜单用于对命令进行管理。如进行导入动画 XML、导出动画 XML、将元件转换为 Flex 容器和将元件转换为 Flex 组件等操作，如图 1-15 所示。

8. "控制"菜单

"控制"菜单用于对动画进行播放、控制和测试等。如"测试影片"菜单命令可以对当前影片进行测试，"测试场景"菜单命令可以对当前场景进行测试，"静音"菜单命令可以设置静音等，如图 1-16 所示。

9. "调试"菜单

"调试"菜单用于对动画进行调试操作，如图 1-17 所示。

10. "窗口"菜单

"窗口"菜单用于打开、关闭、组织和切换各种面板窗口，如图 1-18 所示。其中，常用的有"时间轴"面板、"工具"面板、"属性"面板、"库"面板和"动作"面板等。

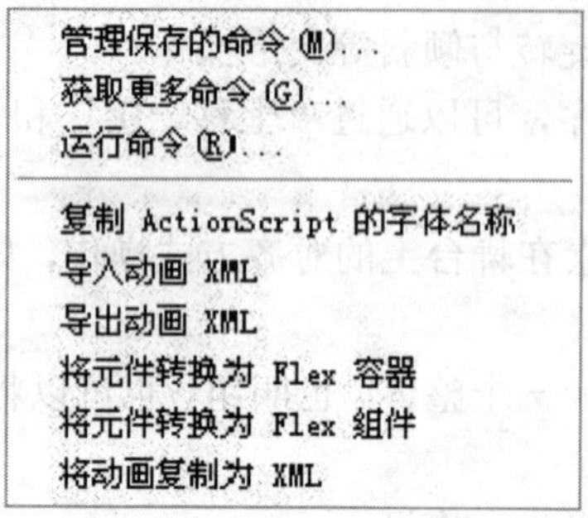

管理保存的命令 (M)...	播放 (P) Enter
获取更多命令 (G)...	后退 (K) Shift+,
运行命令 (R)...	转到结尾 (G) Shift+.

图 1-15 "命令"菜单 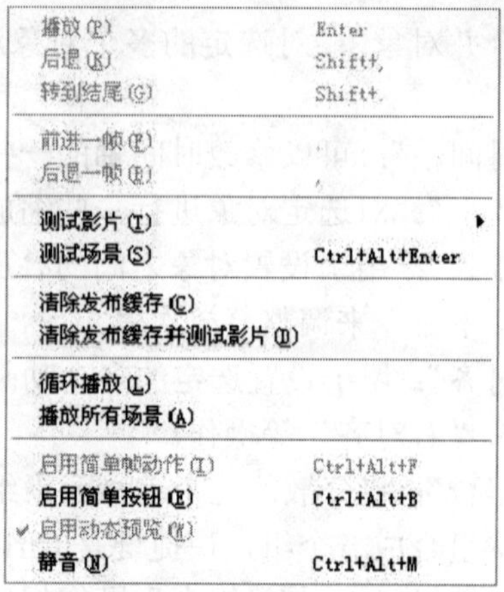   **图 1-16 "控制"菜单**

11. "帮助"菜单

"帮助"菜单(见图 1-19)用于快速获取在线的有关帮助信息。善于使用"帮助"菜单，初学者将能更快掌握软件的使用方法和动画设计的方法和技巧。

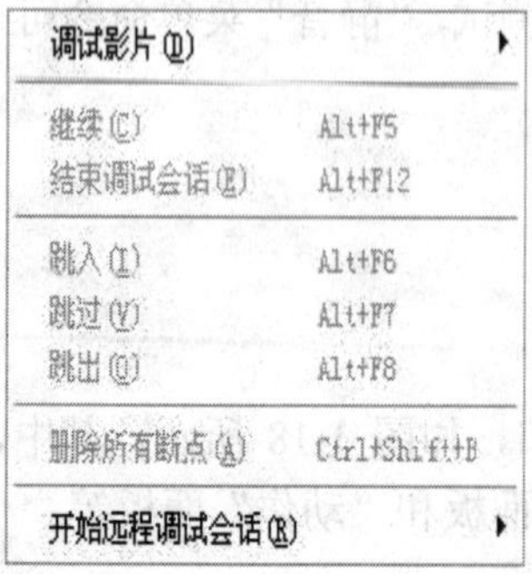

图 1-17 "调试"菜单 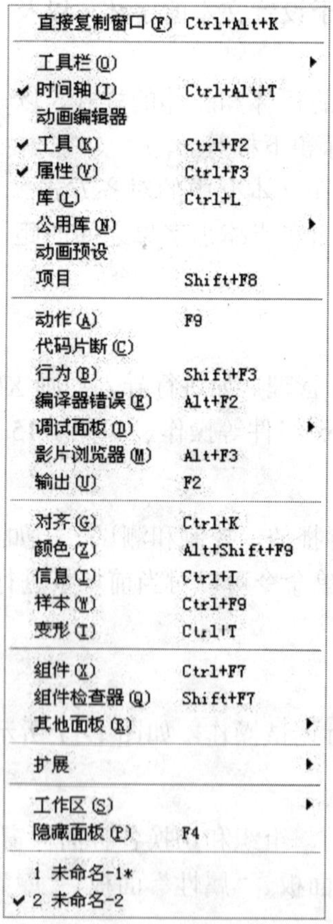   **图 1-18 "窗口"菜单** 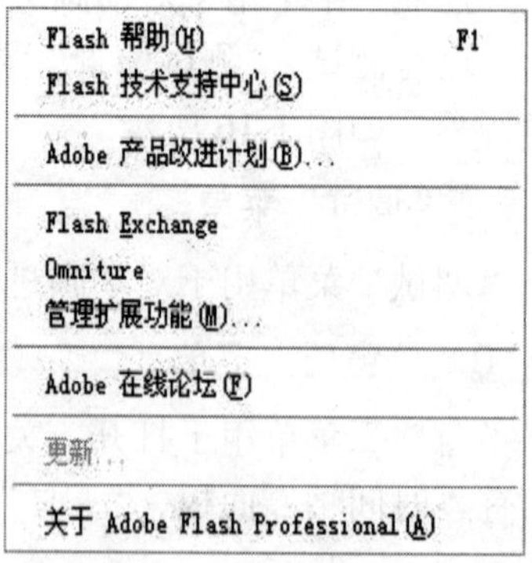   **图 1-19 "帮助"菜单**

1.2.2 "工具"面板

单击"工具"面板的面板标题栏，并按住鼠标左键不放拖曳，即可将"工具"面板单独拖放出来，如图 1-20 所示。

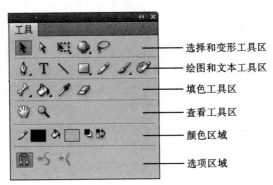

图 1-20 "工具"面板

从图 1-20 中可以看出，"工具"面板中的所有工具从上到下依次分为选择和变形工具区、绘图和文本工具区、填色工具区、查看工具区、颜色区域和选项区域等六大部分。

选择和变形工具区中的工具主要用来对对象进行选择和变形，包括选择工具▶、部分选取工具▶、任意变形工具▧、3D 旋转工具●和套索工具◯。其中，任意变形工具选项下又包括任意变形工具和渐变变形工具▥两种工具；3D 旋转工具选项下又包括 3D 旋转工具和 3D 平移工具▟。

绘图和文本工具区包含钢笔工具◊、文本工具T、线条工具◣、矩形工具▢、铅笔工具▨、刷子工具▞和 Deco 工具▨。其中，钢笔工具选项下又包括钢笔工具、添加锚点工具♦、删除锚点工具◊和转换锚点工具▶；矩形工具选项下又包括矩形工具、椭圆工具●、基本矩形工具▢、基本椭圆工具●和多角星形工具⬡；刷子工具选项下又包括刷子工具和喷涂刷工具▣。

填色工具区包括骨骼工具▨、颜料桶工具▨、滴管工具✏和橡皮擦工具▨。其中，骨骼工具选项下又包括骨骼工具和绑定工具▨。

查看工具区包括手形工具▨和缩放工具◎。

颜色区域包括笔触颜色▨▮、填充颜色▨▢、黑白▨和交换颜色▨。

通过各种工具的综合运用，可以制作出各种各样精美的动画效果，具体操作将在后续章节中进行介绍。

提示： Flash 是一款优秀的 2D 动画设计软件，Flash CS4 版本及以后版本新增了 3D 工具、Deco 工具和骨骼工具，使得绘制图形的效果更加丰富，大大方便了动画设计爱好者进行动画设计。

1.2.3　时间轴

　　时间轴是 Flash 动画设计中很重要的部分，用于组织和控制影片内容在一定时间内播放的图层数和帧数。时间轴主要包括两个部分：左边是图层管理区，用于进行图层的管理和操作；右边是帧的区域，用于控制帧在不同的时间播放，帧区域中红色的是播放头，如图 1-21 所示。图层相当于叠放在一起的透明胶片，每个图层上都包含一些在舞台上显示的不同动画元素，它们之间互相独立、互不干扰且共同构成动画在某个时间的显示效果，Flash 影片将动画的时间长度划分为帧，不同的画面在不同的帧中播放，就构成了各种精美的动画效果。通过选择"窗口"→"时间轴"菜单命令可以显示和隐藏时间轴。

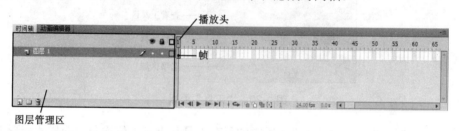

图 1-21　时间轴

　　图层管理区用来对图层进行管理，包括新建图层、删除图层、移动和复制图层、对图层重命名，以及设置引导层和遮罩层等。帧分为关键帧、空白关键帧、静态延长帧、补间帧和未用帧等类别。当前舞台上显示的效果就是播放头所在帧的效果。具体内容将在后面章节中进行介绍。

1.2.4　舞台和场景

　　生活中演话剧的时候，演员是站在舞台上表演的，舞台上除了演员以外，还有背景、音乐、道具和其他工作人员等。话剧一般都分为很多幕，一幕戏演完以后就接着演下一幕，在下一幕中可能需要更换背景、道具甚至演员等。在 Flash 动画中，舞台跟话剧中的舞台含义差不多，就是工作区在不同时间播放的各种画面，而一个场景就像话剧中的一幕，在新的场景中，所有的动画元素可能都要重新设计。

　　新建一个 Flash 文档时，就默认新建了"场景 1"，"场景 1"工作区中空白的区域就是动画表演的舞台，通过在不同的图层中添加动画元素，并运用时间轴控制对象在不同的时间进行播放，就可以制作出各种精美的动画。舞台的大小可以通过文档的"属性"面板来设置，或选择"修改"→"文档"菜单命令，在弹出的"文档设置"对话框中进行设置。

　　选择"插入"→"场景"命令可以添加一个新场景，可以看到新场景中又有新的空白舞台，在这个舞台上，又可以设计新的动画。单击场景标题区域的"编辑场景"图标，可以在不同的场景之间进行切换。选择"窗口"→"其他面板"→"场景"命令可以打开"场景"面板，在该面板中可以对场景进行管理，如重命名、添加和删除场景等操作，如图 1-22 所示。

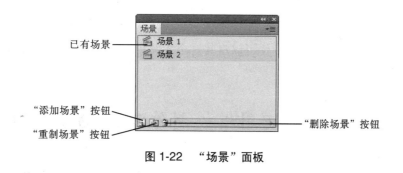

图 1-22　"场景"面板

1.2.5　Flash 的播放顺序

　　Flash 可以包含若干个场景，每个场景都有独立的时间轴，每个时间轴都是从第 1 帧开始的。如果不添加脚本控制语句，那么 Flash 总是从场景 1 的第 1 帧开始播放，直到场景 1 的最后一帧，播放完场景 1 后接着播放场景 2，场景 2 也是从第 1 帧播放到最后一帧的，然后播放场景 3……通过脚本则可以控制各个场景和各个帧的播放顺序，相关知识将在后续章节中进行介绍。

1.3　Flash 制作流程

　　就像拍摄一部电影一样，创作一个优秀的 Flash 动画作品也要经过很多环节，每一个环节都关系到作品的最终质量，其主要的制作流程如下。

1．前期策划

　　在着手制作动画前，首先要明确制作动画的目的及要达到的效果，然后确定剧情和角色，有条件的话可以请人编写剧本。准备好这些后，还要根据剧情确定创作风格。

2．准备素材

　　做好前期策划后，便可以开始根据策划的内容绘制角色造型、背景及要使用的道具。当然，也可以从网上搜集动画中要用到的素材，例如声音素材、图像素材和视频素材等。

3．制作动画

　　素材准备就绪后就可以开始制作动画了。这主要包括为角色的造型添加动作、角色与背景的合成、声音与动画的同步。这一步最能体现制作者的水平，想要制作优秀的 Flash 作品，不但要熟练掌握软件的使用方法，还需要掌握一定的美术知识及了解运动规律。

4．后期调试

　　后期调试包括调试动画和测试动画两方面。调试动画主要是对动画的各个细节，例如对动画片段的衔接、场景的切换、声音与动画的协调等进行调整，使整个动画显得流畅、和谐。在动画制作初步完成后开始调试动画以保证作品的质量。测试动画是对动画的最终播放效果、网上播放效果进行检测，以保证动画能完美地展现在欣赏者的面前。

5．发布作品

动画制作完成并调试无误后，便可以将其导出或发布为.swf 格式的影片，并传送到互联网上供他人欣赏及下载。

1.4 综合案例——使用模板制作动画-随机缓动的蜡烛

【案例学习目标】使用系统提供的动画模板，制作出简单的两支蜡烛随机缓动的动画效果，使读者了解一个简单动画的完整制作过程。

【案例知识要点】使用 Flash CS5 软件提供的模板，通过简单的修改来制作动画，效果如图 1-23 所示。

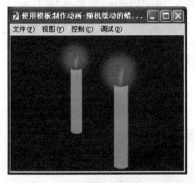

图 1-23 "使用模板制作动画-随机缓动的蜡烛"案例效果

【效果所在位置】资源包/Ch01/效果/使用模板制作动画-随机缓动的蜡烛.swf。

【制作步骤】

(1) 新建文件。选择"文件"→"新建"菜单命令，在弹出的"新建文档"对话框中选择"模板"选项卡，对话框标题变成"从模板新建"，如图 1-24 所示，此时在"类别"列表中选择"动画"，在"模板"列表中选择"随机缓动的蜡烛"，可以在右边预览区域查看预览效果和模板动画描述，单击"确定"按钮即从模板新建了一个 Flash 文件，如图 1-25 所示。

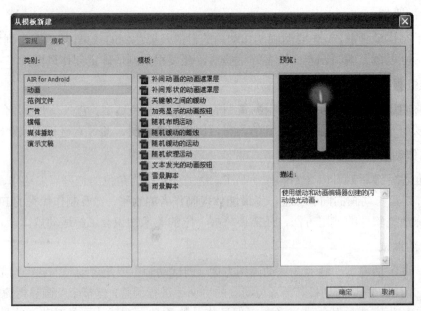

图 1-24 "从模板新建"对话框

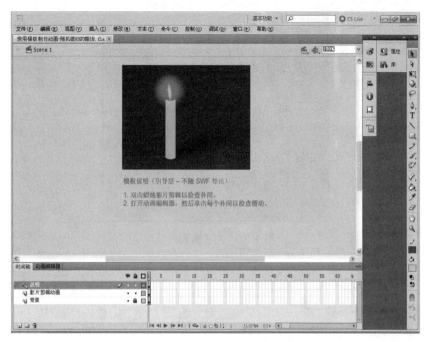

图 1-25　使用模板新建文档

(2) 保存文件。选择"文件"→"保存"菜单命令，弹出"另存为"对话框，如图 1-26 所示。选择正确的路径，在"文件名"文本框中输入文件名称"使用模板制作动画-随机缓动的蜡烛"，"保存类型"使用默认的"Flash CS5 文档(*.fla)"类型，单击"保存"按钮即可保存该文件。

图 1-26　"另存为"对话框

(3) 初步测试影片。选择"控制"→"测试影片"→"测试"菜单命令或按下快捷键 Ctrl+Enter，即可测试影片效果，如图 1-27 所示。

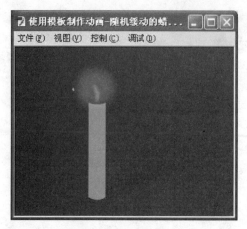

图 1-27 测试影片效果

(4) 修改动画效果，添加第二支蜡烛。影片中只有一支蜡烛摇曳，这里再添加一支同样的蜡烛，并通过改变蜡烛的大小和位置修改动画的效果。单击时间轴图层管理区中的"影片剪辑动画"图层，选择"窗口"→"库"菜单命令打开"库"面板，面板中显示了该实例的五个元件，单击名为"candle"的影片剪辑元件，在面板上部可以预览元件的效果，然后将此元件拖放至舞台上适当的位置创建一个实例，如图 1-28 所示。

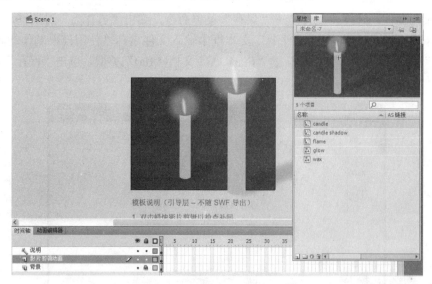

图 1-28 从"库"面板中拖入第二支蜡烛的实例

(5) 修改动画效果，调整蜡烛的大小和位置。在"工具"面板上选择任意变形工具，然后单击第二支蜡烛，蜡烛实例上就会出现一个有八个控制柄的方框，按住 Shift 键的同时拖动方框四个角上任意一个角的控制柄，即可等比例缩放实例，此处将蜡烛缩小到适当大小。然后移动蜡烛，调整好两根蜡烛的位置。

(6)制作完成，测试影片最终效果。选择"控制"→"测试影片"→"测试"菜单命令或同时按下快捷键 Ctrl+Enter 测试影片的最终效果，如图 1-23 所示。

课 后 实 训

1. 自定义工作区。

【练习要点】打开常用的面板，调整面板的位置和大小等至自己习惯使用的状态，然后将此种工作区状态保存为自定义工作区以方便使用。传统工作区模式如图 1-29 所示，自定义工作区效果如图 1-30 所示。

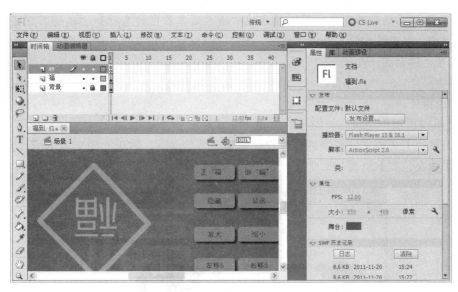

图 1-29　传统工作区模式

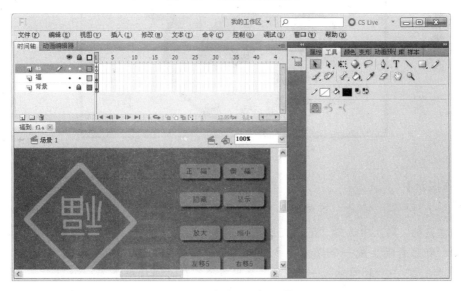

图 1-30　自定义工作区效果

【制作提示】

选择"窗口"→"工作区"→"传统"菜单命令，可以发现工作区换成了传统模式，如图 1-29 所示。

单击并拖动"工具"面板的标题区，该面板即被拖出，继续拖动至窗口右侧面板区域的上方，当该区域出现蓝色矩形框并且"工具"面板呈现半透明状态时松开鼠标左键，"工具"面板即与"属性"等面板组合在一起。此时可以继续在该面板区域水平拖动各面板的标题，根据需要改变面板的顺序。调整好各面板后，选择"窗口"→"工作区"→"新建工作区"菜单命令，在弹出的"新建工作区"对话框中输入新工作区的名称如"我的工作区"，单击"确定"按钮，即可保存设置好的工作区。此时可以继续对该工作区进行调整，将常用的"颜色"面板等也组合在一起。

选择"窗口"→"工作区"→"管理工作区"菜单命令，可以对自定义的工作区进行重命名和删除操作。

2. 使用模板制作动画——说话的熊猫。

【练习要点】使用系统提供的模板设计熊猫说话的动画，效果如图 1-31 所示。

【效果所在位置】资源包/Ch01/效果/使用模板制作动画-说话的熊猫.fla。

图 1-31 说话的熊猫

【制作提示】

选择"文件"→"新建"菜单命令，在弹出的对话框中单击"模板"选项卡，然后在该选项卡的"类别"列表中选择"范例文件"，"模板"列表中选择"嘴形同步"，最后单击"确定"按钮，即可自动生成一个模板动画。

选择"插入"→"时间轴"→"图层"菜单命令，在时间轴中添加一个新图层，打开"工具"面板，选择文本工具 T ，然后在舞台上方的空白区域单击，即可出现一个文本框，在文本框中输入文本"Sweet and sour chicken!"。按下快捷键 Ctrl+Enter 测试影片的最终效果，保存文件。

第 2 章　Flash CS5 的工具

　　用户使用 Flash CS5 自带的工具如画笔工具、刷子工具和矩形工具等既可以进行绘图，也可以对从外面导入的多种格式的素材进行编辑修改，为制作动画所用。Flash CS5 除了拥有广受欢迎的 Flash 8.0 中的基本工具以外，还添加了 Deco 工具、3D 旋转工具和 3D 平移工具及骨骼工具等新工具，使用这些新工具可以很方便地设计出一些时尚美观有较强立体感的动画。同时，Flash CS5 对部分传统工具也进行了功能的完善和扩展，例如套索工具和钢笔工具等。本章介绍这些工具的基本使用方法。

本章学习目标

　◇　掌握 Flash 基本绘图工具的使用；
　◇　掌握 3D 工具、Deco 工具和骨骼工具的基本使用方法；
　◇　熟练使用 Flash 绘图工具绘制简单的矢量图形。

2.1　选择工具、任意变形工具和套索工具

2.1.1　引入案例——绘制五瓣花

　　【案例学习目标】使用选择工具和任意变形工具绘制一朵五瓣花。
　　【案例知识要点】使用多角星形工具绘制五边形，然后使用选择工具将五边形变成五瓣花，使用任意变形工具改变花的大小和角度，使用渐变变形工具改变花的颜色，效果如图 2-1 所示。
　　【效果所在位置】资源包/Ch02/效果/绘制五瓣花.swf。
　　【制作步骤】
　　(1) 新建及保存文件。选择"文件"→"新建"菜单命令，在弹出的"新建文档"对话框中选择"ActionScript 3.0"(或"ActionScript 2.0")，单击"确定"按钮即可新建一个 Flash 文档。选择"文件"→"保存"命令，将文件保存为"绘制五瓣花.fla"。
　　(2) 设置笔触和填充颜色。单击工具箱中笔触颜色工具 ，在弹出的"颜色"面板右上角单击"无笔触颜色"按钮 ，设置无笔触。单击工具箱中填充颜色工具 ，在弹出的"颜色"面板中选择最后一种渐变填充颜色 ，然后选择"窗口"→"颜色"菜单命令，在弹出的"颜色"面板中的"颜色类型"下拉列表中选择"径向渐变"项。

图 2-1　五瓣花效果图之一

（3）绘制五边形。单击工具箱中的多角星形工具，在舞台上绘制一个五边形，如图 2-2 所示。

（4）将五边形变成五瓣花。单击工具箱中的选择工具，并移动鼠标靠近五边形任意一边的中部，当鼠标指针变成样式时，单击五边形边缘按住鼠标左键不放并向外拖动，如图 2-3 所示，至适当位置松开鼠标左键，五瓣花的一个花瓣就出现了，如图 2-4 所示。使用相同的方法拖出其他花瓣，如图 2-5 所示。

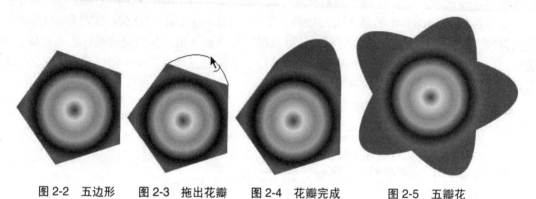

图 2-2　五边形　　图 2-3　拖出花瓣　　图 2-4　花瓣完成　　图 2-5　五瓣花

（5）调整大小和旋转。单击工具箱中的任意变形工具，单击舞台上的五瓣花图形，图形四周出现有八个控制柄的选框，如图 2-6 所示，拖动任意控制柄调整图形的大小。当鼠标指针置于四个角上的控制柄外侧时，鼠标指针变成形状，这时拖动鼠标可以对图形进行旋转，如图 2-7 所示。

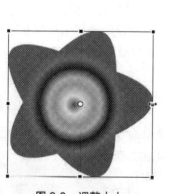
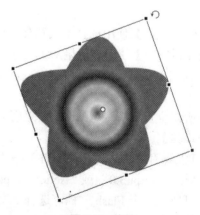

图 2-6　调整大小　　　　　　　　　图 2-7　旋转

（6）调整渐变样式。单击工具箱中的渐变变形工具，单击舞台上的五瓣花图形，会出现一个圈，圈上有几个控制柄，拖动图标 可以移动渐变中心点，拖动图标 可以改变渐变的宽度，拖动图标 可以改变渐变区域的大小，拖动图标 可以旋转渐变区域。图 2-8 所示的是调整渐变的不同效果。

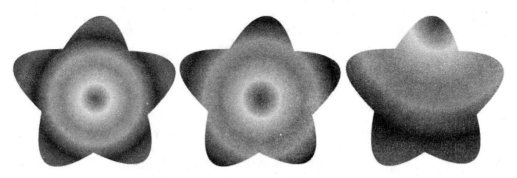

图 2-8　使用"渐变变形工具"调整的不同样式的五瓣花

2.1.2　选择工具

选择工具是 Flash CS5 中使用得最多的工具之一，它可以选择和移动舞台上的各种对象，也可以改变对象的形状。选择工具处于"工具"面板的第一个，单击选择工具图标▶或按下键盘上的 V 键即可选择该工具。使用选择工具，可实现以下功能。

1．选择功能

● 选择一个对象：使用选择工具单击对象，即可选中该对象。双击形状的某条笔触线条即可选中形状轮廓的所有笔触。双击形状上任何位置，即可选中该形状及其所有轮廓线。

● 选择多个对象：单击选中选择工具，按下鼠标左键，拖动鼠标框选住舞台上要选择的多个对象，可以选中多个对象；按住 Shift 键的同时，依次单击要选择的对象，也可选择多个对象。

● 选择形状的部分区域：使用框选法可以选择形状的部分区域。

2．移动功能

选中对象后，可以执行移动、复制、剪切和删除等操作。

● 移动：选中对象后，按下鼠标左键将对象拖动到合适位置松开，即完成移动。

● 复制：选中对象后，按住 Alt 键或 Ctrl 键的同时，按下鼠标左键将对象拖动到合适位置松开，即可复制一个对象。

● 剪切和删除：结合键盘上的剪切、复制组合键和删除键(如 Delete 键和 Backspace 键)，可以对形状进行剪切、复制和删除操作。选中对象后，按快捷键 Ctrl+X，即可剪切所选对象。选中整个对象或形状的任意部分，按下 Delete 键或 Backspace 键即可删除所选区域。

3．变形功能

● 曲线化：单击选择工具图标后，移动鼠标指针到形状或直线的边缘时鼠标指针将变为▶样式，如图 2-9 所示，按住鼠标左键不放，拖动到适当位置后松开，可以对直线进行曲线化操作或改变曲线的曲度，如图 2-10 所示。

图 2-9　曲线化的鼠标样式　　　　　　图 2-10　曲线化效果

● 移动拐角点：利用选择工具可移动形状的拐角点，当鼠标指针移动到形状的拐角点时，鼠标指针下方将出现一个直角，如图 2-11 所示，按住鼠标左键并拖动鼠标，可以改变当前拐角点的位置，移动到指定位置后松开鼠标左键，可以改变对象的形状，如图 2-12 所示。

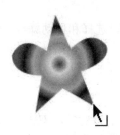 

图 2-11　拐角点鼠标样式　　　　　　图 2-12　拖动拐角点后的效果图

● 添加拐角点：单击工具箱中的选择工具图标 🡒，并移动鼠标指针靠近线条和填充区域边缘，当鼠标指针变成 ↘ 样式时，按住 Ctrl 键的同时单击并拖动至适当位置松开鼠标左键，就为线条和填充添加了拐角点。如图 2-13 所示的是线条和图形填充区域曲线化和添加拐角点对比图。

(a) 直线和圆形填充区域　　　　(b) 曲线化效果图　　　　(c) 添加拐角点效果图

图 2-13　线条和图形填充区域曲线化和添加拐角点前后对比图

2.1.3　任意变形工具

利用任意变形工具可以对文本和图形图像等对象进行变形操作。在"工具"面板中单击任意变形工具图标 ⊞ 后，在工具箱的下方出现任意变形工具的选项区，如图 2-14 所示。

● 贴紧至对象 🧲：选中该项后，当对对象进行各种移动和变形操作，将它向其他对象靠近的时候，该对象会自动吸附到其他对象上。还可以使对象对齐辅助线或网格。

图 2-14　任意变形工具选项区各选项

● 旋转与倾斜　：旋转和倾斜对象。将鼠标指针置于选框四个角上的控制柄外侧，当鼠标指针变成　形状时，拖动鼠标可以对图形进行旋转操作，如图 2-15(b)所示。将鼠标指针置于选框四条边上，当鼠标指针变成 ⇌ 或 ‖ 形状时，拖动鼠标就可以执行倾斜操作，如图 2-15(c)所示。

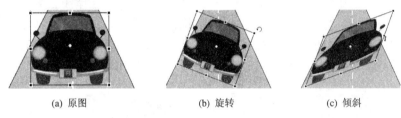

(a) 原图　　　　　　　　　(b) 旋转　　　　　　　　　(c) 倾斜

图 2-15　旋转和倾斜

● 缩放　：放大和缩小对象。将鼠标指针置于选框上下两个控制柄，当鼠标指针变成 ↕ 形状时，可以调节对象的高度；将鼠标指针置于选框左右两个控制柄，当鼠标指针变成 ↔ 形状时，可以调节对象的宽度；将鼠标指针置于选框四个角上的控制柄，鼠标指针变成 ↖ 或 ↗ 形状时，可以同时调节对象的宽度和高度。如果按住 Shift 键的同时拖动鼠标，则可以等比例缩放对象，如图 2-16 所示，调整三辆车的大小使其看起来有透视的效果。

图 2-16　调整对象大小

- 扭曲 ⬚：可以使对象产生扭曲效果。将鼠标指针移动至选框任意一个控制柄上，当鼠标指针变成◻形状时，拖动鼠标就可以进行扭曲操作，如图 2-17 所示。

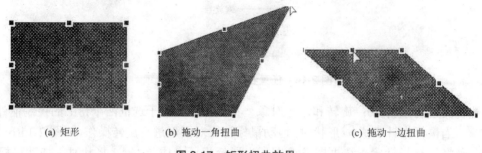

(a) 矩形   (b) 拖动一角扭曲   (c) 拖动一边扭曲

图 2-17 矩形扭曲效果

- 封套 ⬚：利用它可以对所选对象进行自由变形操作。选择任意变形工具后，单击形状，再选择"封套"选项，形状四周除了八个方形的控制柄以外，每个控制柄两边都有圆形手柄，如图 2-18(a)所示。拖动控制柄可以调节形状的大小，拖动手柄可以改变两个控制柄之间形状的曲度，如图 2-18(b)所示。

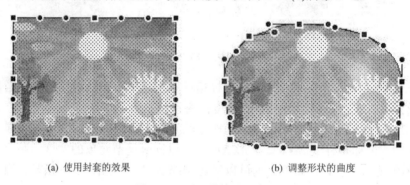

(a) 使用封套的效果   (b) 调整形状的曲度

图 2-18 对形状使用封套

2.1.4 套索工具

套索工具也是用来进行选取操作的，前面介绍的选择工具虽然也能进行选取，但是一般只能选取一些完整的对象或规则的区域，如果要在图形图像中选取任意的区域，则使用套索工具就非常方便。在 Flash CS5 中，套索工具已经基本可以满足用户对选取操作的需求。单击"工具"面板中的套索工具后的小三角形 ⬚，选项区即出现如图 2-19 所示的选项工具。

选择套索工具 ⬚后，鼠标指针变成𝒫形状，此时就可以对各种不规则形状进行选取。按住鼠标左键在需要选取的对象四周移动并绘制一个闭合路径，就可以选定路径所包围的区域，如图 2-20(a)所示，松开鼠标左键，封闭区域就自动变成网格状选区，如图 2-20(b)所示。如果路径不封闭，系统也会自动计算

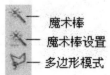

图 2-19 套索工具在选项区中的选项工具

(a) 选取过程　　　　　　　　　　　　　(b) 生成选区

图 2-20　套索工具的使用

选定的区域生成选区。

提示：形状可以使用套索工具直接选取，但如果是图像或文本，则需要先使用快捷键 Ctrl+B 进行分离(文本块需要分离两次)，然后才可以执行选取操作。

选择套索工具，然后在其选项区域单击"魔术棒"按钮，鼠标指针就变成形状，此工具可以选取图像中颜色相同或相近的图像区域，用户只需要在所需要选取的颜色上单击，就自动将与该处相连的颜色相同或相近的区域选中，如图 2-21 所示。在其他地方单击，又可以在保留之前所选区域的同时选取其他区域。在已选定区域单击则会取消选定。其中选取的效果可以通过单击"魔术棒设置"按钮来进行设置，单击后弹出如图 2-22 所示的"魔术棒设置"对话框，其中"阈值"用来设置颜色选择范围的误差值，取值范围为 0~200；"平滑"参数用来设置选择区域边缘的平滑度。

图 2-21　使用"魔术棒"选定　　　　图 2-22　"魔术棒设置"对话框

使用"多边形模式"，可以很方便地选取各种多边形形状。只要使用该工具沿着多边形的各顶点单击，选取到起始点时双击即可选定此多边形，如图 2-23 所示。

(a) 选取过程　　　　　　　(b) 选取所有区域　　　　　　(c) 双击完成选取

图 2-23　使用"多边形模式"

2.2 基本绘制工具和编辑工具

2.2.1 引入案例——绘制圣诞老人

【案例学习目标】使用钢笔工具、线条工具、椭圆工具和铅笔工具等绘制圣诞老人。

【案例知识要点】使用钢笔工具、线条工具、椭圆工具和铅笔工具等绘制圣诞老人，并使用填充工具填充颜色，如图2-24所示。

【效果所在位置】资源包/Ch02/效果/绘制圣诞老人.swf。

【制作步骤】

(1) 新建并保存文档。选择"文件"→"新建"菜单命令，新建 Flash 文档。将文件保存为"绘制圣诞老人.fla"。

(2) 绘制圣诞老人脸盘。选择"工具"面板上的椭圆工具 ，设置"笔触颜色" 为黑色(#000000)，"填充颜色" 为肤色(#FFE3C3)，在舞台上绘制一个如图 2-25 所示的椭圆(作为圣诞老人的脸盘)。

图 2-24　圣诞老人效果图　　　　　图 2-25　绘制脸盘

(3) 绘制圣诞帽。首先绘制帽檐，选择"工具"面板上的矩形工具 ，打开其"属性"面板，设置笔触为"黑色"，填充为"白色"，在其他位置绘制一个矩形，使用选择工具分别拖动矩形上下两边使之成曲线，如图2-26所示。选择铅笔工具 ，在刚绘制的帽檐上绘制帽顶，如图2-27(a)所示。使用填充工具 将帽顶填充为红色，并使用铅笔工具绘制帽穗，如图2-27(b)所示。选中圣诞帽，按下快捷键 Ctrl+G 将帽子组合，最后将帽子拖至圣诞老人的脸盘上，并使用任意变形工具调整大小，如图2-27(c)所示。

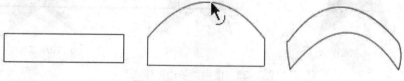

图 2-26　绘制帽檐步骤图

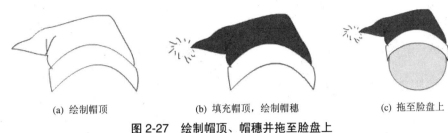

(a) 绘制帽顶　　　　　(b) 填充帽顶，绘制帽穗　　　　　(c) 拖至脸盘上

图 2-27　绘制帽顶、帽穗并拖至脸盘上

(4) 绘制大胡子。选择"工具"面板上的钢笔工具，绘制如图 2-28(a)所示的路径，然后使用选择工具将路径上的直线进行曲线化操作，使其看起来像胡子，如图 2-28(b)所示，并填充上白色，然后拖至圣诞老人脸盘上合适的位置，调整大小，如图 2-28(c)所示。

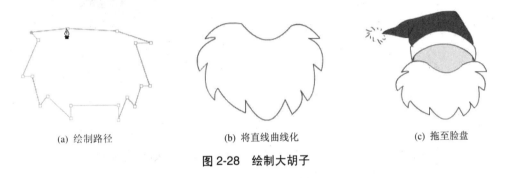

(a) 绘制路径　　　　　　(b) 将直线曲线化　　　　　　(c) 拖至脸盘

图 2-28　绘制大胡子

(5) 绘制脸颊。选择"工具"面板上的椭圆工具，按住 Shift 键的同时在舞台上绘制一个如图 2-29(a)所示的圆。选中该圆，按住 Alt 键的同时拖动该圆，这样就复制出一个一模一样的圆，如图 2-29(b)所示。

(a) 绘制圆　　　　　　　　　　　(b) 复制圆

图 2-29　绘制脸颊

(6) 绘制小胡子。使用椭圆工具绘制一个黑色边框白色填充的正圆，然后复制一个并排放在一起，如图 2-30(a)所示，选中两圆相交处的线条并按 Delete 键删除，如图 2-30(b)所示。选中左圆左下角一小段线条，如图 2-31(a)所示，使用选择工具或部分选取工具拖动上面的弧线至如图 2-31(b)所示，同样的方法对右圆进行操作，结果如图 2-31(c)所示，最后调整小胡子的上部，如图 2-31(d)所示。

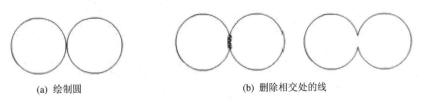

(a) 绘制圆　　　　　　　　　(b) 删除相交处的线

图 2-30　小胡子变形一

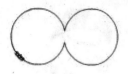 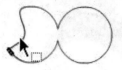  

(a) 选中左圆左下角一小段线条　　(b) 拖动　　　(c) 处理右圆　　(d) 调整小胡子的上部

图2-31　小胡子变形二

(7) 组装脸颊和小胡子，并绘制鼻子。将胡子拖至脸颊上，如图 2-32(a)所示，再在上面绘制椭圆形的鼻子，如图 2-32(b)，最后将组装好的形状拖至圣诞老人的脸部合适位置，调整大小，如图 2-32(c)所示。

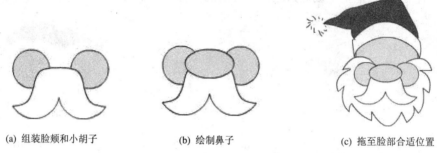

(a) 组装脸颊和小胡子　　　　(b) 绘制鼻子　　　　(c) 拖至脸部合适位置

图2-32　组装脸颊、小胡子和鼻子，并拖至圣诞老人脸部合适位置

(8) 绘制眉毛。使用铅笔工具 ✐ 绘制眉毛，并填充白色，如图 2-33(a)所示。然后复制眉毛，选择"修改"→"变形"→"水平翻转"菜单命令，将其翻转成为对称的另一个眉毛，如图 2-33(b)所示，最后将眉毛拖到圣诞老人脸上，调整大小和位置，效果如图 2-33(c)所示。

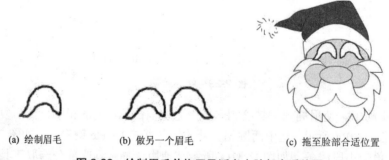

(a) 绘制眉毛　　　(b) 做另一个眉毛　　　(c) 拖至脸部合适位置

图2-33　绘制眉毛并拖至圣诞老人脸部合适位置

(9) 为圣诞老人添加眼睛。使用椭圆工具绘制黑色的眼珠，并在眼珠中央用铅笔工具点上白色的反光 ◕ ，使眼睛看起来有神。将眼珠移动到圣诞老人脸部合适的位置，并复制另一个眼珠，如图 2-34(a)所示。使用选择工具往上拖动鼻子的弧线至适当位置，如图 2-34(b)所示，使用铅笔工具绘制眼眶。

(10) 圣诞老人绘制完毕。一个慈祥憨态可掬的圣诞老人头像就出现在大家面前。

✍ **提示**：进行颜色填充的时候，如果总是填充不了，可以尝试封闭路径，或者选中颜料桶工具后，在其下的选项区选择"封闭大区域"，然后再来填充。圣诞老人各个器官在设

(a) 添加眼睛　　　　　　　　(b) 拖动鼻子的弧线至适当位置

图 2-34　绘制圣诞老人的眼睛和调整鼻子

计好之后，都可以使用快捷键 Ctrl+G 将其组合成"组"，这样就不会出现融合等现象了。有些可以采用绘制对象的方法，即选择相关绘图工具后，在其选项区单击"绘制对象"按钮，绘制为对象。

2.2.2　钢笔工具

要绘制精确的形状(如直线或平滑流畅的曲线)，一般使用钢笔工具。使用钢笔工具绘图时，单击可以创建直线段上的点，而拖动可以创建曲线段上的点。选择"工具"面板上的钢笔工具右下角的小三角形，即出现添加锚点工具、删除锚点工具和转换锚点工具选项。

使用钢笔工具绘制锯齿线和波浪线都非常方便。如果需要精确绘制，可以将标尺和网格线显示出来，在"视图"菜单下设置二者的显示和隐藏状态。使用钢笔工具在适当的位置单击一下，会出现起始锚点(默认为一个小圆圈)，继而在其他地方单击，就会出现其他的锚点，系统会自动将两个锚点连成直线路径，如图 2-35(a)所示。如果在其他地方单击添加锚点并拖动，系统会自动在两个锚点间计算出一条贝塞尔曲线，同时锚点两端会出现两条方向线，拖动方向线可以调整曲线的曲度，如图 2-36 所示。

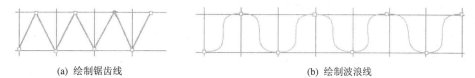

(a) 绘制锯齿线　　　　　　　　　　(b) 绘制波浪线

图 2-35　使用钢笔工具绘制锯齿线和波浪线

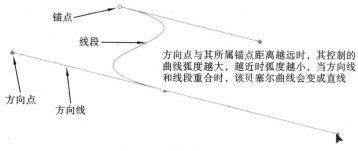

图 2-36　贝塞尔曲线的组件

1．认识各种钢笔指针

- 初始锚点指针 ✎ₓ：选中钢笔工具后看到的第一个指针，在舞台上单击将获得第一个锚点。
- 连续锚点指针 ✎：创建锚点后松开鼠标左键显示该指针，表示可以继续创建下一个锚点。
- 闭合路径指针 ✎ₒ：当绘制路径的钢笔移至路径起始锚点时出现该指针，单击可闭合路径。
- 添加锚点指针 ✎₊：选择添加锚点工具后显示该指针，使用该指针在现有的图形轮廓线条上单击将在线条上添加一个锚点，如图 2-37(b)所示。
- 删除锚点指针 ✎₋：选择删除锚点工具后显示该指针，使用该指针在现有的图形轮廓线条上的某个锚点上单击，可以将该锚点删除，如图 2-37(c)所示。

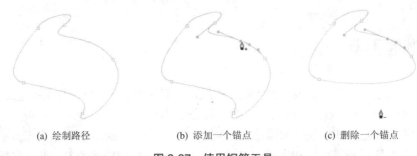

(a) 绘制路径　　　　　　(b) 添加一个锚点　　　　　　(c) 删除一个锚点

图 2-37　使用钢笔工具

- 转换锚点指针 ▶：将不带方向线的直角点转换为带方向线的曲线点。使用钢笔工具绘制好图形之后，就可以使用该工具将直线点转换为曲线点了。如图 2-38 所示，先使用钢笔工具绘制三个锚点(处于同一直线上)，然后选择转换锚点工具，单击中间的锚点并拖动，即出现两条方向线，至适当位置松开鼠标左键，S 形曲线就绘制出来了。

图 2-38　直线转换为平滑的 S 形曲线步骤图

2．使用钢笔工具绘制一棵树

下面以使用钢笔工具绘制一棵树为例来讲解钢笔工具的使用方法，效果如图 2-39 所示。操作步骤如下。

(1) 绘制树冠。使用钢笔工具绘制如图 2-40(a)所示的树冠的大体轮廓，然后使用转换锚点工具将直线点转换为曲线点，最后调整曲度，如图 2-40(b)所示。

图 2-39　使用钢笔工具绘制的树

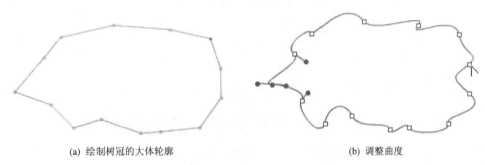

(a) 绘制树冠的大体轮廓　　　　　　　　　(b) 调整曲度

图 2-40　绘制树冠

(2) 给树冠填色。将笔触颜色和填充颜色都设置为深绿色，然后使用颜料桶工具为树冠填充颜色，使用墨水瓶工具为树冠填充轮廓线颜色，如图 2-41(a)所示。

(3) 绘制树干并填色。使用钢笔工具在树冠上绘制树干，如图 2-41(b)所示，然后将笔触颜色和填充颜色都设置为深褐色，最后使用颜料桶工具为树干填充颜色，墨水瓶工具填充树干轮廓线。效果如图 2-41 所示。

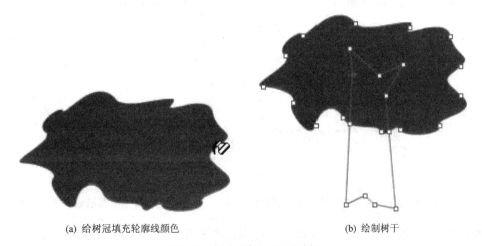

(a) 给树冠填充轮廓线颜色　　　　　　　　(b) 绘制树干

图 2-41　给树冠填色和绘制树干

详见文件：资源包/Ch02/效果/其他实例/钢笔工具绘制树.fla。

3. "属性"面板

选择钢笔工具，打开其"属性"面板，如图 2-42 所示。

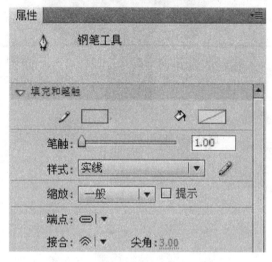

图 2-42　钢笔工具的"属性"面板

其中，"填充和笔触"栏用来设置填充颜色和笔触的样式。

- ![笔触颜色图标]用来设置笔触颜色，![填充颜色图标]用来设置填充颜色，默认是没有填充颜色的。

- ![笔触设置图标]用来设置笔触的宽度，即粗细，默认是 1.00，移动滑块可以改变笔触宽度，如图 2-43 所示。

图 2-43　不同粗细的曲线

- ![样式设置图标]用来设置笔触的样式，有多种选项，如图 2-44 所示，不同笔触绘制效果如图 2-45 所示。

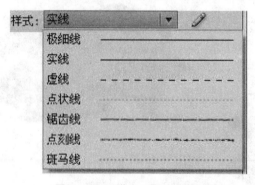

图 2-44　"样式"下拉菜单的选项

图 2-45　不同笔触样式绘制的曲线

- ![端点设置图标]用来设置路径终点的样式，有"无"、"圆角"和"方形"三个选项。绘制三条一样的线段，分别设置成不同端点的效果如图 2-46 所示。

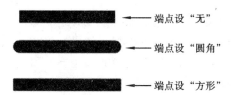

图 2-46 分别设置为不同端点样式的三条相同长度的线段

● 接合: ⊗ ｜ ▼ 用来设置两条线段的相接方式。其下拉列表中有"尖角"、"圆角"和"斜角"三个选项。不同设置的效果如图 2-47 所示。

图 2-47 "接合"设置为不同选项的效果

2.2.3 线条工具

线条工具非常好用，既可以用来绘制直线，又可以用来绘制曲线，不过绘制曲线需要结合选择工具一起使用。选择"工具"面板上的线条工具 ，即可使用该工具。

1. 使用线条工具绘制海鱼

操作步骤如下。

(1) 绘制鱼身。选择"工具"面板上的线条工具 ，先在舞台上绘制一条斜线，如图 2-48(a)所示。继而使用该工具绘制海鱼的轮廓，如图 2-48(b)所示。

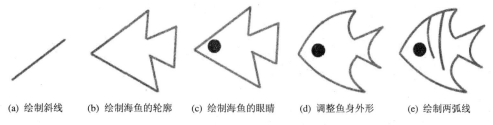

(a) 绘制斜线　(b) 绘制海鱼的轮廓　(c) 绘制海鱼的眼睛　(d) 调整鱼身外形　(e) 绘制两弧线

图 2-48 使用线条工具绘制海鱼的过程图

(2) 绘制海鱼的眼睛。将笔触颜色和填充颜色均设置为黑色，然后选择"工具"面板上的椭圆工具 ，在靠近鱼头位置绘制鱼眼睛，如图 2-48(c)所示。

(3) 调整鱼身外形。使用选择工具将鱼身的四条边和鱼尾巴的一条边拖曳成弧形，如图 2-48(d)所示。用同样的方法绘制鱼身上两条弧线来代表鱼鳞，如图 2-48(e)所示，海鱼绘制完毕。

详见文件：资源包/Ch02/效果/其他实例/线条工具绘制海鱼.fla。

提示：使用钢笔工具和线条工具的时候，如果按住 Shift 键的同时进行绘制，则绘制的线条将限制在 0°、45°、90°、135°、180°、225° 和 270° 这些角度上。

如果 "对象绘制" 按钮 处于按下状态，则绘制的是线条对象，该图形将作为一个整体，四周带有深蓝色矩形边框，能够方便地移动而不会改变其他与之重叠的图形的形状。接下来介绍的矢量绘图工具中凡是有这个按钮选项的，这个按钮选项的作用都相同。

2．"属性"面板

线条工具的"属性"面板与钢笔工具的"属性"面板是一样的，这里就不再多述，其面板如图 2-49 所示。

图 2-49　线条工具的"属性"面板

2.2.4　矩形工具和椭圆工具

选择"工具"面板上的矩形工具，即可在舞台上绘制矩形。矩形由笔触和填充两部分组成。按住 Shift 键的同时进行绘制，则可以绘制正方形。

1．使用矩形工具绘制大楼

使用矩形工具绘制大楼的操作步骤如下。

(1) 设置背景颜色。新建 Flash 文档，单击舞台上任意空白部分，然后打开文档"属性"面板，在"舞台"后面的颜色框中选择深蓝色，背景即变成深蓝色的夜空。

(2) 绘制楼体。选择矩形工具，设置笔触颜色为无，填充颜色为黑色，在舞台上绘制一个矩形，然后按住 Shift 键的同时在旁边绘制一个正方形，如图 2-50 所示。

(3) 绘制一楼的窗户。选择矩形工具，设置笔触颜色为无，填充颜色为淡黄色，按下 J 键或在其下选项区域单击"对象绘制"按钮，在高楼上绘制一扇窗户，如图 2-51 所示。选中该窗户，按住 Alt 键的同时拖动鼠标，复制出一楼的另外四扇窗户，如图 2-52 所示。

图 2-50　绘制楼体

图 2-51　绘制一扇窗户

💁 提示：使用"绘制对象"模式绘制出来的对象选中时四周有一个蓝色边框，这样才不会跟刚才绘制的楼体形状发生融合或切割的现象。

(4) 对齐一楼窗户。按住 Shift 键的同时分别单击五扇窗户，就选中了这些窗户。打开"对齐"面板，如图 2-53 所示，单击"对齐"区域的"顶对齐"按钮和"间隔"区域的"水平平均间隔"按钮，则五扇窗户在大楼上水平对齐且均匀分布，如图 2-54 所示。

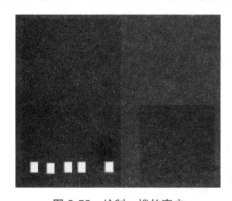

图 2-52　绘制一楼的窗户

图 2-53　"对齐"面板

(5) 制作其他窗户。选中一楼五扇窗户，按下快捷键 Ctrl+G，将其组合成一个"组"。选中该"组"，按住 Alt 键的同时拖动鼠标，复制其他楼层的窗户，如图 2-55 所示。单击"对齐"面板的"左对齐"按钮和"垂直平均间隔"按钮，调整窗户分布，如图 2-56 所示。

图 2-54　调整窗户布局

图 2-55　制作其他窗户

（6）绘制正方形楼房的窗户。使用与上面相同的方法绘制正方形楼房窗户，颜色可以稍微调整一下，最后效果如图 2-57 所示。

（7）绘制完毕。

详见文件：资源包/Ch02/效果/其他实例/矩形工具绘制高楼.fla。

 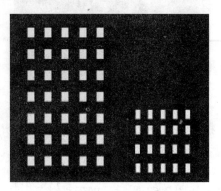

图 2-56　矩形高楼效果图　　　　　　图 2-57　高楼效果图

2．矩形工具的"属性"面板

选择矩形工具后，打开该工具的"属性"面板，如图 2-58 所示，其基本属性与前面介绍的工具的属性差不多，只多了一个"矩形选项"区域，可以将矩形的四个角设置成不同效果的圆角。此区域下面有四个参数分别用来设置四个角的边角半径，图 2-59 所示的是该选项设置不同值时的效果。边角半径值可以输入，也可以使用下面的滑块进行拖动设置，按钮用来设置四个角关联，按钮呈状态时，表示四个角的半径可以单独设置。单击"重置"按钮可以将四个角的设置重新归零。

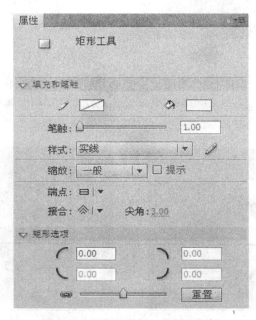

图 2-58　矩形工具的"属性"面板

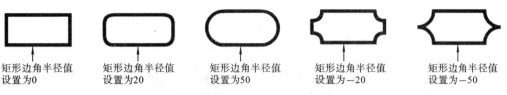

矩形边角半径值 设置为0	矩形边角半径值 设置为20	矩形边角半径值 设置为50	矩形边角半径值 设置为—20	矩形边角半径值 设置为—50

图 2-59　矩形边角半径设置为不同值时的效果

3．使用椭圆工具绘制爱心桃

选择"工具"面板上的椭圆工具，即可在舞台上绘制椭圆。椭圆由笔触和填充两部分组成。按住 Shift 键的同时绘制，则可以绘制正圆形。

使用椭圆工具绘制爱心桃时操作步骤如下。

(1) 选择椭圆工具，设置笔触为无，填充为红色，按住 Shift 键的同时绘制一个红色的正圆，如图 2-60(a)所示。按住 Alt 键的同时拖动鼠标复制一个圆，如图 2-60(b)所示，鼠标在其他地方单击一下发现两个圆融合成一个图形。

(2) 使用部分选取工具单击图形，上面即出现路径锚点。单击并向下拖动图形下方中间的锚点，如图 2-60(c)所示，至适当位置松开鼠标左键并调整锚点的方向线为水平，爱心桃的尖部就出现了，如图 2-61(a)所示。

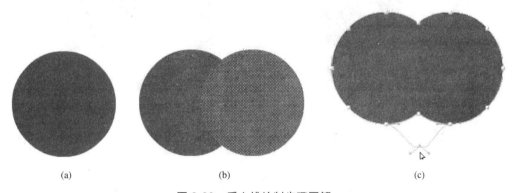

(a)　　　　　　　　　　(b)　　　　　　　　　　(c)

图 2-60　爱心桃绘制步骤图解一

(3) 选择删除锚点工具，单击删除爱心桃尖部两侧最近的一个锚点，如图 2-61(b)和图 2-61(c)所示，爱心桃就绘制好了。

(a)　　　　　　　　　　(b)　　　　　　　　　　(c)

图 2-61　爱心桃绘制步骤图解二

详见文件：资源包/Ch02/效果/其他实例/椭圆工具绘制爱心桃.fla。

下面再以图解的形式来介绍使用椭圆工具绘制弯月的步骤，如图 2-62 所示。

使用椭圆工具在黑色
舞台上绘制一个正圆

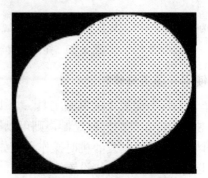

复制一个圆，并拖放至适当位置

保持复制的圆处于选定状态，
然后按下Delete键删除该圆

选中月亮图形，选择"修改"→
"形状"→"柔化填充边缘"命
令，并进行适当设置

图 2-62　绘制弯弯的月亮步骤图解

详见文件：资源包/Ch02/效果/其他实例/椭圆工具绘制月亮.fla。

4．椭圆工具的"属性"面板

选择椭圆工具，打开其"属性"面板，如图 2-63 所示。在椭圆的"属性"面板中多了"椭圆选项"区域，可以设置椭圆的"开始角度"、"结束角度"和"内径"，从而可以很方便地绘制各种扇形，如图 2-64 所示。单击"重置"按钮，可以将这些参数设为 0。

5．基本矩形工具、基本椭圆工具和多角星形工具

除了矩形工具和椭圆工具，下拉列表中还有基本矩形工具 、基本椭圆工具 和多角星形工具 。

在舞台上绘制好了一个基本矩形后，我们发现它的四个角有控制柄，并且它不是一种形状，而是一个矩形图元，如图 2-65(a)所示。使用选择工具或部分选取工具都可以对矩形的控制柄进行调整。使用选择工具，在矩形的任一控制柄上按下鼠标左键并拖动，它就可以将普通矩形变为圆角矩形了，如图 2-65(b)所示。

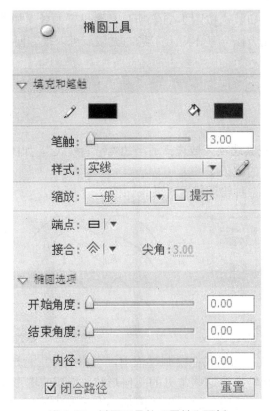

图 2-63　椭圆工具的"属性"面板

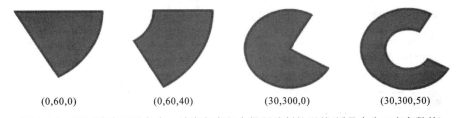

|(0,60,0)|(0,60,40)|(30,300,0)|(30,300,50)|

图 2-64　通过改变开始角度、结束角度和内径所绘制的形状(括号中为三者参数值)

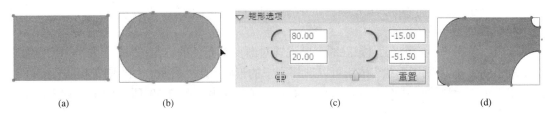

　　(a)　　　　　　　(b)　　　　　　　　　　　(c)　　　　　　　　　　(d)

图 2-65　基本矩形工具的使用和"属性"面板的"矩形选项"区域

　　此时图 2-65(b)所示图形一共有六个控制柄，分别选择不同的控制柄都可以对矩形的形状进行调整。打开基本矩形工具的"属性"面板，在其 "矩形选项"区域中可以设置"矩形边角半径"，如图 2-65(c)所示。下有一个"将边角半径控件锁定为一个控件"图标，此时四个边角半径统一设置。单击该图标变成，此时才可以对矩形的四个角分别进行设置，可以输入正数也可以输入负数，按图 2-65(c)所示参数设置的效果如图 2-65(d)所示。

基本椭圆工具的使用方法与基本矩形工具的类似，可以很方便地设置出图 2-64 所示的扇形，此处不再赘述。

2.2.5 铅笔工具

选择铅笔工具 ，在其选项区域选择适当的"铅笔模式"，如图 2-66 所示，就可以在舞台上随心所欲地绘制不同的线条了。

下面介绍铅笔工具的三种绘图模式，效果如图 2-67 所示。

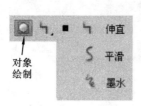

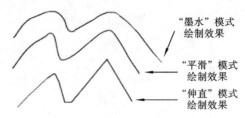

图 2-66 三种"铅笔模式"　　　　图 2-67 三种绘图模式绘制的效果

- "伸直"模式 ：此模式在绘制过程中，会将接近三角形、椭圆、圆形、矩形和正方形等的形状转换为这些常见的几何形状，绘制的图形趋向平直、圆润、规整。
- "平滑"模式 ：适用于绘制平滑图形，在绘制的过程中会自动将所绘制图形的棱角去掉，转换成接近形状的平滑曲线，使绘制的图形趋向平滑、流畅。
- "墨水"模式 ：适用于绘制接近手绘线条的图形。墨水模式的效果接近于手工绘制线条时的轨迹，不进行修饰，完全保持鼠标指针轨迹的形状。

铅笔工具的属性与线条工具的相同，此处不再介绍。

2.2.6 刷子工具

使用刷子工具 ，可以填充颜色。单击该工具图标右下角的小三角形，会出现几个选项，如图 2-68 所示。

其中：单击"锁定填充"按钮 可以设置对渐变填充色的锁定；"刷子大小"按钮可以设置刷子的大小；"刷子形状"按钮可以选择刷子的形状。此处着重介绍"刷子模式"按钮 的作用。单击"刷子模式"右下角的小三角形，就会弹出如图 2-69 所示的下拉列表，下面介绍各选项的用法。

- 标准绘画：在线条和填充上同时涂色。
- 颜料填充：对填充区域和空白区域涂色，不影响线条。
- 后面绘画：在图形背后的空白区域涂色，不影响线条和填充。
- 颜料选择：将填充应用到当前选定的填充区域，并不影响线条(无论线条是否被选中)。

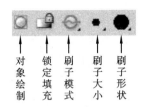 

图 2-68　选项区域中的选项　　　　图 2-69　各种"刷子模式"选项

● 内部绘画：只能对填充区域进行涂色，不对线条涂色。如果在空白区域中开始涂色，那么，该填充不会影响任何现有填充区域。

图 2-70 所示的为选择不同"刷子模式"的绘图效果。

图 2-70　不同"刷子模式"下刷子工具的绘图效果

刷子工具的"属性"面板如图 2-71 所示，属性与其他工具的类似，只多了一个"平滑"属性，该属性的取值范围为 0~100，取值越大，绘制出来的形状边缘就越平滑。

图 2-71　刷子工具的"属性"面板

2.2.7　颜料桶工具

使用颜料桶工具可以填充纯色、线性渐变色、径向渐变色或位图到选定区域中，同时也可以更改已填充区域的颜色。选择"工具"面板上的颜料桶工具 ，打开"填充颜色"面板，如图 2-72 所示，设置好填充颜色后在需要填充颜色的区域单击即可。

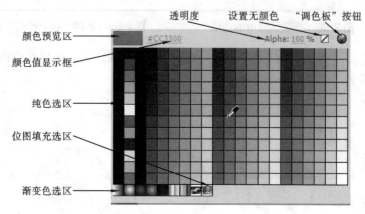

图 2-72　"填充颜色"面板

有几种方法可以在"填充颜色"面板中选取颜色：一种方法是使用自动出现的吸管工具来吸取颜色，使用吸管工具可以在调色板中吸取提供的颜色，也可以在软件窗口的任意位置吸取需要的颜色；第二种方法是直接双击颜色值显示框，对六位十六进制颜色值进行修改；三是单击"调色板"按钮打开调色板进行颜色的选取，这里出现的颜色将更加丰富。导入到库中的位图将直接在"位图填充选区"中显示出来供用户填充使用。图 2-73 所示的是使用四种填充模式填充的图形效果。

选择颜料桶工具后，在"工具"面板的"选项"区中单击"空隙大小"按钮 ，从中可选择一个空隙大小选项，从而决定颜料桶工具的填充方式，如图 2-74 所示。

(a) 填充纯色　　(b) 填充线性渐变色

(c) 填充径向渐变色　　(d) 填充位图

图 2-73　各种填充模式下的填充效果图

图 2-74　颜料桶工具的填充方式

如果空隙比较大，则必须首先手动将空隙进行封闭。有些空隙肉眼看不到，但是又不能直接填充，可以试着选择"封闭小空隙"、"封闭中等空隙"或"封闭大空隙"后进行填充。另外，如果要在填充形状之前手动封闭空隙，则应选择"不封闭空隙"选项。

墨水瓶工具 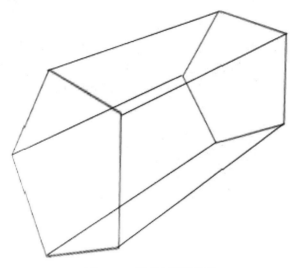 跟颜料桶工具放在一个下拉列表中，是用来填充笔触颜色的，使用方法和步骤与颜料桶工具的差不多，此处不再介绍。

2.3　3D 旋转和平移工具

2.3.1　引入案例——绘制透明多面体

【案例学习目标】使用多角星形工具、线条工具和 3D 旋转工具绘制透明多面体。

【案例知识要点】使用多角星形工具绘制多面体的一个底面，3D 旋转工具将该底面旋转至适当位置，复制另一个底面并拖放至适当位置，最后使用线条工具将两个底面中对应的角连接起来，效果如图 2-75 所示。

【效果所在位置】资源包/Ch02/效果/绘制多面体.swf。

图 2-75　透明多面体效果

【制作步骤】

(1) 新建并保存文档。选择"文件"→"新建"菜单命令，新建 Flash 文档。将文件保存为"绘制透明多面体.fla"。

(2) 绘制正五边形并删除填充颜色。选择多角星形工具，并单击"黑白"按钮，在舞台上绘制出一个正五边形。在正五边形中心的填充区域单击，然后按下 Delete 键删除填充颜色。

(3) 将正五边形转换为元件。选中该正五边形，选择"修改"→"转换为元件"菜单命令，弹出如图 2-76 所示的"转换为元件"对话框，"类型"选择"影片剪辑"，其他按默认，单击"确定"按钮，即可将形状转换为影片剪辑元件，而舞台上的形状自动转换为元件的一个实例。

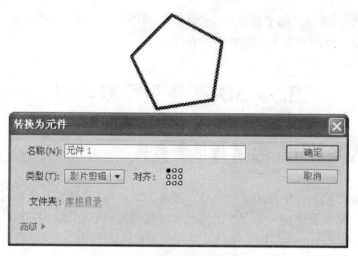

图 2-76　将形状转换为元件

(4) 进行 3D 旋转。选择"工具"面板中的 3D 旋转工具 ，然后单击正五边形实例，正五边形实例上就多了一个 3D 旋转控件，如图 2-77(a)所示。把鼠标指针移动到旋转控件中心的圆圈上，当鼠标指针变成 ▶ 样式时，拖动控件中心点至正五边形左边的一个角上，如图 2-77(b)所示。移动鼠标指针至控件中水平方向上绿色的 Y 轴控件的左边，向下逆时针拖动 Y 轴，实例即在 Y 轴上旋转，调整至适当角度如图 2-77(c)所示。

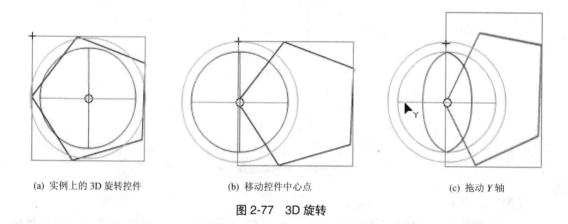

(a) 实例上的 3D 旋转控件　　　　　(b) 移动控件中心点　　　　　(c) 拖动 Y 轴

图 2-77　3D 旋转

(5) 复制实例并进行 3D 平移。使用选择工具选中正五边形实例，按住 Alt 键的同时拖动，就复制了另一个实例，如图 2-78(a)所示。在"工具"面板上选择 3D 平移工具 ，然后在复制的实例上单击，实例上出现 3D 平移控件，如图 2-78(b)所示。单击水平向左的蓝色 Z 轴不放并向左边拖动，可以看到选定实例向左移动并自动调整透视效果，如图 2-79 所示。

(6) 使用线条工具将多边形绘制完整。选择"工具"面板上的线条工具 ，将正五边形对应的角连接起来，就得到了多面体的最终效果，如图 2-75 所示。

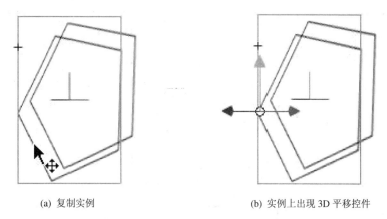

(a) 复制实例　　　　　　　　　　(b) 实例上出现 3D 平移控件

图 2-78　使用 3D 平移工具点击实例

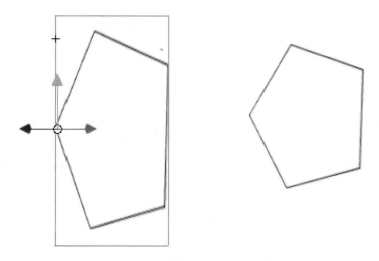

图 2-79　在 Z 轴上 3D 平移后的效果

2.3.2　3D 旋转工具

　　Flash CS5 提供的 3D 工具包括 3D 旋转工具 和 3D 平移工具 ，两个工具都必须在影片剪辑实例上使用。这组工具突破了 2D 动画制作工具只能在 X 轴和 Y 轴构成的平面上运动和变形的传统，增加了 Z 轴来表示 3D 空间，使动画看起来更有立体感。

　　使用 3D 旋转工具 ，可以使影片剪辑实例在 3D 空间上绕某个中心点进行旋转。影片剪辑实例设计好后，选择"工具"面板上的 3D 旋转工具 ，移动鼠标指针至实例上单击，实例(黄色矩形)上即出现 3D 旋转控件，如图 2-80 所示。其中，X 轴显示为红色竖直线，Y 轴显示为绿色水平线，两轴交点处小圆圈是旋转的中心点，所有旋转均绕该中心点进行，并且拖动该中心点可以移动 3D 控件的位置，Z 轴显示为蓝色的圆圈(图中内圆)，橙色的外圆是自由旋转控件，可以使实例同时围绕 X 轴和 Y 轴两个方向旋转。图 2-80、图 2-81 和图 2-82 所示的分别为对象在 X 轴、Y 轴、Z 轴使用自由旋转工具旋转的效果。

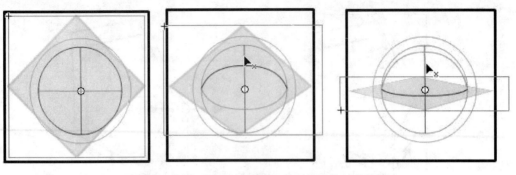

图 2-80　使用 "3D 旋转控件" 在 *X* 轴上旋转的效果

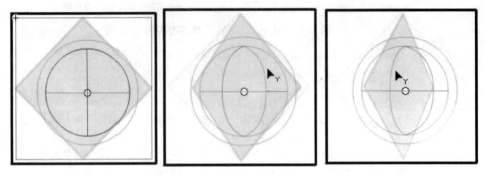

图 2-81　使用 "3D 旋转控件" 在 *Y* 轴上旋转的效果

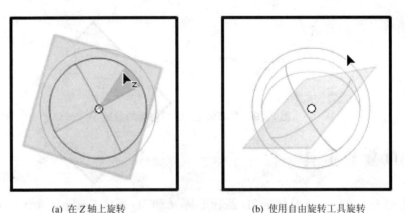

(a) 在 *Z* 轴上旋转　　　　　　　　(b) 使用自由旋转工具旋转

图 2-82　在 *Z* 轴上旋转和使用自由旋转工具旋转的效果

　　3D 旋转工具默认模式是全局模式，在全局模式 3D 空间中旋转对象与相对舞台移动对象等效。在局部 3D 空间中旋转对象与相对影片剪辑移动对象等效。可以单击 "工具" 面板 "选项" 部分的 "全局转换" 按钮 进行切换。

　　除了手动进行旋转外，还可以使用面板来设置旋转的参数。打开影片剪辑实例的 "属性" 面板，可以看到如图 2-83 所示的属性。

　　图 2-83 中 1 区是 "3D 定位和查看" 区，在这里不但可以查看 *X* 轴、*Y* 轴和 *Z* 轴的坐标，还可以设置这些坐标的值。同时也可以通过 "宽" 和 "高" 两个属性查看旋转后实例的大小，

但这个大小是不可以改变的。图 2-83 中 2 区是"透视角度"区，这里可以设置和查看 3D 旋转的透视角度。图 2-83 中 3 区是"消失点"区，这里可以设置和查看实例的消失点。

　　同时，在"变形"面板中也有相关的设置，如图 2-84 所示。可以在"3D 旋转"区域输入旋转的度数，在"3D 中心点"区域设置和查看 3D 旋转中心点的 X 轴、Y 轴和 Z 轴坐标。

图 2-83　实例"属性"面板的 3D 属性

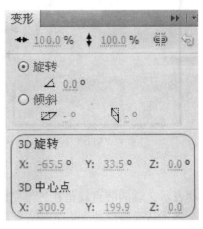

图 2-84　　"变形"面板中的 3D 设置

2.3.3　3D 平移工具

　　影片剪辑实例制作好后，选择"工具"面板上的 3D 平移工具，单击舞台上的实例，即可使用该工具，如图 2-85 所示。其中，向上的箭头代表 Y 轴，用来在 Y 轴上平移实例，向右的箭头代表 X 轴，用来在 X 轴上平移实例，X 轴和 Y 轴交点处的黑色小圆点表示 Z 轴，用来在 Z 轴上平移实例。

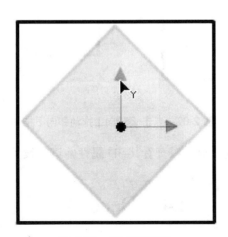

图 2-85　3D 平移控件

　　其中，拖动 X 轴只能在水平方向平移，拖动 Y 轴只能在垂直方向平移，X 轴和 Y 轴刚好构成二维平面，所以实例是在二维平面上移动的，其大小不会发生改变，如图 2-86 所示。

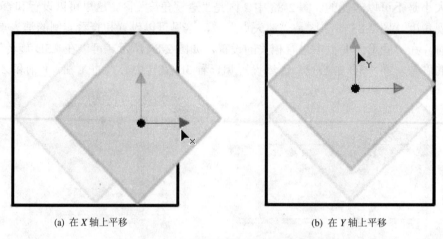

(a) 在 *X* 轴上平移　　　　　　　　　(b) 在 *Y* 轴上平移

图 2-86　在 *X* 轴上平移和在 *Y* 轴上平移

　　拖动表示 *Z* 轴的圆点就是在三维空间的 *Z* 轴上平移，因此会出现实例大小改变的效果，就像一个物体从远处移动到近处或者从近处移动到远处一样，如图 2-87 所示。

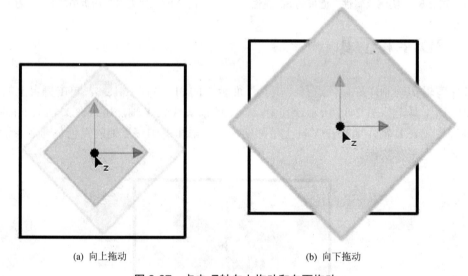

(a) 向上拖动　　　　　　　　　　(b) 向下拖动

图 2-87　点击 *Z* 轴向上拖动和向下拖动

　　实例使用 3D 平移工具后也可以查看其 3D 属性并进行设置。

2.4　Deco 工具

2.4.1　引入案例——绘制"繁华都市"

　　【案例学习目标】使用多种绘图工具绘制繁华都市的效果，重点是使用 Deco 工具进行绘制。

【案例知识要点】使用 Deco 工具、钢笔工具、线条工具、椭圆工具和铅笔工具等绘制繁华的都市，并使用填充工具填充颜色，如图 2-88 所示。

【效果所在位置】资源包/Ch02/效果/绘制繁华都市.swf。

图 2-88　繁华都市效果图

【制作步骤】

(1) 新建并保存文档。选择"文件"→"新建"菜单命令，新建 Flash 文档。将文件保存为"绘制繁华都市.fla"。

(2) 绘制背景天空和马路。双击图层名称，将当前图层重命名为"背景天空和马路"，选择矩形工具，设置笔触颜色为无，填充颜色为"#666666"。在舞台下方绘制马路，使用矩形工具，设置无笔触，填充颜色为由淡蓝色到白色的线性渐变，将舞台其他部分覆盖。效果如图 2-89 所示。

(3) 绘制白云和太阳。单击时间轴图层管理区上的"新建图层"按钮，创建一个新图层，并重命名为"白云和太阳"。使用铅笔工具绘制白云，选择"修改"→"组合"命令，将白云形状进行组合，并复制另外两朵白云，拖放至适当位置，可以使用任意变形工具进行适当变形。使用椭圆工具绘制太阳红色的中心，钢笔工具绘制太阳锯齿状的边缘，并分别填充上颜色，如图 2-90 所示。

(4) 绘制马路白线和街道。新建"马路白线和街道"层，选择矩形工具并设置其笔触颜色为无，填充颜色为白色，绘制宽 15 像素、高 1 像素的矩形，通过复制和调整位置，制作

图 2-89　绘制背景天空和马路　　　　　图 2-90　绘制白云和太阳

马路白线。同样使用矩形工具绘制街道瓷砖，设置笔触颜色为无，填充颜色为 "#BD8080"，Alpha 值为 40%，绘制宽和高均为 8 像素的矩形，然后使用任意变形工具旋转 45°，通过复制和调整位置，得到如图 2-91 所示的效果。

　　📝 提示：在动画设计过程中，在一个图层设计好后，一般要单击图层管理区的 🔒 按钮将该图层锁定，以免在对其他层进行操作时造成对该层的误操作。绘制街道的瓷砖时，先绘制一块，调整好属性，复制出第二块，继而选中两块瓷砖，再复制一份而变成四块，然后选中设计好的四块瓷砖，再复制一份变成八块……许多动画的设计都遵循此方法，可达到事半功倍的效果。

　　(5) 绘制高楼大厦。新建"高楼"层，选择 Deco 工具 ✏️，打开该工具的"属性"面板，在"绘制效果"下拉列表中选择"建筑物刷子"，然后在舞台的适当位置绘制出一栋栋随机样式的高楼大厦。可以发现最后绘制的大楼默认摆放到最上层，如图 2-92 所示。

图 2-91　绘制马路白线和街道　　　　　图 2-92　绘制高楼大厦

　　(6) 绘制道旁树。新建"道旁树"层，选择 Deco 工具，打开该工具的"属性"面板，在"绘制效果"下拉列表中选择"树刷子"，在街道靠近马路的一侧从下往上拖动绘制一棵道旁树，并调整大小，使用椭圆工具绘制树根部的绿草。使用复制的方法制作其他的道旁树，并调整好位置，效果如图 2-93 所示。

图 2-93　绘制道旁树

(7) 绘制路灯。新建"路灯"层，选择椭圆工具，设置笔触颜色为"#999999"，宽度为 0.1 像素，填充颜色为白色，绘制三个圆做路灯的灯泡，如图 2-94(a)所示，接着使用铅笔工具绘制灯泡的支架，如图 2-94(b)所示。选择矩形工具，设置笔触为无，填充为线性渐变的灰白渐变颜色，绘制一个矩形做路灯杆，如图 2-94(c)所示，使用椭圆工具绘制圆形灯座，如图 2-94(d)所示。使用选择工具框选灯座的下半圆，按 Delete 键删除，得到路灯的效果，如图 2-94(e)所示。选中整个路灯，按快捷键 Ctrl+G 组合图形，复制并拖放到街道上适当的位置，如图 2-95 所示。

(8) 绘制马路上的车辆。使用铅笔工具绘制车身轮廓，使用椭圆工具绘制黑色车轮，通过复制并设置不同的颜色得到四辆不同颜色的车辆，如图 2-96 所示，按快捷键 Ctrl+G 分别组合每辆车。选中所有的车辆，复制一份，选择"修改"→"变形"→"水平翻转"菜单命令，获得往反方向开的四辆车。将这些车辆复制并拖放至马路上适当的位置，如图 2-97 所示。

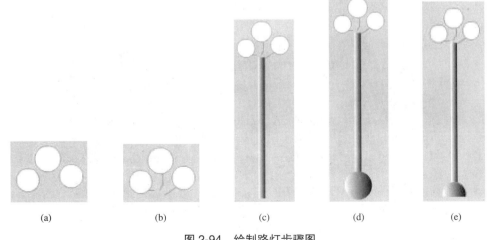

(a)　　　　　(b)　　　　　(c)　　　　　(d)　　　　　(e)

图 2-94　绘制路灯步骤图

图 2-95　添加路灯后效果

图 2-96　绘制车辆

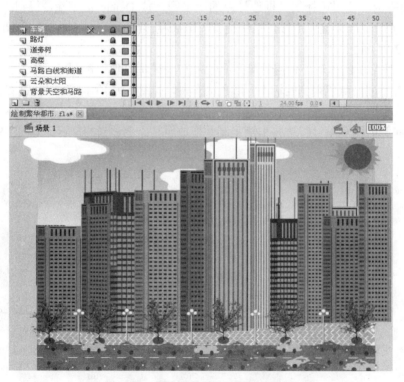

图 2-97　最终图层和动画的设计效果

2.4.2　Deco 工具基础知识

使用装饰性绘制工具——Deco 工具可以创建复杂的几何形状和图案，快速完成大量相同元素的绘制，也可以应用它制作出很多复杂的动画效果。将其与图形元件和影片剪辑元件配合，可以制作出效果更加丰富的动画效果。

选择"工具"面板上的 Deco 工具，或者按下快捷键 U，鼠标指针即变成形状。随后打开该工具的"属性"面板，如图 2-98 所示，在"绘制效果"下拉列表框中选择需要的效果，设置相关参数，即可进行绘制。

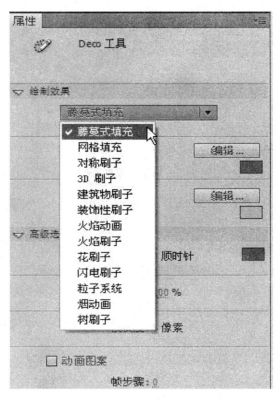

图 2-98　Deco 工具的"属性"面板

2.4.3　Deco 工具的使用

Flash CS5 一共提供了 13 种绘制效果，包括藤蔓式填充、网格填充、对称刷子、3D 刷子、建筑物刷子、装饰性刷子、火焰动画、火焰刷子、花刷子、闪电刷子、粒子系统、烟动画和树刷子。下面介绍"属性"面板中常用的绘制效果。

1. 藤蔓式填充

"藤蔓式填充"可以使用藤蔓式图案填充舞台、元件或封闭区域。默认的藤蔓式填充效果是绿叶黄花，除了使用默认的效果之外，还可以从库中选择已设计好的元件来替换藤蔓上的叶子和花朵，得到各种不同的藤蔓效果。使用藤蔓式填充的操作步骤如下。

（1）选择 Deco 工具，在"属性"面板的"绘制效果"下拉列表框中选择"藤蔓式填充"选项。

（2）选择默认的填充样式，直接在舞台或封闭区域内单击，即可自动填充上绿叶黄花的藤蔓效果，如图 2-99(a)所示。或者单击"编辑"按钮，从库中选择一个自定义的影片剪辑或图形元件，以替换默认的花朵元件或叶子元件，如图 2-99(b)所示，"花"选用了库中的图形元件，"树叶"选择了库中的影片剪辑元件，效果是叶子由绿色变成黄色。

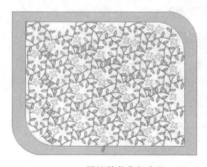
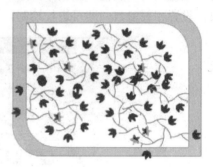

(a) 默认的花朵和叶子　　　　　　(b) "花"和"树叶"使用库中自定义元件

图 2-99　藤蔓式填充的效果

（3）"藤蔓式填充"的"属性"面板中，"高级选项"几个参数的具体作用如下。

● 分支角度：用于设置分支图案的角度。

● 图案缩放：用于设置图案的缩放比例。

● 段长度：用于设置花朵节点之间的段的长度。

● 动画图案：勾选此选框，填充过程每次迭代都绘制到时间轴中的新帧，整个绘制过程将自动生成逐帧动画。

2．网格填充

"网格填充"可以用库中的元件填充舞台、元件或封闭区域。将网格填充绘制到舞台后，如果移动填充元件或调整其大小，则网格填充将随之移动或调整大小。使用"网格填充"可创建棋盘图案、平铺背景，也可以使用自定义图案填充指定区域或形状。对称效果的默认元件是 25 像素×25 像素、无笔触的黑色矩形形状。"网格填充"的使用步骤如下。

（1）选择 Deco 工具，在其"属性"面板的"绘制效果"下拉列表框中选择"网格填充"选项，如图 2-100 所示。

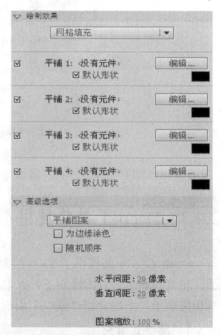

图 2-100　"网格填充"的
"属性"面板

(2) 直接在舞台、要填充图案的形状或元件内单击，系统将自动使用默认的黑色矩形填充图案，如图 2-101(a)所示。要改变填充风格，可以改变每个矩形的颜色，也可以单击"编辑"按钮从库中选择自定义元件。最多可以将库中的四个影片剪辑元件或图形元件与网格填充效果一起使用，如图 2-101(b)所示，四个元件都换成了自定义的元件。

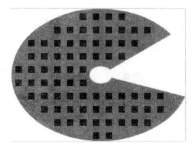
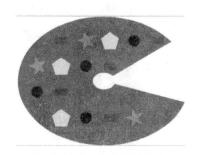

(a) 默认设置　　　　　　　　　　(b) 四个元件均换成自定义元件

图 2-101　网格填充的效果

(3) 为网格填充选择布局。有三种布局模式可供选择。

● 平铺模式：以简单的网格模式排列元件。
● 砖形模式：以水平偏移网格模式排列元件。
● 楼层模式：以水平和垂直偏移网格模式排列元件。

三种布局模式的填充效果如图 2-102 所示。

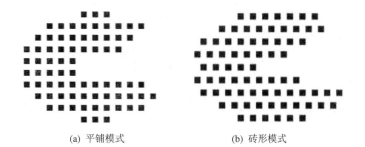
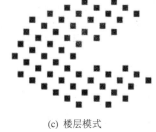

(a) 平铺模式　　　　　　　(b) 砖形模式　　　　　　　(c) 楼层模式

图 2-102　三种布局模式的填充效果

(4) 设置其他参数。其他参数的作用如下。

● 为边缘涂色：该选项可以使填充与包含的元件、形状或舞台的边缘重叠。
● 随机顺序：该选项允许元件在网格内随机分布。
● 水平间距：指定网格填充中所用元件之间的水平距离(以像素为单位)。
● 垂直间距：指定网格填充中所用元件之间的垂直距离(以像素为单位)。
● 图案缩放：沿水平方向(沿 X 轴)和垂直方向(沿 Y 轴)放大或缩小元件。

3．对称刷子

利用"对称刷子"可以围绕中心点对称排列元件。在舞台上绘制元件时，将显示一组控制柄。可以使用控制柄通过增加元件数、添加对称内容或者编辑和修改效果的方式来控制对称效果。使用"对称刷子"可以创建圆形用户界面元素(如模拟钟面或刻度盘仪表)和旋涡图案。"对称刷子"的默认元件是 25 像素×25 像素、无笔触的黑色矩形形状。

选择 Deco 工具，然后在"属性"面板的"绘制效果"下拉列表框中选择"对称刷子"选项，如图 2-103 所示。选择用于默认矩形形状的填充颜色，或者单击"编辑"按钮从库中选择自定义元件进行绘制，如图 2-104 所示。

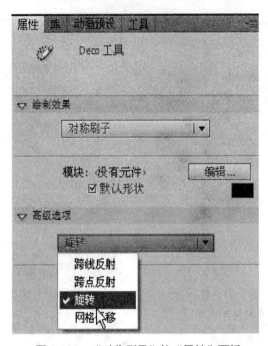
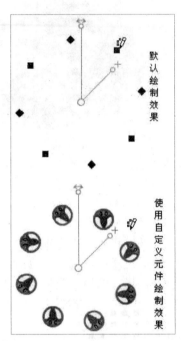

图 2-103 "对称刷子"的"属性"面板   图 2-104 使用"对称刷子"的绘图效果

与前面的效果一样，可以将库中的任何影片剪辑元件或图形元件与"对称刷子"一起使用。通过这些基于元件的粒子，可以对创建的图稿进行多种创意控制。

在面板中"高级选项"下拉列表框中有跨线反射、跨点反射、旋转和网格平移四种效果，分别介绍如下。

● 跨线反射：跨指定的不可见线条等距离翻转形状，如图 2-105(a)所示。

● 跨点反射：围绕指定的固定点等距离放置两个形状，如图 2-105(b)所示。

● 旋转：围绕指定的固定点旋转对称的形状。若要围绕对象的中心点旋转对象，则按圆形运动进行拖动即可，如图 2-105(c)所示。

● 网格平移：按对称效果绘制的形状创建网格。每次在舞台上单击都会创建形状网格。使用由"对称刷子"控制柄定义的 X 和 Y 坐标调整这些形状的高度和宽度，如图 2-105(d)所示。

另外，还有一个 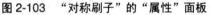 项，勾选该选项，则不管如何增加对称效果内的实例数，绘制的对称效果中的形状都不会相互冲突。取消选择此选项后，对称效果中的形状将会重叠。

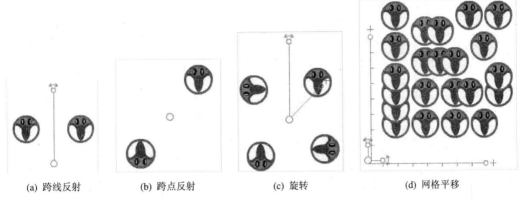

| (a) 跨线反射　　　　　　(b) 跨点反射　　　　　　(c) 旋转　　　　　　(d) 网格平移

图 2-105　跨线反射、跨点反射、旋转和网格平移四种绘制效果

4．3D 刷子

通过 3D 刷子效果，可以在舞台上对某个元件的多个实例涂色，使其具有 3D 透视效果。在舞台顶部附近(做背景)使用 3D 刷子会缩小元件，在舞台底部附近(前景)使用 3D 刷子则会放大元件，从而看起来有由远(小)而近(大)的 3D 透视效果。在绘制过程中，不管绘制顺序如何，接近舞台底部绘制的元件位于接近舞台顶部的元件之上。

可以在绘制图案中包括一到四个元件。舞台上显示的每个元件实例都位于其自己的组中。可以直接在舞台上、形状或元件内部涂色。如果在形状内部单击 3D 刷子，则 3D 刷子仅在形状内部处于活动状态。

使用 3D 刷子效果绘图的操作步骤如下。

(1) 在"工具"面板中选择 Deco 工具，在"属性"面板的"绘制效果"菜单中选择"3D 刷子"选项，如图 2-106 所示。

(2) 选择要包含在绘制图案中的一到四个元件。设置此效果的其他属性。确保选择"透视"属性以创建 3D 效果。"3D 刷子"包含下列属性。

- 最大对象数：要涂色的对象的最大数目。
- 喷涂区域：与对实例涂色的鼠标指针的最大距离。
- 透视：可以产生 3D 效果。要为大小一致的实例涂色，则不需要选中此选项。
- 距离缩放：此属性确定 3D 透视效果的量。增加此值会增加因为向上或向下移动鼠标指针而引起的缩放。
- 随机缩放范围：此属性允许随机确定每个实例的缩放。增加此值会增加可应用于每个实例的缩放值的范围。
- 随机旋转范围：此属性允许随机确定每个实例的旋转。增加此值会增加每个实例可能的最大旋转角度。

(3) 在舞台上拖动就开始涂色。将鼠标指针向舞台顶部移动，为较小的实例涂色；将鼠标指针向舞台底部移动，为较大的实例涂色。如图 2-107 所示，透视效果中远处的图案小，越到近处图案越大。

图 2-106 "3D 刷子"的"属性"面板

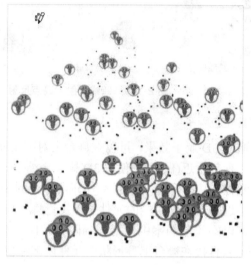

图 2-107 有透视的绘制效果

5. 建筑物刷子

借助建筑物刷子效果，在舞台上从下往上拖动，可以绘制建筑物。建筑物的外观取决于为建筑物属性选择的值，Flash CS5 提供四种建筑物样式，如图 2-108 和图 2-109 所示。

如果想要绘制随机出现的建筑物样式，则选择"随机选择建筑物"选项，建筑物的大小

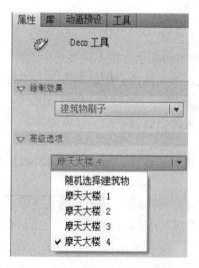

图 2-108 "建筑物刷子"的"属性"面板

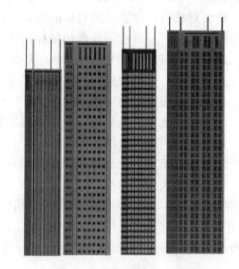

图 2-109 四种建筑物样式

可以通过下面的 建筑物大小：1 属性来设置，该值越大，建筑物就越大。绘制时，后绘制的建筑物总是置于前面已经绘制好的建筑物的前面。

6．装饰性刷子

"装饰性刷子"可以绘制 20 种不同样式的装饰线，例如点线、波浪线及其他线条，打开"属性"面板的"高级选项"即可选择，如图 2-110 所示。设置好后，在舞台上移动鼠标指针，即可在鼠标指针经过路径绘制装饰图案，20 种装饰图案和绘制效果如图 2-111 所示。

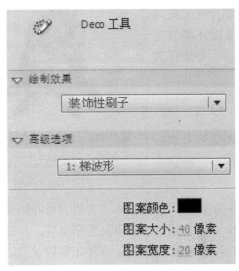

图 2-110　"装饰性刷子"的"属性"面板

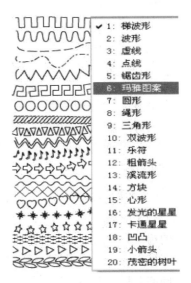

图 2-111　20 种装饰图案和绘制效果

7．火焰动画和火焰刷子

"火焰动画"可以创建程式化的逐帧火焰动画。"火焰刷子"可以在时间轴当前帧的舞台上绘制火焰，各自的"属性"面板如图 2-112 所示。

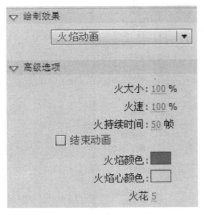

(a) "火焰动画"的"属性"面板

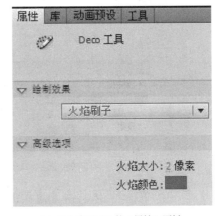

(b) "火焰刷子"的"属性"面板

图 2-112　"火焰动画"和"火焰刷子"的"属性"面板

在"属性"面板中，可以设置火焰颜色、火焰大小等属性，设置好属性后在舞台上移动鼠标指针，即可绘制火焰动画或火焰。

其他属性如下。

● 火大小：火焰的宽度和高度。值越大，创建的火焰越大。

● 火速：动画的速度。值越大，创建的"火燃烧的速度"越快。

● 火持续时间：动画过程中在时间轴中创建的帧数。

● 结束动画：选择此选项可创建火焰燃尽而不是持续燃烧的动画。Flash 会在指定的火焰持续时间后添加其他帧以造成烧尽效果。如果要循环播放完成的动画以创建持续燃烧的效果，则不要选择此选项。

● 火焰颜色：火苗的颜色。

● 火焰心颜色：火焰底部焰心的颜色。

图 2-113　柴火燃烧的火焰效果

● 火花：火源底部各个火焰的数量。火焰效果如图 2-113 所示。

8．花刷子和树刷子

选择花刷子效果，可以在舞台上绘制多种样式的花。选择树刷子效果可以在舞台上绘制多种样式的树，它们的"属性"面板如图 2-114 所示。花刷子效果又有园林花、玫瑰、一品红和浆果四种样式，树刷子效果提供了白杨树等 20 种树的样式，每种花和树又可以通过属性设置不同的效果。图 2-115 所示的为使用花刷子和树刷子绘制的效果图。

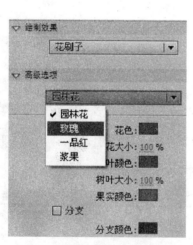

(a)　"花刷子"的"属性"面板

(b)　"树刷子"的"属性"面板

图 2-114　"花刷子"和"树刷子"的"属性"面板

图 2-115　使用"花刷子"和"树刷子"绘制的效果图

提示："树刷子"的使用要按照树生长的方向来刷。

9．闪电刷子和烟动画

使用闪电刷子可以设计闪电，也可以设计闪电动画。使用烟动画可以设计烟雾的动画。它们的"属性"面板如图 2-116 所示。

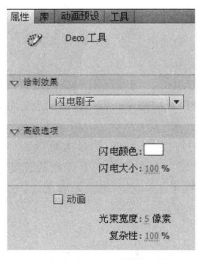

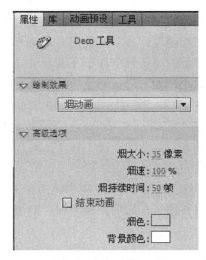

(a)　"闪电刷子"的"属性"面板　　　　　(b)　"烟动画"的"属性"面板

图 2-116　"闪电刷子"和"烟动画"的"属性"面板

"闪电刷子"的属性如下。

● 闪电颜色：用来设置闪电的颜色。

● 闪电大小：用来设置闪电的长度。

● 动画：借助此选项，可以创建闪电的逐帧动画。

● 光束宽度：用来设置闪电根部的粗细。

● 复杂性：用来设置每支闪电的分支数。值越高，创建的闪电越长，分支越多。

"烟动画"的属性如下。

- 烟大小：烟的宽度和高度。值越大，创建的烟越大。
- 烟速：动画的速度。值越大，创建的烟速越快。
- 烟持续时间：动画过程中在时间轴中创建的帧数。
- 结束动画：选择此选项可创建烟消散而不是持续冒烟的动画。Flash 会在指定的烟持续时间后添加其他帧以造成烟消散效果。如果要循环播放完成的动画以创建持续冒烟的效果，则不要选择此选项。
- 烟色：烟的颜色。
- 背景颜色：烟的背景色。烟在消散后更改为此颜色。

10．粒子系统

使用粒子系统效果，可以创建火、烟、水、气泡及其他效果的粒子动画。Flash 将根据设置的属性创建逐帧动画的粒子效果。在"舞台"上生成的粒子包含在动画的每个帧的组中。

"粒子系统"包含下列属性。

- 总长度：从当前帧开始，动画的持续时间(以帧为单位)。
- 粒子生成：在其中生成粒子的帧的数目。如果帧数小于动画"总长度"，则该工具会在剩余帧中停止生成新粒子，但是已生成的粒子将继续添加动画效果。
- 每帧的速率：每个帧生成的粒子数。
- 寿命：单个粒子在"舞台"上可见的帧数。
- 初始速度：每个粒子在其寿命开始时移动的速度。速度单位是像素/帧。
- 初始大小：每个粒子在其寿命开始时的缩放。
- 最小初始方向：每个粒子在其寿命开始时可能移动方向的最小范围。测量单位是度。0 和 360 表示向上；90 表示向右；180 表示向下，270 表示向左，允许使用负数。
- 最大初始方向：每个粒子在其寿命开始时可能移动方向的最大范围。
- 重力：效果是当此数字为正数时，粒子运动方向更改为向下并且其速度会增加(就像正在下落一样)。如果重力是负数，则粒子运动方向更改为向上。
- 旋转速率：应用到每个粒子的每帧旋转角度。

2.5 骨 骼 工 具

2.5.1 引入案例——绘制爬行的蛇

【案例学习目标】使用椭圆工具等绘制一条蛇，使用骨骼工具为其添加爬行的动作。

【案例知识要点】使用椭圆工具绘制主体蛇头和蛇身，使用选择工具和套索工具等结合键盘对蛇进行编辑和修改，最后使用骨骼工具结合时间轴为其添加爬行的效果，如图 2-117 所示。

【效果所在位置】资源包/Ch02/效果/骨骼工具绘制爬行的蛇.swf。

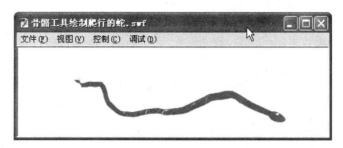

图 2-117　形状作为骨骼容器效果——爬行的蛇

操作步骤如下。

(1) 新建文档。新建"ActionScript 3.0"文档，保存为"骨骼工具绘制爬行的蛇.fla"。

(2) 绘制蛇。选择椭圆工具，设置无笔触，填充颜色为"#666666"，在舞台上绘制一个细长的椭圆做蛇身，在蛇身的右部绘制一个稍大一些的椭圆做蛇头，并使用选择工具修改蛇的形状，然后使用套索工具结合 Delete 键删除局部细小区域做出一些花纹，以及绘制头部的眼睛，使其看起来像一条蛇，如图 2-118 所示。

图 2-118　绘制好的蛇的效果

(3) 向绘制好的蛇添加第一块骨骼。选中绘制好的蛇，选择"工具"面板上的骨骼工具，在蛇头中部单击并拖动鼠标至蛇颈部，松开鼠标左键即添加好第一块骨骼，如图 2-119(a)所示。同时在图层管理区中自动生成一个"姿势"层，如图 2-119(b)所示，原来绘制在"图层1"中的蛇形状被自动移至"姿势"层"骨架_1"中，并与骨骼绑定。

(a)　　　　　　　　　　　　　　　　　　　　　　　　　(b)

图 2-119　添加第一块骨骼的效果

(4) 添加其他骨骼。使用骨骼工具在根骨骼的尾部单击并按住鼠标不放，在蛇身上拖动继续添加第二块骨骼，同样的方法添加其他骨骼，如图 2-120 所示。

图 2-120　添加了所有骨骼后的效果

✎ 提示：蛇是软体动物，所以需要多添加一些骨骼以表现其身体柔软爬行。

(5) 改变蛇的爬行姿势。使用选择工具，单击并拖动任意一块骨骼，可以看到蛇身其他骨骼跟着运动。分别在"姿势"层上第 10 帧、第 20 帧、第 30 帧、第 40 帧、第 50 帧右击，在弹出的快捷菜单中选择"插入姿势"命令，按照如图 2-121 所示拖动骨骼调整蛇的爬行姿势。

(6) 爬行的蛇动画效果制作完毕。测试影片，可以看到一条蛇在舞台上扭动身体向前爬行。

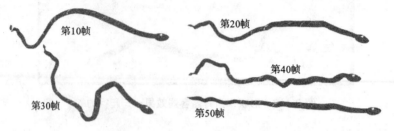

图 2-121　第 10 帧、第 20 帧、第 30 帧、第 40 帧、第 50 帧蛇形状

2.5.2　骨骼工具基础知识

Flash CS5 中的骨骼工具比 Flash CS4 中的更加成熟，设计人员使用起来将更加方便。

使用反向运动(IK)可以方便地设计出物(例如，人物和动物)自然运动的效果。若要使用反向运动进行动画处理，用户首先必须为时间轴上的动画对象添加骨骼，然后在动画的开始帧上设计骨骼运动的开始姿势，最后在动画的结束帧上设计骨骼的结束姿势，Flash 就会自动在动画的起始帧和结束帧之间对骨架中骨骼的位置进行内插处理，效果有点类似前面学习过的补间动画。选择"工具"面板上的骨骼工具，即可开始使用骨骼工具。可以对两种容器使用骨骼工具：一种是形状；另一种是元件的实例。

提示：要使用实现反向运动(IK)的骨骼工具，必须指定"脚本"的版本为 ActionScript 3.0 或以上。

2.5.3　骨骼工具的使用

1. 向形状添加骨骼

形状可以做骨骼的容器，包括在"对象绘制"模式下绘制的形状。形状添加骨骼后变成"IK 形状"。一个形状内只可以添加一个骨架，一个骨架中可以包含多个分支骨架，每个骨架中可以包含多块骨骼，这些骨骼都是首尾相连的。在一个骨架中，第一块骨骼为根骨骼，第二块骨骼为根骨骼的子级骨骼，该子级骨骼要从根骨骼的尾部开始绘制，从子级骨骼的尾部又可以开始绘制下一级的子级骨骼，其他骨骼的添加以此类推。要创建分支骨架时，单击希望分支由此开始的现有骨骼的头部，然后，拖动鼠标就可以创建出新分支的第一块骨骼。骨架可以具有所需数量的分支。但是分支不能连接到其他分支(其根部除外)上。例如可以向蛇的形状添加骨骼，以使其爬行动作更逼真。可以将骨骼添加到同一图层的单个形状或一组形状上。无论哪种情况，都必须首先选择所有形状，然后才能添加第一块骨骼。图 2-122 所示的是为形状添加骨骼及拖动部分骨骼改变形状的效果图。

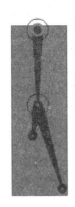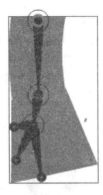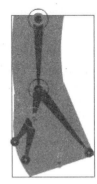

图 2-122　为形状添加骨骼及改变形状

添加骨骼之后，Flash 会将所有的形状和骨骼一起转换为一个 IK 形状对象，选中该形状时四周会有一个蓝色的框。同时系统会将该 IK 形状对象移至一个新的"姿势"图层。具体使用见"引入案例——绘制爬行的蛇"。

提示：一般只向简单的形状添加骨骼，如果形状复杂，则系统会自动提示要将形状转换为影片剪辑。在将骨骼添加到一个形状后，该形状将具有几个限制：不能将一个 IK 形状与其外部的其他形状进行合并；不能使用任意变形工具旋转、缩放或倾斜该形状；不建议编辑形状的控制柄。

2．向元件添加骨骼

除了可以向形状添加骨骼外，还可以向影片剪辑、图形和按钮元件的实例添加骨骼，并且每个实例都只有一块骨骼。若要使用文本，则首先需要将其转换为元件。在添加骨骼之前，元件实例可以位于不同的图层上。添加骨骼之后，Flash 会自动将它们添加到"姿势"图层上。例如，可以将显示躯干、手臂、前臂和手的影片剪辑链接起来，以使其彼此协调而逼真地移动。下面使用实例"骨骼工具绘制挥舞的链球"详细介绍在元件实例中添加骨骼的方法，效果如图 2-123 所示。

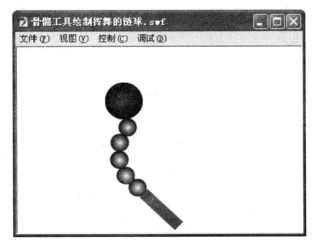

图 2-123　使用骨骼工具制作挥舞的链球效果

操作步骤如下。

(1) 新建文档。新建"ActionScript 3.0"文档，保存为"骨骼工具绘制挥舞的链球.fla"。

(2) 设计元件。使用椭圆工具绘制如图 2-124(a)所示的一大一小两个球，然后在大球上右击，在弹出的快捷菜单中选择"转换为元件"命令，将弹出"转换为元件"对话框，在对话框的"名称"文本框中输入"大球"，"类型"任意。同样的方法将小球转换为"小球"元件。使用矩形工具绘制"手柄"元件的实例，如图 2-124(b)所示。

(a) "大球"和"小球"   (b) "手柄"

图 2-124 设计"大球"、"小球"和"手柄"元件的实例

(3) 设计链球。从"库"面板中拖出"小球"元件的四个实例，并摆放成图 2-125(a)所示的链球形状。

(4) 添加骨骼。选择骨骼工具，在链球的手柄中部按下鼠标左键不放，拖动至紧邻的第一个小链球的中部后放开，即可添加根骨骼，如图 2-125(b)所示。在根骨骼尾部(根骨骼在第一个小球上的端点)按下鼠标左键并拖动至第二个小球中部松开，即添加了第一级的子级骨骼，然后在第一级子骨骼尾部按下鼠标左键并拖动至第三个小球上松开，即添加了第二级的子骨骼，同样的方法添加其他骨骼，如图 2-125(c)所示。

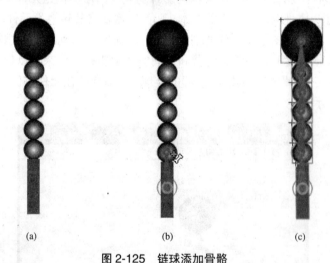

(a)   (b)   (c)

图 2-125 链球添加骨骼

(5) 设计链球挥舞动画。在"姿势"层上分别右击第 5 帧、第 10 帧、第 15 帧和第 20 帧，在弹出的快捷菜单中选择"插入姿势"命令，并使用选择工具拖动骨骼分别调整链球的形状和位置，使其有一个连贯的动作过程，如图 2-126 所示，制作完毕。测试影片即可看到挥舞的链球效果。

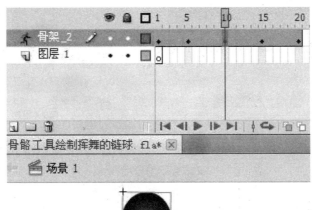

图 2-126　挥舞的链球动画设计过程截图

详见文件：资源包/Ch02/效果/其他实例/骨骼工具绘制挥舞的链球.fla。

3．"IK 骨架"属性

单击动画的"姿势"层中的有效帧，然后选择"窗口"→"属性"菜单命令，即可打开"IK 骨架"的"属性"面板，如图 2-127 所示。

下面介绍几个常用属性。

● 缓动：缓动就是调整各个姿势前后的帧中动画的速度，以产生更加逼真的运动效果。其中"强度"用来设置缓动的强度，默认强度是 0，表示无缓动，最大值是 100，它表示对姿势帧之前的帧应用最明显的缓动效果，最小值是-100，它表示对上一个姿势帧之后的帧应用最明显的缓动效果。"类型"用来设置缓动的类型，有多种选择，如图 1-128 所示。"简单"缓动分四种类型，四种减慢效果用来选定帧之前或之后与其紧邻的帧中的运动速度的缓动。"停止并启动"用来设置减慢紧接前一个姿势帧的帧及位于下一个姿势帧之前且与其相邻的帧中的运动速度。

● 样式：用来设置骨架的样式，有"线框"、"实线"、"线"和"无"四种。图 2-129 所示的是四种样式下骨架的显示状态。设置"线"和"无"样式比较不会影响动画的设计效果，对较小的骨架比较有用。

图 2-127 "IK 骨架"的"属性"面板

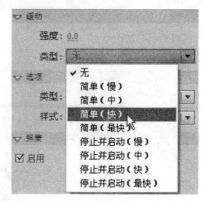

图 2-128 缓动类型

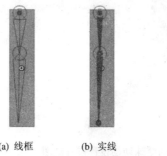  

(a) 线框　　　　(b) 实线　　　　(c) 线　　　　(d) 无

图 2-129 骨架样式

● 弹簧：用于设置禁用"IK 骨骼"属性面板中弹簧的"强度"和"阻尼"属性。如果不勾选"启用"项，则"IK 骨骼"属性面板中弹簧的"强度"和"阻尼"属性均不能进行设置。

4. "IK骨骼"属性

单击骨架上的任意一块骨骼，打开其"属性"面板，即可对该骨骼的属性进行设置，如图 2-130 所示。

现将"IK 骨骼""属性"面板上常用属性的用法介绍如下。

● "位置"：显示骨骼的位置、长度、角度和速度。如果选中"固定"复选框，则可以将当前所选骨骼的尾部固定在舞台上不动(骨骼尾部出现一个×)，如图 2-131(a)所示，拖动其他骨骼连接点时，最下面一块骨骼的尾部被固定不能移动。

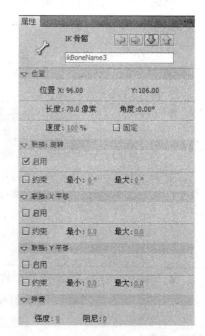

图 2-130 "IK 骨骼"的"属性"面板

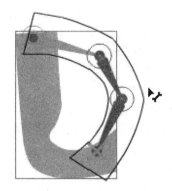
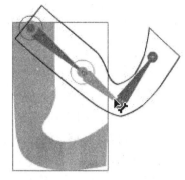

(a) 最下面骨骼设置为"固定"　　　　　　(b) 最下面骨骼设置为不能旋转

图 2-131　最下面骨骼设置为"固定"或不能旋转

- "连接：旋转"：勾选"启用"项后骨骼可以旋转，不勾选"启用"项则该骨骼不能旋转，如图 2-131(b)所示效果中，最后一块骨骼的"属性"面板中"启用"项前的勾去掉了，因此这块骨骼是不能旋转的。"约束"项可以将骨骼的旋转约束在指定的范围内。

- "连接：X 平移"和"连接：Y 平移"：用来设置限定骨骼在 X 轴和 Y 轴上进行平移运动。

- 弹簧：最好在向"姿势"图层添加姿势之前设置这些属性。"强度"用来设置弹簧的强度，值越大，创建的弹簧效果越强，弹簧就变得越坚硬。阻尼决定弹簧效果的衰减速率，因此阻尼值越高，动画就结束得越快，如果值为 0，则弹簧属性在"姿势"图层的所有帧中保持其最大强度。如可以为上面舞动的链球添加弹簧效果，使其挥舞时有一点弹性的缓动效果，而不是生硬的动作。

5. 其他操作

- 选择骨骼：单击某骨骼可以选择单块骨骼，按住 Shift 键并单击则可以选择多块骨骼，双击某块骨骼，可选中该骨骼所在的整个骨架。若要将所选内容移动到相邻骨骼上，可以在"属性"面板中单击"父级"、"子级"，或"下一个同级"、"上一个同级"按钮 。

- 删除骨骼：单击某块骨骼，然后按 Delete 键即可删除该骨骼及其所有子级骨骼。选中整个骨架并按 Delete 键可删除整个骨架。右击骨架所在姿势层的帧，从弹出的菜单中选择"删除骨架"命令，也可以删除骨架。

- 重新定位骨骼：拖动骨架中的任何骨骼可以重新定位线性骨架，按住 Shift 键的同时拖动某块骨骼，可以将该骨骼与其子级骨骼一起旋转而不移动其父级骨骼。按住 Alt 键拖动某 IK 形状到适当位置，可以将该形状移动到舞台上的新位置，也可以在"IK 形状"的"属性"面板中设置 X 和 Y 的值来改变形状的位置。

- 编辑骨骼形状：使用部分选取工具可以对骨骼进行编辑操作，拖动骨骼的尾部，可以改变骨骼的长度和当前骨骼尾部的位置。还可以在骨骼形状上添加、删除和编辑轮廓的控制柄。使用部分选取工具在 IK 形状轮廓上单击即可显示 IK 形状的边界控制柄，在无控制柄的地方单击，即可添加一个新的控制柄(也可以使用添加锚点工具)，选中现有控制柄，按 Delete 键即可删除控制柄(也可以使用删除锚点工具)。

6．骨骼绑定工具

骨骼绑定工具专门用来设置"IK 形状"上的控制柄跟指定骨骼进行绑定，使动画效果更逼真。如图 2-132 所示，使用绑定工具单击骨骼，骨骼两侧即出现 IK 形状的控制柄，黄色的表示是与当前选定骨骼绑定的，如图 2-132(a)所示。现要将红色圈中的蓝色控制柄与当前骨骼绑定，只需用绑定工具单击并拖动该控制柄到骨骼上，拖动时会出现一条黄色的线，如图 2-132(b)所示，图 2-132(c)所示的是设置好适当的控制柄并进行了绑定的效果。

  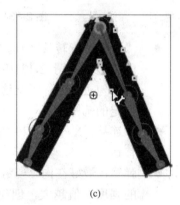

(a)　　　　　　　　　　　(b)　　　　　　　　　　　(c)

图 2-132　绑定工具设置 IK 形状控制柄与骨骼绑定

2.5.4　手形工具

手形工具用来查看较大的舞台的效果。对于较大的舞台，选择手形工具后在舞台拖动鼠标即可查看舞台上动画各部分细节的效果，而且不影响原动画的任何效果，如图 2-133 所示。

图 2-133　使用手形工具查看大图的效果

2.5.5　缩放工具

当要处理比较小的动画元素时，一般需要放大来处理会比较方便。选择"工具"面板上的缩放工具后，在其"选项"区出现选项，带加号的表示放大，带减号的表示缩小，使用放大和缩小工具可以对舞台整体或局部进行放大或缩小操作。

使用放大工具单击一次舞台可以将舞台放大到原来的两倍，如图 2-134 所示，使用缩小工具单击一次舞台可以将舞台缩小成原来的二分之一。

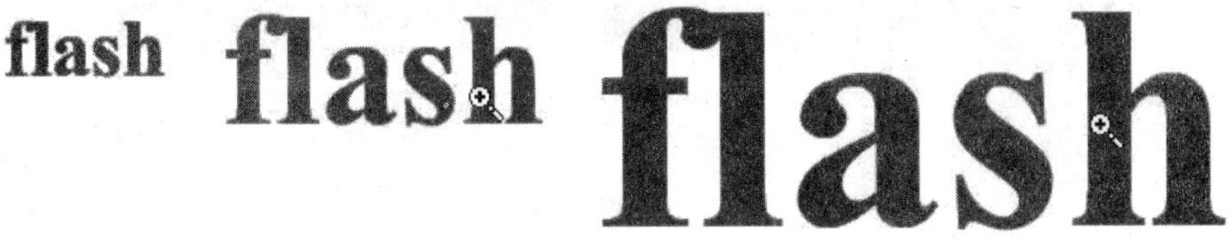

flash **flash** flash

(a) 原始大小　　　　(b) 放大两倍　　　　　　(c) 放大四倍

图 2-134　放大效果

　　缩放工具除了可以对舞台整体进行放大外，还可以对舞台上的任意局部进行放大，选择放大镜后，使用放大镜框选想要放大的局部即可。

2.5.6　"对齐"面板

　　选择"窗口"→"对齐"菜单命令，即可打开"对齐"面板，如图 2-135 所示。

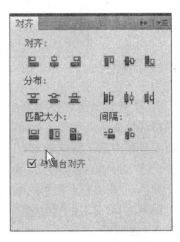

图 2-135　"对齐"面板

　　"对齐"面板能够沿水平或垂直轴对齐所选对象。可以沿选定对象的右边缘、中心或左边缘垂直对齐对象，或者沿选定对象的上边缘、中心或下边缘水平对齐对象。

- 对齐：沿水平或垂直轴对齐所选对象。
- 分布：将所选对象按照中心间距或边缘间距等方式进行分布。
- 匹配大小：调整所选对象的大小，使所有对象的水平或垂直尺寸与所选最大对象的尺寸一致。
- 间隔：垂直或水平地将对象分布在舞台上。
- 相对于舞台：将所选对象与舞台对齐。

2.6　综　合　案　例

2.6.1　综合案例 1——原野风光

　　【案例学习目标】综合运用各种绘图工具绘制原野风光。

　　【案例知识要点】使用 Deco 工具、椭圆工具、矩形工具、钢笔工具、线条工具、铅笔工具、刷子工具和颜料桶工具等，绘制原野风光。效果如图 2-136 所示。

　　【效果所在位置】资源包/Ch02/效果/原野风光.swf。

【制作步骤】

　　(1) 选择"文件"→"新建"菜单命令，新建 Flash 文档，设置背景颜色为淡绿色(#99FF99)。将文件保存为"原野风光.fla"。

图 2-136 原野风光效果图

(2) 绘制背景。使用前面案例"绘制繁华都市"中介绍的方法，利用矩形工具绘制矩形并将其填充蓝白渐变色，即可绘制出天空，利用铅笔工具和任意变形工具绘制云朵，利用椭圆工具和铅笔工具绘制太阳，如图 2-137 所示。

(3) 绘制河流及波纹。使用铅笔工具绘制一条弯曲的小河流(注意绘制成封闭区域才好填充颜色)，并填充上河水的颜色(颜色值为#7EC9EE，Alpha 值为 73%)，然后删除其笔触。使用铅笔工具，设置笔触(颜色为#D5D5D5，Alpha 值为 35%)，在河流上绘制水流的波纹，如图 2-138 所示。

图 2-137 绘制背景

图 2-138 绘制河流及波纹

(4) 绘制房子。使用线条工具在其他位置绘制房子，为房顶填充红色(#FF0000)，墙壁填充橙色(#F2AA3F)，绘制门和窗户，按快捷键 Ctrl+G 组合房子图形，如图 2-139(a)所示。将房子拖放至舞台上适当的位置，如图 2-139(b)所示。

(a) 绘制 　　　　　　　　　　　　　　(b) 拖放

图 2-139　绘制房子，并拖放到舞台上适当的位置

(5) 绘制河流左岸的植物。选择铅笔工具将河流左岸尽量大地绘制在一个封闭区域内，然后选择 Deco 工具，在其"属性"面板选择"藤蔓式填充"，"图案缩放"设置为"50%"，"段长度"设置为"2 像素"，在刚才使用铅笔工具绘制的封闭区域内单击，藤蔓图案即可慢慢填充满该封闭区域，填充结束后删除铅笔工具绘制的笔触，如图 2-140 所示。

图 2-140　绘制河流左岸的植物

(6) 绘制河流右岸的植物。使用第(5)步的方法，将右岸的区域分为三个部分，第一部分将藤蔓的"花"设置为一个红色的小椭圆元件，然后填充，如图 2-141 所示。其他部分同理设置。最终填充效果如图 2-142 所示。

(7) 绘制近景大树。选择 Deco 工具，在其"属性"面板选择"树刷子"的"紫荆树"，在舞台的左侧边缘和右侧边缘分别绘制出一棵紫荆树，并使树的一部分出现在舞台上，如图 2-143 所示。

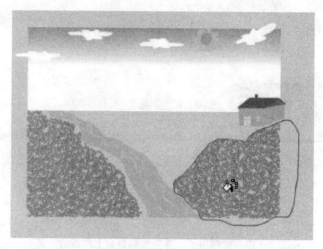

图 2-141　右岸第一块填充区

图 2-142　右岸填充满植物的效果

图 2-143　绘制伸入舞台的近景紫荆树

(8) 绘制完毕，按快捷键 Ctrl+Enter 测试影片效果即可。

2.6.2　综合案例 2——走路的莲藕人

【案例学习目标】制作走路的莲藕人。

【案例知识要点】使用椭圆工具绘制莲藕人，使用骨骼工具和逐帧动画为其添加走路的动作。效果如图 2-144 所示。

【效果所在位置】资源包/Ch02/效果/走路的莲藕人.swf。

图 2-144　走路的莲藕人效果图

【制作步骤】

(1) 选择"文件"→"新建"命令，新建 Flash 文档，将文件保存为"走路的莲藕人.fla"。

(2) 绘制莲藕人的头、脖子和身体。选择椭圆工具，设置无笔触，填充颜色为黑色，并在其下"选项"区中单击"对象绘制"按钮，按住 Shift 键的同时绘制一个正圆作为莲藕人的头，如图 2-145(a)所示。接着在头的下面绘制一个小椭圆作为脖子，如图 2-145(b)所示，最后在脖子的下面绘制一个大的椭圆作为莲藕人的身体，如图 2-145(c)所示。

　　提示：选择"对象绘制"可以避免形状之间发生融合或切割的现象。

(3) 绘制莲藕人的上肢。使用椭圆工具绘制一个细长椭圆做上臂，然后在椭圆下绘制一个小椭圆作为肘部关节，如图 2-146(a)所示。选中上臂椭圆，按住 Alt 键的同时拖动复制下臂，最后绘制一个小椭圆作为手掌，如图 2-146(b)所示。为了操作方便，将上臂设置为红色，如图 2-146(c)所示。

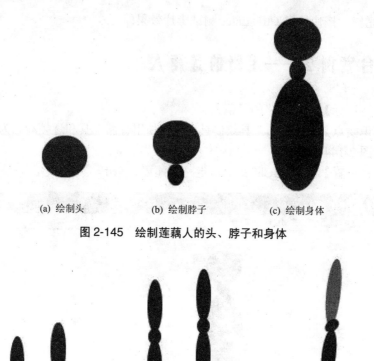

(a) 绘制头   (b) 绘制脖子   (c) 绘制身体

图 2-145　绘制莲藕人的头、脖子和身体

(a) 绘制上臂   (b) 绘制下臂   (c) 将上臂设置为红色

图 2-146　绘制上肢步骤

(4) 绘制莲藕人的另一上肢和下肢。全选上一步绘制的上肢，并复制三份，分别用来作为另一上肢和两个下肢。利用选择工具全选两个下肢，然后使用任意变形工具，将下肢变形放大到适当大小，最后将另一上臂设置为绿色，两条大腿分别设置为红色和绿色，如图 2-147(a)所示。使用任意变形工具旋转肢体并调整大小，然后拖放至莲藕人身体上的适当位置，如图 2-147(b)所示。在下面的操作中把红色的作为右部肢体，绿色的作为左部肢体。

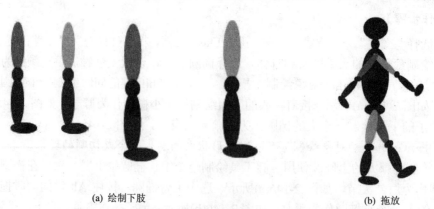

(a) 绘制下肢   (b) 拖放

图 2-147　绘制上肢和下肢并拖放至身体的适当位置

(5) 将莲藕人身体各部分转换为元件。在莲藕人的头上右击，在弹出的快捷菜单中选择"转换为元件"命令，弹出"转换为元件"对话框，保留对话框中的默认设置，单击"确定"按钮，即可将莲藕人的头转换为元件。同样的方法将莲藕人的脖子、身体、左上臂、左肘关节、左下臂、左手、右上臂、右肘关节、右下臂、右手、臀部、左大腿、左膝关节、左小腿、左脚、右大腿、右膝关节、右小腿和右脚都分别转换为元件。

(6) 调整肢体叠放次序。红色肢体作为右肢，全选右上肢各部分后，在选中区域右击，在弹出的快捷菜单中选择"排列"→"移至顶层"命令，则红色右上肢自动排列到所有实例的最顶层。绿色肢体作为左肢，全选左上肢各部分后在选中区域右击，在弹出的快捷菜单中选择"排列"→"移至底层"命令，则绿色左上肢自动排列到所有实例的最底层。同样的方法设置下肢的叠放次序，设置好的莲藕人效果如图 2-148(a)所示。

(a) 调整肢体顺序　　　　　　　　　　　(b) 添加第一块骨骼

图 2-148　调整肢体顺序和添加第一块骨骼

(7) 为莲藕人添加骨骼。选择骨骼工具，在莲藕人身体的中心单击并拖动至右上臂的顶部松开，即添加了第一块根骨骼，如图 2-148(b)所示。同样使用骨骼工具从根骨骼的尾部开始，单击并拖动至右肘关节，添加子级骨骼，接下来从该子级骨骼尾部开始绘制到右下臂的骨骼，同样方法绘制右下臂到右手的骨骼。同样的方法绘制其他肢体的骨骼，添加好骨骼的效果如图 2-149 所示。分别选中四块根骨骼(图 2-149 中从身体中心点绘制出来的四块骨骼，有个绿色圆圈)和连接左手、右手、左脚和右脚的那块骨骼，打开"属性"面板，在"连接：旋转"属性中将"启用"属性前面的勾去掉，以禁止这几块骨骼的旋转，避免设计动作时肢体的严重错位。

(8) 设计莲藕人走路动作。在"姿势"层的第 5 帧右击，在弹出的快捷菜单中选择"插入姿势"命令插入一个姿势，如图 2-150 所示。然后选中"姿势"层的第 1 帧，按住键盘左光标键将莲藕人向左略移，并使用选择工具拖动相应骨骼将莲藕人的上肢和下肢调整成如图 2-151 所示的姿势。在第 10 帧插入姿势，将莲藕人向右平移一小段，并调整成如图 2-152 所示的动作。在第 15 帧插入姿势，将莲藕人向右平移一小段，并调整成如图 2-153 所示的动作。在第 20 帧插入姿势，将莲藕人向右平移一小段，并调整成如图 2-154 所示的动作。

图 2-149　添加骨骼后的莲藕人

图 2-150　第 5 帧的动作的骨骼效果

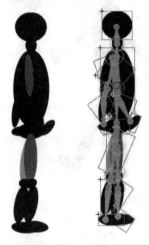

图 2-151　第 1 帧的动作和骨骼效果

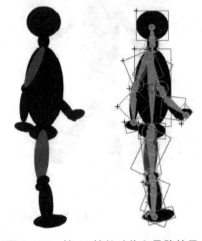

图 2-152　第 10 帧的动作和骨骼效果

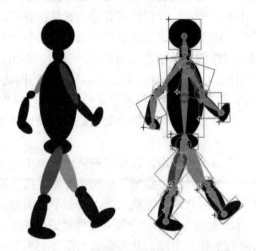

图 2-153　第 15 帧的动作和骨骼效果

图 2-154　第 20 帧动作和骨骼效果

(9) 设计完毕，按下快捷键 Ctrl+Enter 测试影片即可看到一个莲藕人在舞台上行走的效果。

提示：对于小的元件(如肘关节)，不好添加骨骼，可以先使用缩放工具将其放大再添加，或者可以将该元件拖到其他位置，添加骨骼后再移至原来的位置。在设计骨骼动作的时候，身体某些部分可能会出现错位的现象，此时可以选中该元件实例或骨骼，使用键盘上的光标键微调其位置。调整步伐的时候单击时间轴上的"绘图纸外观"按钮和"绘图纸外观轮廓"按钮，该功能将有助于我们把握每个关键帧中的动画的运动轨迹，根据莲藕人的步伐来设置移动的距离。

课 后 实 训

1. 绘制动画人物"摩乐乐"。

【练习要点】使用椭圆工具绘制动画人物"摩乐乐"的圆脸和圆鼻子，使用线条工具绘制脸颊线，再使用椭圆工具绘制眼睛(另一只眼睛通过复制完成)，使用钢笔工具绘制嘴巴和牙齿，使用铅笔工具绘制舌头，再分别填充颜色，如图 2-155 所示。

【效果所在位置】资源包/Ch02/效果/绘制"摩乐乐".fla。

图 2-155 动画人物"摩乐乐"

2. 制作翻书效果。

【练习要点】绘制封面：使用矩形工具绘制书的封面，封面上用椭圆工具绘制月亮，用文本工具输入"日记本"三个字，用线条工具绘制装饰图案。绘制内页：使用矩形工具绘制内页，使用文本工具输入文字。采用逐帧动画表现翻书动作，使用 3D 旋转工具和 3D 平移工具设置每帧上封面翻开的效果，如图 2-156 所示。

【效果所在位置】资源包/Ch02/效果/翻开日记本.fla。

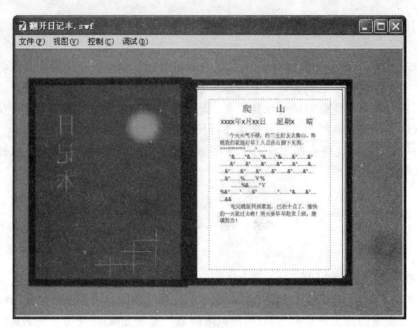

图 2-156　制作翻书效果

第3章 逐帧动画

逐帧动画也称帧-帧动画(frame by frame)，是最为基础的动画制作方式，是由若干个连续关键帧组成的动画序列，和传统的动画制作方式最为相似。它非常适合于制作复杂的动画场景，这样可以通过每一帧的内容来表现对象发生的微妙变化过程。制作这种动画时，需要绘制每一帧的内容，工作量非常大，对于制作人员的绘图技巧有着较高的要求，而且文件的数据量也非常大，但是利用它制作的动画效果相当好。

本章学习目标
- ✧ 掌握时间轴的概念；
- ✧ 掌握帧的概念及相关操作；
- ✧ 掌握逐帧动画的制作方法。

3.1 时间轴和帧

3.1.1 引入案例——打字效果

【案例学习目标】使用文本工具书写祝福语，使用时间轴逐帧改变文本内容制作动画。

【案例知识要点】使用刷子工具绘制光标图形，使用文本工具添加文字，逐帧改变内容，使用翻转帧命令将帧进行翻转，实现打字效果的动画，如图3-1所示。

【效果所在位置】资源包/Ch03/效果/打字效果.swf。

图3-1 打字效果图

【制作步骤】

(1) 新建并保存文档。选择"文件"→"新建"命令，在弹出的"新建文档"对话框中选择"ActionScript 3.0"选项，进入新建文档舞台窗口。舞台的宽设置为 550 像素，高设置为 400 像素，帧频设置为 12 fps，背景颜色设置为白色。将文件保存为"打字效果.fla"。

(2) 设计"背景"图层。选择"文件"→"导入"→"导入到舞台"命令，弹出"导入"对话框，浏览"Ch03/素材"路径下的"帷幕.jpg"文件，单击"打开"按钮，文件被导入到舞台窗口中，适当调整图像的大小和位置，如图 3-2 所示，按 F8 键将其转换为图形元件"weimu"，把当前图层改名为"背景"，锁定图层。

(3) 创建"光标"元件。按 Ctrl+F8 键新建图形元件"光标"，选择刷子工具，在刷子工具的"属性"面板中设置平滑度为 0、填充颜色为#9B0000，在舞台正中绘制一长度为 70 像素的横线，如图 3-3 所示。

图 3-2 打字效果背景图   图 3-3 "光标"元件

(4) 创建"文字动画"元件。按 Ctrl+F8 键新建影片剪辑元件"文字动画"，把图层 1 重命名为"文字"。选择文本工具，设置颜色为#9B0000，分两行输入"祝各位同学新年快乐！"，如图 3-4 所示。

(5) 新建图层"光标"，在第 5 帧插入空白关键帧，把图形元件"光标"拖到感叹号的下方，修改元件的大小，使它的宽度与字宽相等。选择"文字"图层的第 5 帧，插入关键帧，选择文本工具，将"光标"元件上方的感叹号删除，如图 3-5 所示。

(6) 分别选中"光标"图层和"文字"图层的第 9 帧，在选中的帧上插入关键帧，如图

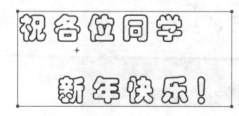

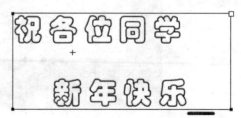

图 3-4 输入文字   图 3-5 删除感叹号

3-6 所示。选中"光标"图层的第 9 帧,将"光标"元件平移到"乐"字的下方,如图 3-7 所示。选中"文字"图层的第 9 帧,将"光标"元件上方的"乐"字删除,如图 3-8 所示。

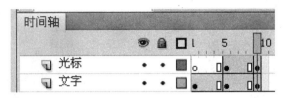

图 3-6　插入关键帧

图 3-7　平移"光标"元件

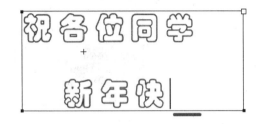

图 3-8　删除"乐"字

(7) 用相同的方法,每隔 4 帧插入一个关键帧,在插入的帧上将"光标"元件移到前一个字的下方,并删除该字,直到删除完所有的字,此时的舞台如图 3-9 所示,"时间轴"面板如图 3-10 所示。

图 3-9　删除所有字

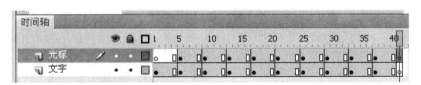

图 3-10　删除所有字后的"时间轴"面板

(8) 按住 Shift 键的同时,单击"光标"图层和"文字"图层,选中这两个图层的所有帧,选择"修改"→"时间轴"→"翻转帧"菜单命令,对所有帧进行翻转,如图 3-11 所示。影片剪辑元件"文字动画"制作完成。

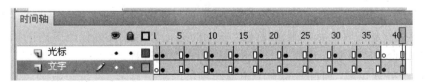

图 3-11　翻转所有帧

(9) 切换到场景 1，新建图层"打字"，将"库"面板中的影片剪辑元件"文字动画"拖曳到舞台上，如图 3-12 所示。

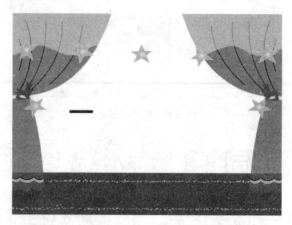

图 3-12　添加"文字动画"影片剪辑元件

至此，打字效果制作完毕，按快捷键 Ctrl+Enter 即可查看效果，如图 3-1 所示。

3.1.2　时间轴和帧的概念

时间轴是 Flash 中最重要的工具之一。用它可以查看每一帧的情况，调整动画播放的速度，安排帧的内容，改变帧与帧之间的关系，从而实现不同效果的动画。"时间轴"面板如图 3-13 所示。

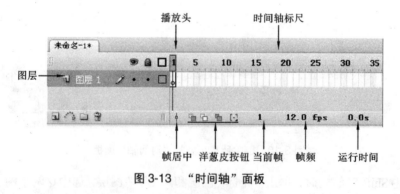

图 3-13　"时间轴"面板

播放头可以在所创建的最大帧范围内被拖动到任一帧上，以观察每一帧的内容。"时间轴"面板下方的状态栏中有多个按钮，其功能如下。

帧居中：将播放头所在帧(即当前帧)显示到时间轴的中间位置。

绘图纸外观：时间轴标尺上出现绘图纸的标记显示，在标记范围内的帧上的对象将同时显示在舞台中，有利于观察不同帧之间的图形变化过程。

绘图纸外观轮廓：时间轴标尺上出现绘图纸的标记显示，在标记范围内的帧上的对象将以轮廓线的形式同时显示在舞台中。

🔳编辑多个帧：同时显示和编辑绘图纸标记范围内的帧。

◎修改标记：改变绘图纸标记的状态和设置。

动画是通过连续播放一系列静止画面，在视觉上产生连续变化的效果而形成的，这一系列单幅的画面就称为帧，它是 Flash 动画中最小时间单位里出现的画面。在"时间轴"面板上，一个影格就是一帧。每秒钟显示的帧数称为帧频，它是动画播放的速度，帧频太慢会使动画看起来有停顿，帧频太快会使动画的细节变得模糊。按照人的视觉原理，一般将动画的帧频设为 24 fps。根据帧的作用不同，可以将帧分为如图 3-14 所示的六类。

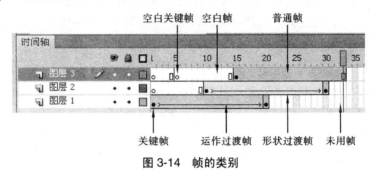

图 3-14　帧的类别

关键帧：它是一段动画的起止原型，其间所有的动画都是基于这个起止原型进行变化的。只有在关键帧中才可以加入 AS 脚本命令，调整动画元素的属性。

普通帧：只能延续关键帧的状态，一般用来将元素保持在舞台上。

过渡帧：两个关键帧之间的部分就是过渡帧，包括动作过渡帧和形状过渡帧，它们是起始关键帧动作向结束关键帧动作变化的过渡部分。

空白关键帧：在一个关键帧里，什么对象也没有，一般用于要进行动作调用的场景。

空白帧：延续空白关键帧的状态，是没有任何对象的普通帧。

未用帧：未使用过的帧。

3.1.3　帧的基本操作

在"时间轴"面板中，可以对帧进行一系列的操作。

1．插入帧

选择"插入"→"时间轴"→"帧"命令，或按 F5 键，可以在时间轴上插入一个普通帧。

选择"插入"→"时间轴"→"关键帧"命令，或按 F6 键，可以在时间轴上插入一个关键帧。

选择"插入"→"时间轴"→"空白关键帧"命令，或按 F7 键，可以在时间轴上插入一个空白关键帧。

2．选择帧

选择"编辑"→"时间轴"→"选择所有帧"命令，可以选中时间轴上的所有帧。

单击要选的帧，帧变为深色。

单击要选择的帧，再向前或向后进行拖曳，其间鼠标指针所经过的帧全部被选中。

按住 Ctrl 键的同时，单击要选择的帧，可以选择多个不连续的帧。

按住 Shift 键的同时，单击要选择的两个帧，则这两个帧中间的所有帧都被选中。

3．移动帧

单击一个或多个帧，按住鼠标左键，拖动所选帧到目标位置。在移动过程中，如果按住 Alt 键，可以在目标位置上复制出所选的帧。

单击一个或多个帧，选择"编辑"→"时间轴"→"剪切帧"命令，或者按快捷键 Ctrl+Alt+X，剪切所选的帧；选中目标位置，选择"编辑"→"时间轴"→"粘贴帧"命令，或者按快捷键 Ctrl+Alt+V，在目标位置上粘贴所选的帧。

4．删除帧

右击要删除的帧，在弹出的菜单中选择"清除帧"命令。

单击要删除的普通帧，按快捷键 Shift+F5，删除普通帧；单击要删除的关键帧，按快捷键 Shift+F6，删除关键帧。

3.2 逐帧动画的基本原理和表现方法

3.2.1 引入案例——走动的钟表

【案例学习目标】使用绘图工具绘制钟表各个部件，使用时间轴逐帧改变元件位置制作动画。

【案例知识要点】分别制作影片剪辑元件底盘、时针、分针、秒针和转轴，逐帧改变秒针的倾斜角度，实现钟表走动的效果，如图 3-15 所示。

【效果所在位置】资源包/Ch03/效果/走动的钟表.swf。

图 3-15　走动的钟表效果图

【制作步骤】

(1) 新建和保存文档。选择"文件"→"新建"命令，在弹出的"新建文档"对话框中选择"ActionScript 3.0"选项，进入新建文档舞台窗口。舞台的宽设置为 550 像素，高设置为 400 像素，帧频设置为 1 fps，背景颜色设置为灰色(#D4D4D4)。将文件保存为"走动的钟表.fla"。

(2) 设计"钟表底盘"元件。按快捷键 Ctrl+F8 新建影片剪辑元件"钟表底盘"，选择椭圆工具、文本工具绘制钟表的底盘，如图 3-16 所示。

图 3-16　钟表底盘

(3) 设计"时针"元件。按快捷键 Ctrl+F8 新建影片剪辑元件"时针"，选择椭圆工具、矩形工具绘制钟表的时针，如图 3-17 所示。

(4) 设计"分针"元件。按快捷键 Ctrl+F8 新建影片剪辑元件"分针"，选择椭圆工具、矩形工具绘制钟表的分针，如图 3-18 所示。

(5) 设计"秒针"元件。按快捷键 Ctrl+F8 新建影片剪辑元件"秒针"，选择线条工具绘制钟表的秒针，如图 3-19 所示。

(6) 设计"转轴"元件。按快捷键 Ctrl+F8 新建影片剪辑元件"转轴"，选择椭圆工具绘制钟表的转轴，如图 3-20 所示。

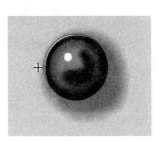

图 3-17　时针　　　图 3-18　分针　　　图 3-19　秒针　　　图 3-20　转轴

(7) 切换到"场景 1"，将"图层 1"重命名为"底盘"，从"库"面板上拖曳"钟表底盘"元件到舞台上，在第 61 帧插入普通帧。新建图层"秒针"，把"秒针"元件拖到钟表底盘上合适的位置，如图 3-21 所示。

(8) 新建图层"分针"，把"分针"元件拖到钟表底盘上合适的位置，如图 3-22 所示。

图 3-21　添加"秒针"元件　　　　　　图 3-22　添加"分针"元件

(9) 新建图层"时针"，把"时针"元件拖到钟表底盘上合适的位置，如图 3-23 所示。

(10) 新建图层"转轴"，分两次拖动"转轴"元件到钟表底盘上合适的位置，打开"变形"面板，将小转盘里的转轴缩小 50%，如图 3-24 所示，添加转轴后的效果如图 3-25 所示。

图 3-23　添加"时针"元件　　　　　　图 3-24　缩小转轴

(11) 锁定图层"底盘"、"分针"、"时针"和"转轴"，选择图层"秒针"的第 1 帧，单击"秒针"元件，选择任意变形工具 ▦，将变形点移到秒针下方，如图 3-26 所示。在第 2 帧插入关键帧，选择"秒针"元件，打开"变形"面板，设置旋转 6°，如图 3-27 所示。

图 3-25　添加"转轴"元件

图 3-26　"秒针"移动变形点

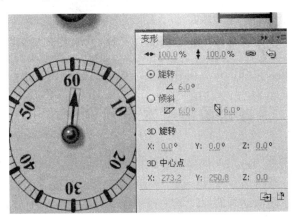

图 3-27　"秒针"元件旋转 6°

　　(12) 在第 3 帧插入关键帧，选择"秒针"元件，打开"变形"面板，设置旋转 12°，如图 3-28 所示。重复此步骤，在第 4 帧至第 61 帧都插入关键帧，每个关键帧设置秒针旋转的角度比前一帧的多 6°，最后锁定"秒针"图层。

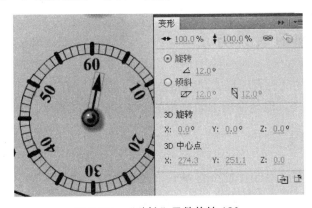

图 3-28　"秒针"元件旋转 12°

(13) 解除锁定"分针"图层，在第 61 帧插入关键帧，单击"分针"元件，选择任意变形工具 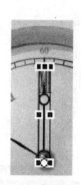，将变形点移到分针下方，如图 3-29 所示。打开"变形"面板，设置旋转 6°,如图 3-30 所示。

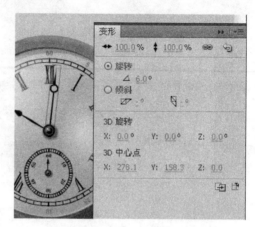

图 3-29 "分针"移动变形点   图 3-30 "分针"元件旋转 6°

至此，走动的钟表制作完毕，按快捷键 Ctrl+Enter 即可查看效果，如图 3-15 所示。

3.2.2 逐帧动画的基本原理

医学证明，人类视觉具有暂留的特点，即人眼看到物体或画面后，其影像在 1/24 s 内不会消失，利用这一原理，在一幅画没有消失之前播放下一幅画，就会给人造成流畅的视觉变化效果。逐帧动画的原理就是在"连续的关键帧"中分解动画动作，即在时间轴的每帧上逐帧绘制不同的内容，使其连续播放而成动画。逐帧动画的帧序列内容不一样，这不但给制作增加了负担而且最终输出的文件量也很大，但它的优势也很明显：逐帧动画具有非常大的灵活性，几乎可以表现任何想表现的内容，而且它类似于电影的播放模式，很适合于表现细腻的动画。例如，人物或动物的急剧转身，人物头发及衣服的飘动、走路、说话，以及精致的 3D 效果。

3.2.3 逐帧动画的表现方法

逐帧动画是常用的动画表现形式，也就是一帧一帧地将动作的每个细节都画出来。显然，这是一件很吃力的工作，但是使用下面介绍的方法和技巧能够减少一定的工作量。

1. 简化主体

动作主体的简单与否对制作的工作量有很大的影响，擅长于将动作的主体简化，可以大大地提高工作的效率。

一个最明显的例子就是小小的"火柴人"功夫系列，如图 3-31

图 3-31 简化主体

所示，动画的主体相当简化，以这样的主体来制作以动作为主的影片，即使用完全逐帧的制作，工作量也是可以承受的。试想用一个逼真的人的形象作为动作主体来制作这样的动画，工作量就会增加很多。

2．循环法

循环法是最常用的动画表现方法，将一些动作简化成由只有几帧组成的影片剪辑，利用影片剪辑循环播放的特性来表现一些动画，例如头发、衣服飘动，走路，说话等动画。

图 3-32 所示的天蓬元帅斗篷飘动的动画就是由三帧组成的影片剪辑，只需要画出一帧，其他两帧可以在第一帧的基础上稍做修改便完成了。这种循环的逐帧动画，要注意其节奏，掌握好节奏能取得很好的效果。

第 1 帧　　　　　第 2 帧　　　　　第 3 帧

图 3-32　循环法

3．节选渐变法

表现一个缓慢的动作，例如手缓缓张开，头(正面)缓缓抬起，如果完全逐帧地将整个动作绘制出来，会花费大量的时间和精力，这时可以考虑在整个动作中节选几个关键的帧，然后用渐变或闪现的方法来表现整个动作。这种方法可以在达到效果的同时简化工作。

如图 3-33 所示，选取手在张合动作中的四个"瞬间"，绘制四个图形，定义成影片剪辑之后，就可用 Alpha(透明度)的变形来表现出一个完整的手的张合动作。

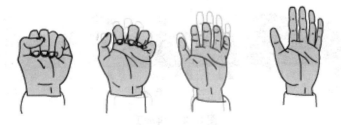

图 3-33　节选渐变法

4．临摹法

当难以独自完成一个动作的绘制时，可以临摹一些 Video 等，将它们导入 Flash 中，因为有了参照，完成起来就比较轻松。而在临摹的基础上需要进行再加工，使动画更完善。

如图 3-34 所示，蒙古摔跤手的动作完全是由一段 Video "描"出来的。

图 3-34　临摹法

　　具体的操作是用解霸从 Video 中将需要的动画截取出来，输出成系列图片，导入到 Flash 中后，依照它描绘而成。

　　📎 提示：一般，Video 与 Flash 的播放速度是有区别的，Flash 一般是 12 fps，Video 可能是 24 fps 或 25 fps。

　　5. 再加工法

　　借助参照物或简单的变形，进行加工，可以得到复杂的动画。如图 3-35 所示，牛抬头的动作，是以牛头作为一个影片剪辑，用旋转变形方法让头"抬起来"，由第 1 步的结果来看，牛头和脖子之间有一个"断层"；第 2 步，将变形的所有帧转换成关键帧，并将其打散，然后逐帧在脖子处进行修改；第 3 步，做一定的修饰，给牛身上加上"金边"。

第 1 步　　　　　　　　　　第 2 步　　　　　　　　　　第 3 步

图 3-35　再加工法

　　6. 遮蔽法

　　遮蔽法的中心思想就是将复杂动画的部分给遮住。而具体的遮蔽物可以是位于动作主体前面的东西，也可以是影片的框(即影片的宽度限制)等。如图 3-36 所示，用黑框遮住人物复杂的脚部，人物移动时只看到上半部。当然如果该部分动作正是要表现的主体，那这个方法显然就不适合了。

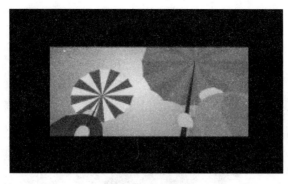

图 3-36 遮蔽法

7. 其他方法

还有很多其他方法，如更换镜头角度(例如抬头，从正面表现比较困难，换个角度，从侧面就容易多了)，从动作主体"看到"的景物反过来表现等。

3.2.4 逐帧动画的创建方法

逐帧动画的创建方法如下。

(1) 用导入的静态图片建立逐帧动画：连续导入.jpg、.png 等格式的静态图片到 Flash 中，就会建立一段逐帧动画。

(2) 绘制矢量逐帧动画：用鼠标或压感笔在场景中一帧帧地"画"出帧内容，如实例"走动的钟表"。

(3) 文字逐帧动画：用文字作帧中的元件，实现文字跳跃、旋转等特效，如实例"打字效果"。

(4) 指令逐帧动画：在"时间轴"面板上，逐帧写入动作脚本语句来完成元件的变化。

(5) 导入序列图像：可以导入.gif 序列图像、.swf 动画文件或者利用第三方软件(如 Swish、Swift 3D 等)产生的动画序列。

3.3 综 合 案 例

3.3.1 综合案例 1——骏马奔腾

【案例学习目标】使用导入序列图像方法制作逐帧动画。

【案例知识要点】使用"导入"命令导入序列图像，使用洋葱皮按钮修改元件位置，使用套索工具删除图片背景，创建逐帧动画，如图 3-37 所示。

【效果所在位置】资源包/Ch03/效果/骏马奔腾.swf。

图 3-37　骏马奔腾效果图

【制作步骤】

(1) 新建并保存文档。选择"文件"→"新建"命令，在弹出的"新建文档"对话框中选择"ActionScript 3.0"选项，进入新建文档舞台窗口。舞台的宽设置为 500 像素，高设置为 360 像素，帧频设置为 12 fps，背景颜色设置为#009966。将文件保存为"骏马奔腾.fla"。

(2) 设计"背景"图层。选择"文件"→"导入"→"导入到舞台"命令，在弹出的"导入"对话框中，浏览"Ch03/素材"路径下的"草原.jpg"文件，单击"打开"按钮，文件被导入到舞台窗口中，如图 3-38 所示。按 F8 键将其转换为图形元件"草原"，把当前图层重命名为"背景"，锁定图层。

图 3-38　骏马奔腾背景图

(3) 设计"马"元件。按快捷键 Ctrl+F8，打开"创建新元件"对话框，输入元件名"马"，类型选择"影片剪辑"，然后单击"确定"按钮。选择"文件"→"导入"→"导入到舞台"菜单命令，在"导入"对话框中选择文件"7-1.gif"，单击"打开"按钮，此时会弹出如图 3-39 所示的对话框，单击"是"按钮，导入七幅图片，这七幅图片会自动分布在七个关键帧上。

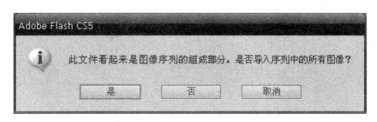

图 3-39　导入确认对话框

(4) 在"时间轴"面板上单击"编辑多个帧"按钮，再单击"修改标记"按钮，标记整个范围，拖动鼠标选择舞台上所有对象，此时"时间轴"面板如图 3-40 所示。按快捷键 Ctrl+F3，打开"属性"面板，修改 X、Y 坐标分别为"-78"和"-65"，如图 3-41 所示。再次单击"编辑多个帧"按钮，取消编辑多个帧。

图 3-40　编辑多个帧

图 3-41　多个帧的属性

(5) 选中第 1 帧，按快捷键 Ctrl+B 分离图形，选择套索工具，如图 3-42 所示设置魔术棒，选择魔术棒工具，删除图片的白色背景，如图 3-43 所示(绿色为舞台背景色)。

图 3-42　魔术棒属性设置

图 3-43　删除图片的白色背景

(6) 分别选择 2~7 帧，重复步骤(5)的操作，把所有图片的背景色删除。

(7) 切换到"场景 1"，新建图层"奔马"，从库中拖动影片剪辑元件"马"到舞台右上角，设置大小为 30%，旋转-10°，如图 3-44 所示。

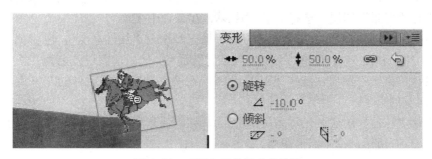

图 3-44　"马"元件缩小并旋转

(8) 在第 2 帧插入关键帧，把元件"马"向舞台左下角移动一点，设置大小为 31%。在第 3 帧插入关键帧，把元件"马"再向舞台左下角移动一点，设置大小为 32%。重复此操作，直到第 20 帧。单击时间轴上的"编辑多个帧"按钮囲，舞台如图 3-45 所示。

图 3-45　查看多个帧

至此，骏马奔腾制作完毕，按快捷键 Ctrl+Enter 即可查看效果，如图 3-37 所示。

3.3.2　综合案例 2——花吃蝴蝶

【案例学习目标】使用绘制矢量图像方法制作逐帧动画。

【案例知识要点】使用刷子工具、矩形工具和任意变形工具绘制花儿与蝴蝶，创建逐帧动画，如图 3-46 所示。

【效果所在位置】资源包/Ch03/效果/花吃蝴蝶.swf。

【制作步骤】

(1) 新建及保存文档。选择"文件"→"新建"命令，在弹出的"新建文档"对话框中选择"ActionScript 3.0"选项，进入新建文档舞台窗口。舞台的宽设置为 350 像素，高设置为 350 像素，帧频设置为 6 fps，背景颜色设置为白色。将文件保存为"花吃蝴蝶.fla"。

图 3-46　花吃蝴蝶效果图

(2) 设计"背景"图层。选择矩形工具囗，在舞台中央绘制一个大小为 222 像素×302 像素的长方形，填充颜色为"线性渐变"，色带上两色块的颜色设置如图 3-47 和图 3-48 所示。在第 80 帧插入普通帧，把当前图层改名为"背景"并锁定。

(3) 设计"桌子"图层。选择矩形工具囗，在第(2)步所绘制矩形的左下角，绘制一张如图 3-49 所示的桌子，并锁定当前图层。

(4) 设计"花盆"图层。先后运用矩形工具囗、任意变形工具翼，在桌子上绘制一个花盆，如图 3-50 所示，锁定当前图层。

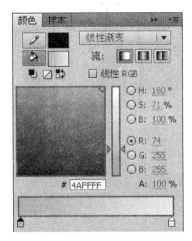

图 3-47　左色块的颜色设置

图 3-48　右色块的颜色设置

图 3-49　绘制桌子

图 3-50　绘制花盆

(5) 设计"框"图层。选择刷子工具 ![brush]，设置填充颜色为蓝色(#0000FF)，在矩形周围刷一圈，如图 3-51 所示，锁定当前图层。

(6) 在图层"框"与"花盆"之间插入新图层"花"和"蝴蝶"，如图 3-52 所示。

图 3-51　绘制边框

图 3-52　插入图层"花"和"蝴蝶"

(7) 创建逐帧动画(一)。选择图层"花"，使用刷子工具 ![brush] 在花盆上绘制一个小芽，此后每隔两帧插入一个关键帧，使用任意变形工具 ![transform] 和刷子工具 ![brush] 修改小芽使其变大、长出花朵，直到第 11 帧，如图 3-53 所示。

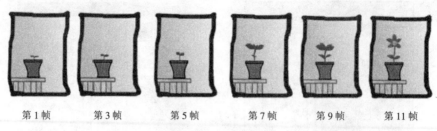

图 3-53 绘制花朵

(8) 创建逐帧动画(二)。选择"蝴蝶"层，在 12 帧插入关键帧，使用刷子工具 在边框里面的右上角绘制一只蝴蝶，每隔两帧插入一个关键帧，修改蝴蝶的位置和大小，如图 3-54 所示。

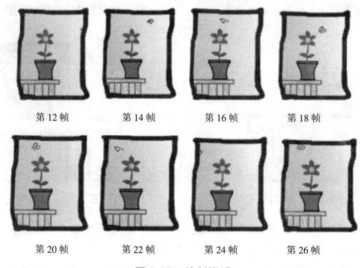

图 3-54 绘制蝴蝶

(9) 创建逐帧动画(三)。分别在图层"花"与"蝴蝶"的第 28 帧、第 30 帧、第 32 帧、第 34 帧、第 36 帧插入关键帧，使用任意变形工具 和刷子工具 修改花朵及蝴蝶的位置和大小，表现出花吃蝴蝶的效果，如图 3-55 所示。

(10) 创建逐帧动画(四)。选择图层"花"，在第 38 帧到第 68 帧之间，每隔两帧插入一个关键帧，使用任意变形工具 绘制花吃蝴蝶后的形状，如图 3-56 所示。

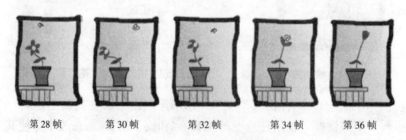

图 3-55 绘制花吃蝴蝶

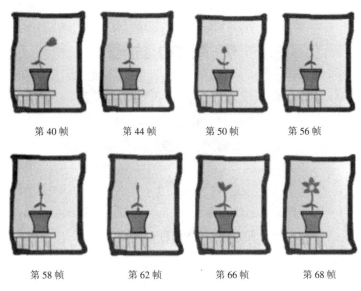

第 40 帧　　　　第 44 帧　　　　第 50 帧　　　　第 56 帧

第 58 帧　　　　第 62 帧　　　　第 66 帧　　　　第 68 帧

图 3-56　花吃蝴蝶后的形状

(11) 制作完成后"时间轴"面板如图 3-57 所示。

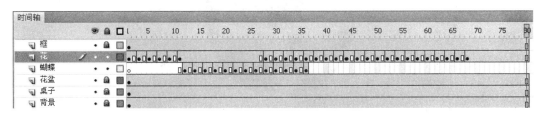

图 3-57　花吃蝴蝶制作完成后的"时间轴"面板

至此，花吃蝴蝶制作完毕，按快捷键 Ctrl+Enter 即可查看效果，如图 3-46 所示。

课 后 实 训

1. 制作动画：奔跑的豹子。

【练习要点】使用导入的静态图片建立逐帧动画：将.png 格式的静态图片连续导入到 Flash 中，建立逐帧动画，如图 3-58 所示。

【效果所在位置】资源包/Ch03/效果/奔跑的豹子.swf。

2. 制作企鹅出生动画。

【练习要点】使用椭圆工具绘制蛋壳，使用铅笔工具绘制裂纹，逐帧改变裂纹大小。使用任意变形工具使蛋壳裂开，并导入静态图片，创建逐帧动画，如图 3-59 所示。

【效果所在位置】资源包/Ch03/效果/企鹅出生.swf。

图 3-58　奔跑的豹子效果图

图 3-59　企鹅出生效果图

第4章 补间动画

补间动画是 Flash 中非常重要的表现手段之一。制作 Flash 动画时，在两个关键帧中间做补间动画能实现图画的运动。插入补间动画后两个关键帧之间的插补帧是由计算机自动运算而得到的。Flash 动画制作中补间动画分两类：一类是形状补间，用于形状的动画；另一类是动作补间，用于图形及元件的动画。Flash CS5 动作补间动画又细分为补间动画和传统补间动画两类。

本章学习目标

● 掌握元件的类型和元件的创建及编辑；
● 掌握形状补间动画的制作方法；
● 掌握动作补间动画的制作方法。

4.1 元件和实例

在 Flash CS5 中，元件起着举足轻重的作用。重复应用元件，可以提高工作效率、减少文件量。

4.1.1 引入案例——花的世界

【案例学习目标】应用元件的相互嵌套及重复使用来制作变化无穷的动画效果。

【案例知识要点】使用椭圆工具绘制花瓣，使用"转换为元件"命令将其转换成元件，使用"变形"面板旋转、复制多个元件，使用"属性"面板设置颜色效果，如图 4-1 所示。

【效果所在位置】资源包/Ch04/效果/花的世界.swf。

图 4-1　花的世界效果图

【制作步骤】

(1) 新建并保存文档。选择"文件"→"新建"命令，在弹出的"新建文档"对话框中选择"ActionScript 3.0"选项，进入新建文档舞台窗口。舞台的宽高设置为默认值，背景颜色设置为白色。将文件保存为"花的世界.fla"。

(2) 设计"背景"图层。选择"文件"→"导入"→"导入到舞台"命令，弹出"导入"对话框，浏览"Ch04/素材"路径下的"花.jpg"文件，单击"打开"按钮，文件被导入到舞台窗口中，如图 4-2 所示。把当前图层重命名为"背景"并锁定。

图 4-2　花的世界背景图

(3) 创建"花"瓣元件。选择"插入"→"新建元件"命令，在"创建新元件"对话框中输入元件名"花瓣"，类型选择"图形"，然后单击"确定"按钮。选择椭圆工具 ⬭，去掉笔触颜色，在舞台上绘制一个椭圆，使用任意变形工具 ⬚ 修改成花瓣样子，填充颜色为"径向渐变"，在"颜色"面板中将色带上两色块的颜色设置如图 4-3 和图 4-4 所示，花瓣效果如图 4-5 所示。

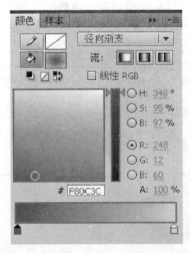

图 4-3　"花瓣"左色块的颜色设置　　图 4-4　"花瓣"右色块的颜色设置

(4) 设计"花朵"元件(一)。回到"场景 1",新建一个名为"花"的图层,选择"窗口"→"库"命令,打开"库"面板,把其中的"花瓣"元件拖入舞台。选择"窗口"→"变形"命令,打开"变形"面板,如图 4-6 所示。在"旋转"选项中设置为 72°,单击右下角的"重制选区和变形"按钮 5 次,生成一朵有 5 个花瓣的花。

图 4-5 花瓣效果图

图 4-6 "变形"面板

图 4-7 生成 5 瓣花

(5) 设计"花朵"元件(二)。选中"花朵"图形,选择"修改"→"转换为元件"命令,在"转换为元件"对话框中输入元件名"花朵",类型选择"图形",单击"确定"按钮,生成"花朵"图形元件,如图 4-7 所示。

(6) 选择"窗口"→"库"命令,打开"库"面板,把其中的"花朵"元件拖入舞台并放在合适的位置。选择"窗口"→"变形"命令,打开"变形"面板,"倾斜"设置为 40°,单击"确定"按钮。再选择"窗口"→"属性"命令,打开"属性"面板,设置颜色效果,"样式"选择"色调",颜色为#00CC00,如图 4-8 所示。

(7) 重复步骤(6),在舞台上放置多个"花朵"元件,设置不同的颜色效果、旋转角度或倾斜度。

至此,花的世界制作完毕,按快捷键 Ctrl+Enter 即可查看效果,如图 4-1 所示。

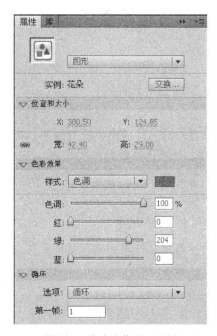

图 4-8 修改"花朵"属性

4.1.2 元件和实例的概念

在 Flash 动画的设计过程中,常常需要创建一些能被引用的元素,一些特殊效果也必须通过这些元素才能实现,这些元素称为元件。元件是一个可以重复使用的图像、按钮或动画。

在元件中创建的动画既可以独立于主动画进行播放，也可以将其调入到主动画中作为主动画的一部分。创建元件后，Flash 会自动将它添加到元件库中，以后需要时可直接从元件库中调用，而不必每次都重复制作相同的对象。

从"库"中进入"舞台"的"元件"称为该"元件"的"实例"。同一元件可以有无数个"实例"，各个"实例"的颜色、方向、大小可以设置成与原来不同的样式，例如，图 4-1 中五颜六色的花就是元件"花朵"的实例，这就好像演员在舞台上可以穿上不同服装，扮演不同角色。实例不仅能改变外形、位置、颜色等属性，还可以通过"属性"面板改变它们的"类型"，例如，可以从"图形"元件转为"按钮"元件。这是 Flash 的一个极其优秀的特性。

使用元件有以下几个好处。

(1) 可以简化影片，在影片制作的过程中，把要多次使用的元素做成元件，在修改了元件后，使用它的所有实例都会随之更新，而不必逐一修改，从而可以提高工作效率。

(2) 所有实例在文件中仅仅保存一个完整的描述，而其余实例只需保存一个参考指针，因此大大减小了文件的尺寸。

(3) 使用元件时，一个元件在浏览器中仅需下载一次，这样可以加快影片的播放速度。

4.1.3 元件的分类

Flash 中的元件有三种类型，包括图形元件、按钮元件和影片剪辑元件。

1. 图形元件

图形元件是一种最简单的 Flash 元件，一般用于制作动态图形、不具备交互性的动画，以及与时间轴紧密关联的影片。交互性控制和声音不能在图形元件中使用。

图形元件有自己的编辑区和时间轴，如果在场景中创建元件的实例，那么实例将受到主场景中时间轴的约束。换句话说，图形元件中的时间轴与其实例在主场景的时间轴同步。

2. 按钮元件

按钮元件是能激发某种交互行为的按钮，它能响应鼠标事件，如单击、双击或拖动鼠标等。创建按钮元件的关键是设置四种不同状态的帧，即"弹起"、"指针经过"、"按下"、"点击"。

3. 影片剪辑元件

影片剪辑元件用来制作独立于主时间轴的动画。影片剪辑元件也像图形元件一样，有自己的编辑区和时间轴，但它的时间轴是独立的，不受其实例在主场景时间轴(主时间轴)的控制。影片剪辑元件就像是主电影中的小电影片段，它可以包括交互性控制、声音甚至其他影片剪辑的实例，也可以把影片剪辑的实例放在按钮的时间轴中，制作动态按钮。有时为了实现交互性，单独的图像也要制作成影片剪辑元件。

4.1.4 创建元件

在动画设计的过程中，有两种创建元件的方法：第一种方法是将当前工作区中的内容选中，然后按快捷键 F8 将其转换为元件；第二种方法是按快捷键 Ctrl+F8 创建一个空白的新元件，然后进入元件编辑模式进行绘制。

1. 创建图形元件

能创建图形元件的元素可以是导入的位图图像、矢量图形、文本对象及用 Flash 工具创建的线条、色块等。

按快捷键 Ctrl+F8 创建一个空白的新元件，弹出如图 4-9 所示的对话框。

输入元件的名称，再单击"确定"按钮，就可在舞台上绘制图形元件了。

另外也可以选择相关元素，如图 4-10 所示的多边形，按 F8 键，弹出"转换为元件"对话框，如图 4-11 所示，在"名称"后的文本框中输入元件的名称，类型选择"图形"，设置完毕后，单击"确定"按钮，即完成图形元件的创建。这时，在"库"中保存有刚创建的"元件"，在舞台中，元素变成了元件的一个实例，如图 4-12 所示。

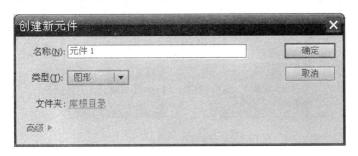

图 4-9 "创建新元件"对话框

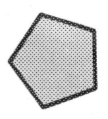

图 4-10 多边形形状

图 4-11 "转换为元件"对话框

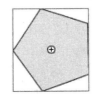

图 4-12 转换成元件

图形元件中可包含图形元素或其他图形元件，它接受 Flash 中大部分的变化操作，如大小、位置、方向、颜色设置及动作变形等。

2. 创建按钮元件

按钮元件同样可以采用新建和转换两种方式来创建。能创建按钮元件的元素可以是导入的位图图像、矢量图形、文本对象及用 Flash 工具创建的任何图形。选择要转换为按钮元件的对象，如图 4-13 所示，按 F8 键，弹出"转换为元件"对话框，类型选择"按钮"，单击

图 4-13　按钮元件

"确定"按钮，即可完成按钮元件的创建。

按钮元件除了拥有图形元件的全部变形功能外，还具有三个状态帧、一个有效区帧，这也是它的特殊之处。三个状态帧，分别是"弹起"、"指针经过"、"按下"，在这三个状态帧中，可以放置除了按钮元件本身以外的所有 Flash 对象，有效区帧(即点击帧)中的内容是一个图形，该图形决定着当鼠标指针指向按钮时的有效响应范围。

按钮可以对用户的操作做出反应，所以是交互动画的主角。

从外观上，按钮可以是任何形式，例如，可能是一幅位图，也可以是矢量图；可以是矩形，也可以是多边形；可以是一根线条，也可以是一个线框；甚至还可以是看不见的透明按钮。

按钮有特殊的编辑环境，通过在四个不同状态的帧时间轴上创建关键帧，可以指定不同的按钮状态，如图 4-14 所示。

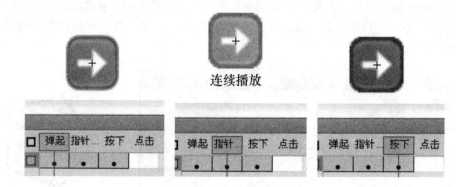

图 4-14　按钮上的三种状态

"弹起"帧：表示鼠标指针不在按钮上时的状态。

"指针经过"帧：表示鼠标指针在按钮上时的状态。

"按下"帧：表示鼠标单击按钮时的状态。

"点击"帧：定义对鼠标做出反应的区域，当影片播放时这个反应区域是看不到的。

"点击"帧比较特殊，这个关键帧中的图形将决定按钮的有效范围。在这一帧可以绘制一个图形，这个图形应该大到足够包容前三个帧的内容。这一帧图形的形状颜色等属性都是不可见的，只有它的大小范围起作用。

根据实际需要，还可以把按钮的帧做成可以放置除按钮本身以外的任何 Flash 对象的帧。也可设置音效，放置影片，从而实现不同动画效果。利用这个特点，可以把按钮做成有声有色、变化无限的效果。

另外，"按钮"还可以设置"实例名"，从而使按钮成为能被 ActionScript 控制的对象。

3. 创建影片剪辑元件

影片剪辑元件就是我们平时常听说的"MC"(Movie Clip)。

可以把舞台上任何看得到的对象，甚至整个时间轴内容创建为一个影片剪辑元件。而且，还可把一个影片剪辑元件放置到另一个影片剪辑元件中。

还可以把一段动画(如逐帧动画)转换成影片剪辑元件。

如果要把已经做好的一段动画转换为影片剪辑元件,就不能选中舞台上的对象直接按F8 键,而是要首先按快捷键 Ctrl+F8 创建一个新元件,然后剪切舞台上的动画的所有图层,再粘贴到新的影片剪辑元件中。

4.1.5 编辑实例

每个元件实例都各有独立于该元件的属性。可以更改实例的亮度、色调和透明度,可以重新定义实例的行为(例如,把图形更改为影片剪辑),可以设置动画在图形实例内的播放形式,还可以倾斜、旋转或缩放实例,这些并不会影响元件。此外,可以给影片剪辑或按钮实例命名,这样就可以使用 ActionScript 更改它的属性。

1. 设置实例的可见性(图形元件实例不兼容)

在舞台上选择该实例,按快捷键 Ctrl+F3 打开"属性"面板的"显示"部分,取消选择"可见"属性(见图 4-15),可以在舞台上不显示元件实例,与将元件的 Alpha 属性设置为 0 相比,使用"可见"属性可以提供更快的呈现性能。"可见"属性需要的 Player 设置是 Flash Player 10.2 或更高版本。

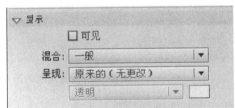

图 4-15 设置实例的可见性

2. 设置实例的色彩效果

每个元件实例都可以有自己的色彩效果。如果对包含多帧的影片剪辑元件应用色彩效果,Flash 会将该效果应用于该影片剪辑元件中的每一帧。

在舞台上选择"花朵"实例,打开"属性"面板。在"属性"面板中,从"色彩效果"选项栏的"样式"中选择下列选项之一。

● 亮度:调节图像的相对亮度或暗度,度量范围是从黑(–100%)到白(100%)。可以拖动滑块,或者在文本框中输入具体值,如图 4-16 所示。

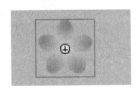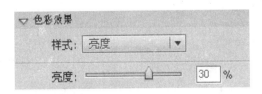

图 4-16 设置实例的色彩效果

● 色调：用相同的色相为实例着色。设置色调百分比从透明(0%)到完全饱和(100%)，可以拖动"色调"后的滑块，或者在框中输入具体值。若要选择颜色，可在红色、绿色和蓝色框中输入值，或者单击"样式"右边的"颜色"图标，如图 4-17 所示，然后从"颜色选择器"中选择一种颜色。

图 4-17　设置实例的色调

● Alpha：调节实例的透明度，调节范围可从透明(0%)到完全饱和(100%)。若要调整 Alpha 值，则拖动"Alpha"后的滑块，或者在文本框中输入具体值就可实现，如图 4-18 所示。

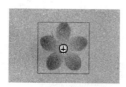
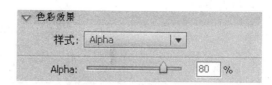

图 4-18　设置实例的透明度

● 高级：分别调节实例的红色、绿色、蓝色和透明度值。对于在位图这样的对象上创建和制作具有微妙色彩效果的动画，此选项非常有用。左侧的控件使您可以按指定的百分比降低颜色或透明度的值，右侧的控件使您可以按常数值降低或增大颜色或透明度的值，如图 4-19 所示。当前的红、绿、蓝和 Alpha 的值都乘以百分比值，然后加上右列中的常数值，产生新的颜色值。例如，如果当前的红色值是 100，若将左侧的滑块设置为 50%，并将右侧的滑块设置为 100%，则会产生一个新的红色值 150 (100×0.5 + 100 = 150)。

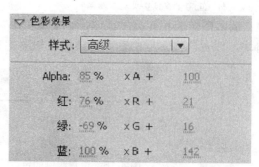

图 4-19　设置实例的高级选项

3. 设置图形实例的循环效果

循环效果只适合于图形元件。影片剪辑元件拥有自己独立的时间轴，而图形元件是与放置该元件的文档的时间轴联系在一起的。因为图形元件使用与主文档相同的时间轴，所以在文档编辑模式下能显示它们的动画。要决定如何播放图形实例内的动画序列，可在图形实例的"循环"属性选项中进行设置。

在舞台上选择图形实例，然后选择"窗口"→"属性"命令，在"属性"面板的"循环"部分中，从"选项"下拉列表中选择一个动画选项。

循环：按照当前实例占用的帧数来循环包含在该实例内的所有动画序列，如图 4-20 所示。

图 4-20 "循环"选项

播放一次：从指定帧开始播放动画序列直到动画结束，然后停止，如图 4-21 所示。

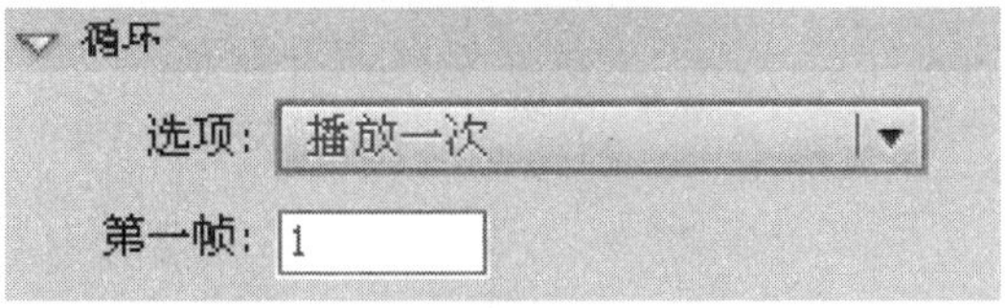

图 4-21 "播放一次"选项

单帧：显示动画序列的一帧。指定要显示的帧，如图 4-22 所示。

图 4-22 "单帧"选项

若要指定循环时首先显示的图形元件的帧，可在"第一帧"文本框中输入帧编号，"单帧"选项也可以使用此处指定的帧编号。

4.1.6 库的管理

"库"面板是用来存放元件和导入的文件的，其中包括导入的声音、视频、位图及矢量图等。通过"库"面板可以管理和预览这些内容。

选择"窗口"→"库"菜单命令，可以打开"库"面板，如图 4-23 所示。元件存在于

图 4-23 "库"面板

"库"中，可以把"库"比喻为后台的"演员休息室"，"休息室"中的"演员"随时可进入舞台演出，无论该"演员"出场多少次甚至在舞台中扮演不同角色，发布动画时，其播放文件仅占有"一名演员"的空间，节省了大量资源。删除舞台上的"演员"实例不会影响库中的元件，但是删除库中的元件后，舞台上的实例就不存在了。"库"存放着动画作品的所有元件，灵活使用"库"、合理管理"库"对动画制作是极其重要的。

1．元件操作

打开"库"的快捷键有 F11 或者 Ctrl+L，它是个"开关"按钮，重复按下快捷键 F11 能在"库"窗口的"打开"和"关闭"状态中快速切换。"库"面板的左下角有四个操作按钮，如图 4-24 所示。

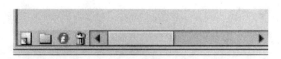

图 4-24 "库"面板的操作按钮

这四个操作按钮从左到右依次介绍如下。

"新建元件"按钮 ：单击它会弹出"创建新元件"对话框，用来创建新元件。

"新建文件夹"按钮 ：单击它能在"库"中新增文件夹。

"属性"按钮 ：单击它能打开"元件属性"对话框，在对话框中可改变所选元件的属性。

"删除"按钮 ：单击它能删除被选的元件。

利用这些按钮及"库"面板右上角菜单，能够进行元件管理与编辑的大部分操作。

2．元件列表

"库"中的元件列表采用熟悉的可折叠文件夹的树状结构，一个较大的动画作品，往往拥有几百个元件，为方便查看、修改元件，可以对"库"中所有元件进行有序归类，图 4-25 所示就展示了一个动画作品的"库"中的元件归类情况。

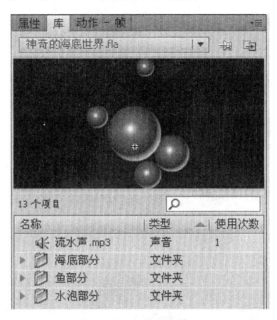

图 4-25 元件归类情况

在作品发布后，一定不能放弃源文件，因为源文件保留着大量的劳动成果，很多情况下，可能会取用其中的一些元件。要取用其中的一些元件时，可以选择"文件"→"导入"→"打开外部库"菜单命令，打开一个对话框，选择目标源文件，单击"确定"按钮，Flash 就会打开一个单独的"库"，这时可以把需要的元件往当前文档的"库"中拖放，以后就可使用这些元件了。

3．元件排序

当向"库"内添加新元件时，它并不是出现在列表的上面，因为默认是"库"的元件按"元件名称"排列，英文名与中文名混杂时，英文在前，中文按其对应的字符编码排列，显然，这种排列方式不利于查找元件。

在图 4-25 中，元件列表的顶部有五个"项目按钮"，它们是"名称"、"类型"、"使用次数"、"修改日期"、"AS 链接"，其实它们是一组"排序"按钮。单击某一按钮，"元件列表"就按其标明的内容排列，再单击一次，可以切换为反序，有了这五个按钮，就可以满足查看要求了。

4.2 形状补间动画

形状补间动画可以创建类似于形变的效果，使一个形状随着时间变化而变成另一个形状，也可以是位置、大小、颜色和透明度的变化。

4.2.1 引入案例——加菲猫

【案例学习目标】使用"补间形状"命令来制作形状、文字变化的动画效果。

【案例知识要点】使用"分离"命令打散文字和导入的图片，使用"补间形状"命令生成形状补间动画，如图 4-26 所示。

【效果所在位置】资源包/Ch04/效果/加菲猫.swf。

图 4-26　加菲猫效果图

【制作步骤】

(1) 新建并保存文档。选择"文件"→"新建"命令，在弹出的"新建文档"对话框中选择"ActionScript 3.0"选项，进入新建文档舞台窗口。舞台的大小设置为 600 像素×480 像素，帧频设置为 12 fps，背景颜色设置为白色。将文件保存为"加菲猫.fla"。

(2) 设计"背景"层。在舞台上绘制一个 600 像素×480 像素的矩形，笔触颜色设置为无，填充颜色为线性渐变，色带上两色块的颜色分别设置为"#80CD20"和"#C4FFFF"，选中矩形，按快捷键 F8 将其转换为图形元件，元件名称改为"背景"，如图 4-27 所示，同时更改当前图层名为"背景"，在第 80 帧处插入帧，锁定"背景"层。

图 4-27　绘制背景

(3) 设计元件"猫 1"和"猫 2"。新建图形元件"猫 1",选择"文件"→"导入"→"导入到舞台"命令,弹出"导入到舞台"对话框,浏览"Ch04/素材"路径下的"加菲猫 1.jpg"文件,单击"打开"按钮,文件被导入到舞台窗口中,利用魔术棒工具把图片的背景去掉,即可创建图形元件"猫 1",如图 4-28(a)和图 4-28(b)所示。用同样的方法创建图形元件"猫2",如图 4-28(c)所示。

(a)　"加菲猫 1.jpg"文件　　　　　　(b) 猫 1　　　　　　　(c) 猫 2

图 4-28　元件"猫 1"和"猫 2"

(4) 回到"场景 1",新建一个名为"猫"的图层,选择"窗口"→"库"命令,打开"库"面板,把名为"猫 1"的元件拖入舞台,选择"修改"→"分离"命令或按快捷键 Ctrl+B 将其打散成形状。

(5) 在第 10 帧、第 30 帧和第 70 帧处插入关键帧,选择第 30 帧,用元件"猫 2"替换原来的形状,然后把元件"猫 2"也打散成形状。在第 50 帧处插入关键帧,如图 4-29 所示。

图 4-29　插入关键帧

(6) 单击图层"猫"的第 10 帧,选择"插入"→"补间形状"命令,创建从"猫 1"变形到"猫 2"的形状补间动画;单击第 50 帧,选择"插入"→"补间形状"命令,创建从"猫 2"变形到"猫 1"的形状补间动画,然后在第 80 帧处插入普通帧。这时的"时间轴"面板如图 4-30 所示。

图 4-30　"时间轴"面板

(7) 单击第 10 帧，选择"修改"→"形状"→"添加形状提示"命令，把形状提示符移动到猫的两耳之间，如图 4-31(a)所示。单击第 30 帧，把形状提示符也移动到猫的两耳之间，如图 4-31(b)所示。

(a)   (b)

图 4-31　添加形状提示

(8) 锁定图层"猫"，在"背景"图层与"猫"图层之间插入新图层，将图层改名为"经典语录"。使用文本工具创建竖排文本"钞票不是万能的，有时还需要信用卡"，按两次快捷键 Ctrl+B 把文字打散成形状。选择任意变形工具把打散的文字变形成如图 4-32 所示的形状。

(9) 在第 10 帧、第 30 帧和第 70 帧处插入关键帧，选择第 30 帧，用文本"加菲猫是世界上最美丽最英俊的猫"替换原来的形状，然后把文字也打散成形状，选择任意变形工具把打散的文字变形成如图 4-33 所示的形状。在第 50 帧处插入关键帧。

图 4-32　把打散的文字变形　　　　　图 4-33　替换文字并打散、变形

(10) 单击该图层的第 10 帧，选择"插入"→"补间形状"命令，创建文字变形的形状补间动画；单击第 50 帧，选择"插入"→"补间形状"命令，创建形状补间动画，然后在第 80 帧处插入普通帧。这时的"时间轴"面板如图 4-34 所示。

图4-34　"时间轴"面板

(11) 在文字周围四个角添加形状提示，操作方法同步骤(7)。

(12) 锁定图层"经典语录"，在"背景"图层与"经典语录"图层之间插入新图层，将图层名修改为"修饰"。使用铅笔工具随意绘制如图4-35所示的图形，在第80帧处插入帧。

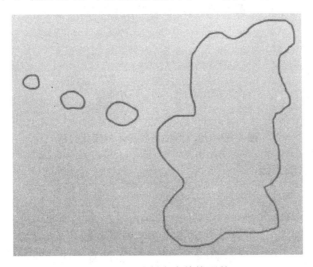

图4-35　绘制文字修饰形状

(13) 加菲猫动画制作完毕，按快捷键Ctrl+Enter即可查看效果，如图4-26所示。

4.2.2　形状补间动画原理

形状补间动画的原理是在Flash的"时间轴"面板上，在一个关键帧上绘制一个形状，然后在另一个关键帧上更改该形状或绘制另一个形状等，Flash将自动根据两个关键帧的值或形状来创建动画，它可以实现两个图形之间颜色、形状、大小、位置的相互变化。形状补间动画建立后，"时间轴"面板的背景色变为淡绿色，在起始帧和结束帧之间有一个长长的箭头，就像图4-30所示的那样；构成形状补间动画的元素多为用鼠标或压感笔绘制出的形状，而不能是图形元件、按钮、文字等。如果要使用图形元件、按钮、文字等做形状补间动画，则必须先将其打散(按快捷键Ctrl+B将其打散)。

4.2.3　控制变形

制作形状补间动画时，为了让形状变化过程更自然、流畅，可以在"起始形状"和"结束形状"中添加相对应的"参考点",即"形状提示",使 Flash 在计算变形过渡时依照一定的规则进行,从而有效地控制变形过程。如从一个五边形变化成一只小鸡,图 4-36 所示的是添加了形状提示的变化过程,图 4-37 所示的是没有添加形状提示的变化过程。

图 4-36　添加形状提示的变化过程

图 4-37　没有添加形状提示的变化过程

1．添加形状提示的方法

单击动画开始帧,选择"修改"→"形状"→"添加形状提示"菜单命令,该帧上的形状会增加一个带字母的红色圆圈,相应的,在结束帧形状中也会出现一个"提示圆圈"。单击并按住这个"提示圆圈",可拖动并放置在适当位置。放置成功后,开始帧上的"提示圆圈"变为黄色,结束帧上的"提示圆圈"变为绿色,放置不成功或不在一条曲线上时,"提示圆圈"不会变色。

2．添加形状提示的技巧

(1)　"形状提示"可以连续添加,最多 26 个。

(2)　将变形提示从形状的左上角开始按逆时针顺序摆放,将使变形提示工作更有效。

(3)　形状提示的摆放位置要符合逻辑顺序。例如,在起始帧上提示符顺序是 abcd,那么在结束帧上的提示符顺序也应该是 abcd,而不能是 acbd。

(4)　形状提示要在形状的边缘才能起作用。

(5)　调整形状提示位置前,单击"贴紧至对象"按钮,会自动把"形状提示"吸附到边缘上。

4.3　动作补间动画

运用动作补间动画,可以设置元件的大小、位置、颜色、透明度、旋转等种种属性。与形状补间动画不同的是,动作补间动画的对象必须是元件或成组对象。

4.3.1　引入案例——贪嘴懒羊羊

【案例学习目标】使用"补间动画"或"传统补间"命令来制作运动变化的动画效果。

【案例知识要点】导入图片并转换为元件，创建动作补间动画，制作元件由小变大、由大变小的动画效果，如图 4-38 所示。

【效果所在位置】资源包/Ch04/效果/贪嘴懒羊羊.swf。

图 4-38　贪嘴懒羊羊效果图

【制作步骤】

(1) 新建及保存文档。选择"文件"→"新建"命令，在弹出的"新建文档"对话框中选择"ActionScript 3.0"选项，进入新建文档舞台窗口。舞台的大小设置为 530 像素×400 像素，帧频设置为 6 fps，背景颜色设置为绿色"#009900"。将文件保存为"贪嘴懒羊羊.fla"。

(2) 设计"背景"图层。选择"文件"→"导入"→"导入到舞台"命令，弹出"导入到舞台"对话框，浏览"Ch04/素材"路径下的"lyy.jpg"文件，单击"打开"按钮，文件被导入到舞台窗口中，调整好图像的大小和位置，去掉懒羊羊的两只眼睛，修改图片大小为 530 像素×400 像素，按 F8 键转换为图形元件"羊"，如图 4-39 所示。把当前图层改名为"背景"，在第 70 帧插入帧，然后锁定图层。

(3) 设计"糖"元件。选择"文件"→"导入"→"导入到库"命令，弹出"导入到库"对话框，浏览"Ch04/素材"路径下的"bbt.jpg"文件，单击"打开"按钮，文件被导入到库中。按快捷键 Ctrl+F8 新建图形元件，名称为"糖"，单击"确定"按钮，从库中把导入的图片 bbt.jpg 拖入舞台，去掉图片的背景色，使图片背景成为透明色，如图 4-40 所示，图中的绿色为舞台背景色。

(4) 退出元件编辑回到"场景 1"，在图层"背景"上方新建"棒棒糖"图层，把元件"糖"从库中拖到舞台左下方外，用任意变形工具缩小元件大小，并设置透明度为 50%，该元件的属性设置如图 4-41 所示，设置好的舞台效果如图 4-42 所示。

图 4-39 位图转换为元件

图 4-40 去掉图片背景色

图 4-41 元件"糖"的属性

图 4-42 舞台中添加元件"糖"

(5) 在图层"棒棒糖"的第 70 帧插入帧，单击该图层上第 1 帧至第 70 帧之间的任何一帧，选择"插入"→"补间动画"菜单命令，这时的"时间轴"面板如图 4-43 所示。

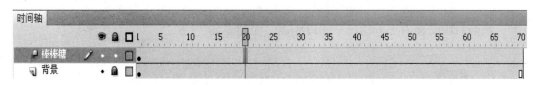

图 4-43　创建补间动画后的"时间轴"面板

(6) 单击第 20 帧，拖动元件"糖"向右移动一段距离，用任意变形工具放大元件大小，并设置透明度为 100%。然后分别在第 40 帧、第 60 帧、第 65 帧处单击，修改元件大小和透明度，使得元件"糖"在远离懒羊羊时小而模糊，接近懒羊羊时大而清晰。第 20 帧、第 40帧、第 60 帧、第 65 帧上元件的属性设置如图 4-44 所示。设置好的"时间轴"面板如图 4-45所示，锁定"棒棒糖"图层。

图 4-44　关键帧上元件的属性设置

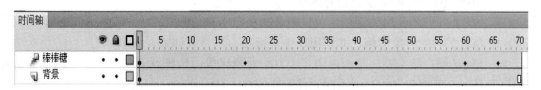

图 4-45　添加关键帧后的"时间轴"面板

(7) 新建两个图层，名称分别为"左眼"和"右眼"，各导入"左眼"和"右眼"图片，在两个图层的第 20 帧、第 40 帧、第 60 帧处分别插入关键帧。单击第 1 帧，把两只眼睛改为闭合状态，如图 4-46 所示。第 20 帧、第 40 帧的眼睛保持原状，如图 4-47 所示。单击第 60 帧，把两只眼睛往右上方移动一小段距离，如图 4-48 所示。

图 4-46　眼睛闭合　　　　图 4-47　眼睛张开　　　　图 4-48　眼睛移动

(8) 单击图层"左眼"的第 40 帧，选择"插入"→"传统补间"命令，创建动作补间动画。利用同样的方法在图层的第 40 帧和第 60 帧之间也创建动作补间动画，这时的"时间轴"面板如图 4-49 所示。

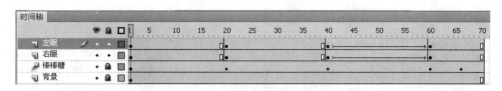

图 4-49　创建动作补间后的"时间轴"面板

(9) 贪嘴懒羊羊动画制作完毕，按快捷键 Ctrl+Enter 即可查看效果，随着棒棒糖由远而近，懒羊羊的眼睛会跟随着棒棒糖移动。

4.3.2　动作补间动画原理

动作补间动画是指在 Flash 的"时间轴"面板上，在一个关键帧上放置一个元件，然后在另一个关键帧改变这个元件的大小、颜色、位置、透明度等，Flash 将自动根据两个关键帧的值创建的动画。构成动作补间动画的元素是元件，包括影片剪辑、图形元件、按钮、文字、位图、组合等，但不能是形状，只有把形状组合(按快捷键 Ctrl+G 组合)或者转换成元件后才可以做动作补间动画。Flash CS5 把动作补间动画又细分成补间动画和传统补间动画两种。补间动画和传统补间动画，是有区别的。

(1) 传统补间动画使用关键帧，关键帧是其中显示对象的新实例的帧；而补间动画只能具有一个与之关联的对象实例，并使用属性关键帧而不是关键帧。

(2) 补间动画在整个补间范围内由一个目标对象组成；传统补间动画允许在两个关键帧之间进行补间，其中包含相同或不同元件的实例。

(3) 将补间动画应用到不允许的对象类型时，在 Flash 中创建补间动画时会将这些对象类型转换为影片剪辑元件，而应用传统补间动画会将它们转换为图形元件。

(4) 补间动画会将文本视为可补间的类型，不会将文本对象转换为影片剪辑；而传统补间动画会将文本对象转换为图形元件。

(5) 在补间动画范围内不允许帧脚本，而传统补间动画允许帧脚本。

(6) 对于补间动画，无法交换元件或设置属性关键帧中显示的图形元件的帧数；应用这些技术的动画，则要使用传统补间动画。

(7) 在同一图层中可以有多个传统补间动画或补间动画，但在同一图层中不能同时出现两种补间动画类型。

(8) 补间动画建立后，"时间轴"面板的背景色变为浅蓝色，没有箭头；传统补间动画建立后，"时间轴"面板的背景色变为淡紫色，在起始帧和结束帧之间有一个长长的箭头。

在贪嘴懒羊羊动画制作过程中，左、右眼的动画效果应用了传统补间动画，而棒棒糖的动画效果则应用了补间动画。

4.3.3 制作渐隐渐显动画

有时我们需要制作物体由远到近或由近到远的动画效果，例如，贪嘴懒羊羊动画中的棒棒糖、飞机飞行、鱼儿游动等，在创建补间动画时改变元件的透明度就可以达到这种效果。飞机越飞越远，元件是从清晰变模糊的；鱼儿越游越近，元件是从模糊变清晰的。下面通过"小宠物的幻想"的例子来学习渐隐渐显动画的制作过程。

【案例学习目标】应用传统补间动画来制作渐隐渐显的动画效果。

【案例知识要点】创建传统补间动画，制作元件透明度变化的效果，在关键帧处交换元件，如图 4-50 所示。

【效果所在位置】资源包/Ch04/效果/小宠物的幻想.swf。

图 4-50 小宠物的幻想效果图

【制作步骤】

(1) 新建及保存文档。选择"文件"→"新建"命令，在弹出的"新建文档"对话框中选择"ActionScript 3.0"选项，进入新建文档舞台窗口。舞台的大小设置为 445 像素×433 像素，背景颜色设置为白色，帧频设置为 12 fps。将文件保存为"小宠物的幻想.fla"。

(2) 选择"文件"→"导入"→"导入到库"命令，弹出"导入到库"对话框，选择"Ch04/素材"路径下的"小宠物的幻想素材.psd"文件，单击"打开"按钮，文件被导入到库中。导入素材后"库"面板如图 4-51 所示。

(3) 在"场景 1"中把默认的"图层 1"改名为"背景"，从库中把背景图片拖入舞台，按 F8 键将其转换成图形元件，改名为"背景"。舞台如图 4-52 所示，在第 60 帧插入帧，锁定"背景"层。

图 4-51　导入素材后的"库"面板　　　图 4-52　设置背景

(4) 新建图层"小蘑菇"，从库中把小蘑菇图片拖入舞台，放在合适的位置，如图 4-53 所示。按 F8 键将"小蘑菇"转换成图形元件，改名为"小蘑菇"。

(5) 按快捷键 Ctrl+F8 创建新元件，名称为"好吃的 1"，类型为"图形"，从库中把"好吃的 01"图片拖入元件编辑窗口的正中央。用同样的方法创建图形元件"好吃的 2"和"好吃的 3"，"库"面板如图 4-54 所示。

图 4-53　放置"小蘑菇"元件　　　图 4-54　创建图形元件后的"库"面板

(6) 切换到"场景 1"，在 "小蘑菇"图层的第 15 帧、第 30 帧、第 45 帧、第 60 帧插入关键帧。选择第 15 帧，修改元件"小蘑菇"的色彩效果，在"样式"下拉列表中选择"色调"，色彩设为"#FFFF00"。修改第 30 帧的"小蘑菇"色调为"#00FF00"，修改第 45 帧的"小蘑菇"色调为"#0000 FF"，修改第 60 帧的"小蘑菇"色调为"# FF 0000"。

(7) 单击图层"小蘑菇"的第 1 帧、第 15 帧、第 30 帧、第 45 帧，选择"插入"→"传统补间"命令，创建补间动画，"时间轴"面板如图 4-55 所示。

图 4-55　创建补间动画后的"时间轴"面板

(8) 新建图层"好吃的"，把图形元件"好吃的 1"放在舞台右上角，如图 4-56 所示。在第 20 帧插入关键帧，单击第 1 帧，修改元件"好吃的 1"的属性，设置 Alpha 值为 0%，选择"插入"→"传统补间"命令，创建补间动画。

(9) 在第 21 帧插入关键帧，选中"好吃的 1"元件实例，选择"窗口"→"属性"命令，打开"属性"面板，如图 4-57 所示，单击"交换"按钮，打开"交换元件"对话框，选择"好吃的 2"元件，单击"确定"按钮。在第 40 帧插入关键帧，单击第 21 帧，修改元件实例"好吃的 2"的属性，设置 Alpha 值为 0%，选择"插入"→"传统补间"命令，创建补间动画。

图 4-56　放置元件"好吃的 1"

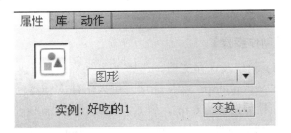

图 4-57　元件"好吃的 1"的属性

(10) 在第 41 帧插入关键帧，把元件"好吃的 2"交换为"好吃的 3"，在第 60 帧插入关键帧，单击第 41 帧，修改元件"好吃的 3"的属性，设置 Alpha 值为 0%。选择"插入"→"传统补间"命令，创建补间动画。

至此，小宠物的幻想动画制作完毕，按快捷键 Ctrl+Enter 即可查看效果。小宠物幻想着多种美食，每一种食物都是从透明逐渐变清晰的，小蘑菇的颜色也不断在变化，由粉红色变成黄色，再变成绿色、蓝色、大红色。

4.4 综合案例

4.4.1 综合案例 1——海底世界

【案例学习目标】制作形状补间动画和传统补间动画效果。

【案例知识要点】使用椭圆、多角星形工具绘制鱼儿，采用形状补间动画制作鱼儿摆动的影片剪辑元件；使用椭圆工具绘制水泡图形元件，利用水泡图形元件制作浮动水泡的影片剪辑，在此基础上再制作多个水泡的影片剪辑，最后在舞台上放置多个鱼和水泡的影片剪辑，创建传统补间显示鱼儿游动和水泡上浮的动画效果，如图 4-58 所示。

【效果所在位置】资源包/Ch04/效果/海底世界.swf。

图 4-58　海底世界效果图

【制作步骤】

(1) 新建及保存文档。选择"文件"→"新建"命令，在弹出的"新建文档"对话框中选择"ActionScript 3.0"选项，进入新建文档舞台窗口。舞台的大小设置为 550 像素×400 像素，帧频设置为 6 fps，背景颜色设置为"#0066FF"。将文件保存为"海底世界.fla"。

(2) 新建图形元件"单个水泡"，用椭圆工具绘制一个直径为 30 像素的正圆，无笔触颜色，填充色选"径向渐变"，设置四个色块都为白色，由左向右透明度分别为 100%、43%、10%、100%，如图 4-59(a)所示，绘制好的水泡如图 4-59(b)所示。

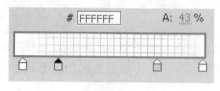

(a) 透明度

(b) 绘制好的水泡

图 4-59　绘制"单个水泡"

(3) 新建影片剪辑元件"浮动水泡",把"单个水泡"元件拖入舞台中央,在第 20 帧插入关键帧,选中第 20 帧,把"单个水泡"元件向上拖动,并用任意变形工具缩小元件,同时设置元件的 Alpha 值为 20%,如图 4-60 所示,然后在第 1 帧和第 20 帧之间创建传统补间动画。

(4) 新建影片剪辑元件"一堆水泡",在舞台上放四个"浮动水泡"元件,如图 4-61 所示。

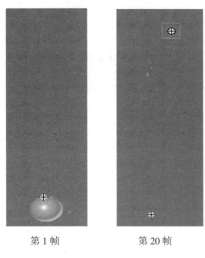

第 1 帧　　　　第 20 帧

图 4-60　水泡变形

图 4-61　"一堆水泡"影片剪辑元件

(5) 新建影片剪辑元件"灰鱼","图层 1"改名为"鱼身",使用椭圆工具绘制鱼身和鱼眼睛,鱼身用灰色填充,鱼眼睛用黑色填充;新建图层"鱼尾",使用多角星形工具绘制三角形鱼尾,无笔触颜色,填充色选径向渐变的灰白色,效果如图 4-62 所示。

(6) 在图层"鱼身"和"鱼尾"的第 10 帧、第 20 帧分别插入关键帧,单击第 10 帧,同时选中鱼身和鱼尾,利用任意变形工具缩小和旋转图形,如图 4-63 所示。在第 1 帧到第 10 帧和第 10 帧到第 20 帧之间创建形状补间动画,对应的"时间轴"面板如图 4-64 所示。

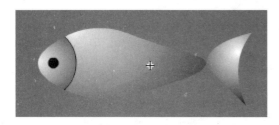

图 4-62　"灰鱼"的效果

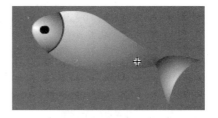

图 4-63　缩小和旋转"灰鱼"

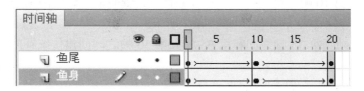

图 4-64　创建形状补间后的"时间轴"面板

(7) 打开"库"面板，右击"灰鱼"元件，在弹出的快捷菜单中选择"直接复制"命令，打开"直接复制元件"对话框，名称改为"红鱼"，单击"确定"按钮。

(8) 编辑影片剪辑元件"红鱼"，在各关键帧上把鱼尾上的灰白渐变色改为橘红渐变色，如图 4-65 所示。

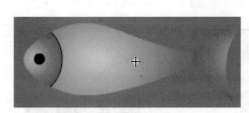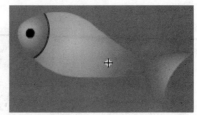

图 4-65 "红鱼"影片剪辑元件

(9) 切换到"场景 1"，选择"文件"→"导入"→"导入到舞台"命令，在弹出的"导入"对话框中选择"Ch04/素材/海底世界.jpg"文件，单击"打开"按钮，文件被导入到舞台窗口中，修改图片大小为 550 像素×400 像素，按 F8 键将图片转换为图形元件"海底"，并把当前图层改名为"背景"，在第 50 帧插入帧，然后锁定图层。

(10) 新建"水泡"图层，在舞台下方放置四个影片剪辑元件"一堆水泡"，如图 4-66 所示，锁定当前图层。

图 4-66 添加"一堆水泡"元件

(11) 新建"鱼 1"图层，把"灰鱼"元件放在舞台右下方，用任意变形工具修改元件大小和倾斜角度，在第 10 帧、第 35 帧、第 50 帧插入关键帧，分别单击第 35 帧、第 50 帧，修改元件的位置、大小和 Alpha 值，如图 4-67 所示。

(12) 在第 10 帧到第 35 帧之间和第 35 帧到第 50 帧之间创建传统补间动画，然后锁定图层"鱼 1"。

(13) 用同样方法建立图层"鱼 2"、"鱼 3"、"鱼 4"，图层"鱼 2"、"鱼 3"上放置"红鱼"元件，图层"鱼 4"上放置"灰鱼"元件，图层"鱼 3"、"鱼 4"上的元件可通过选择

(a) 第 1 帧和第 10 帧 Alpha 值为 100%

(b) 第 35 帧 Alpha 值为 80%

(c) 第 50 帧 Alpha 值为 70%

图 4-67 在各帧上 "灰鱼" 元件的 Alpha 值

"修改" → "变形" → "水平翻转" 命令来改变方向, 图 4-68 所示的是第 1 帧各图层元件在舞台上的位置及大小。

图 4-68 动画的第 1 帧在舞台上的效果

(14) 在图层 "鱼 2"、"鱼 3"、"鱼 4" 中, 每层分别插入 3~4 个关键帧, 在各个关键帧上修改元件的属性, 如大小、旋转角度、透明度等, 然后在两个关键帧之间创建传统补间动画，图 4-69 所示的是与第 15 帧和第 30 帧相对应的图片。制作完成后的"时间轴"面板如图 4-70 所示。

(a) 第 15 帧　　　　　　　　　　　　　　(b) 第 30 帧

图 4-69　第 15 帧和第 30 帧的舞台效果

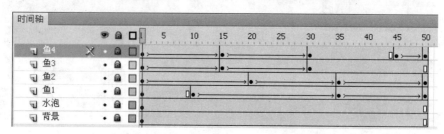

图 4-70　制作完成后的"时间轴"面板

4.4.2　综合案例 2——旋转的风车

【案例学习目标】制作形状补间动画和动作补间动画效果。

【案例知识要点】使用椭圆工具绘制风车叶片，运用形状补间动画制作叶片变色的影片剪辑，四个变色元件组合成风车元件，在舞台上放置多个风车元件，创建补间动画或传统补间，舞台背景用 Deco 工具进行装饰，如图 4-71 所示。

图 4-71　旋转风车效果图

【效果所在位置】资源包/Ch04/效果/旋转风车.swf。

【制作步骤】

(1) 新建及保存文档。选择"文件"→"新建"命令，在弹出的"新建文档"对话框中选择"ActionScript 3.0"选项，进入新建文档舞台窗口。舞台的大小设置为 550 像素×400 像素，帧频设置为 8 fps，背景颜色设置为"#9999FF"。将文件保存为"旋转风车.fla"。

(2) 新建图形元件"叶片"，应用椭圆工具  和任意变形工具 ，绘制如图 4-72 所示的风车叶片，填充颜色选择"径向渐变"，色带上两色块颜色分别为"#FFCC00"和"#FFFAB6"，如图 4-73 所示。

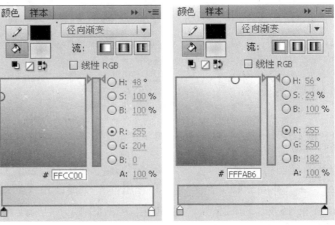

图 4-72　风车叶片　　　　图 4-73　色带上色块颜色设置

(3) 新建影片剪辑元件"叶"，把图形元件"叶片"拖曳到舞台上，按快捷键 Ctrl+B 分离元件，如图 4-74 所示。在第 10 帧、第 20 帧、第 30 帧插入关键帧，单击第 10 帧，修改叶片的渐变颜色为"#FF918A"和"#FFDBBB"，如图 4-75 所示；单击第 20 帧，修改叶片的渐变颜色为"#4FE715"和"#DEEEE7"，如图 4-76 所示。在第 1 帧到第 10 帧之间、第 10 帧到第 20 帧之间、第 20 帧到第 30 帧之间创建补间形状。

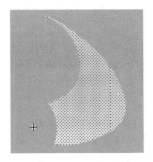

图 4-74　分离元件　　　　图 4-75　修改颜色　　　　图 4-76　修改颜色

(4) 新建影片剪辑元件"风车"，把元件"叶"拖放到舞台上，按快捷键 Ctrl+L，打开"变形"面板，设置旋转角度为 90°，并复制出三个"叶"实例。新建图层，在该图层上，绘制两个同心圆，放置在四个"叶"的正中央，如图 4-77 所示。

(5) 切换到"场景 1"，把"图层 1"改名为"背景"，选择 Deco 工具，在"属性"面板中设置绘图效果为"树刷子"，高级选项为"白杨树"，用鼠标在舞台左右两边刷出四棵树；然后再把绘图效果改为"花刷子"，高级选项选择"园林花"，用鼠标在舞台左右和下方刷出若干朵花，如图 4-78 所示，并在第 40 帧插入帧，锁定该图层。

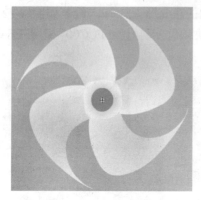

图 4-77 "风车"影片剪辑元件

图 4-78 绘制背景

(6) 新建图层"风车 1"，把"风车"元件放置于舞台的右边，在第 40 帧插入帧，选择"插入"→"补间动画"命令，打开"属性"面板，设置缓动为 15、旋转 5 次、方向为逆时针，在第 15 帧、第 25 帧、第 30 帧、第 40 帧分别修改元件的位置、大小、透明度，第 15 帧和第 25 帧的效果如图 4-79 所示。

(a) 第 15 帧

(b) 第 25 帧

图 4-79 设置"风车"元件属性的效果

(7) 新建图层"风车 2"，在第 4 帧插入空白关键帧，把"风车"元件放置于舞台的右上方，在第 10 帧、第 25 帧、第 40 帧插入关键帧，单击各关键帧，分别修改元件的位置、大小、透明度，在第 1 帧到第 10 帧之间、第 10 帧到第 25 帧之间、第 25 帧到第 40 帧之间创建传统补间，设置补间旋转方向为顺时针，如图 4-80 所示。

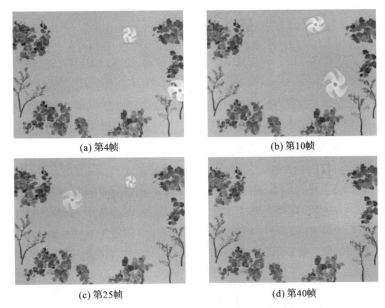

(a) 第4帧 　　　　　　　　　　 (b) 第10帧

(c) 第25帧 　　　　　　　　　　 (d) 第40帧

图 4-80 添加第二个 "风车" 元件并设置属性的效果

(8) 新建图层 "风车 3"，在第 10 帧插入空白关键帧，把 "风车" 元件放置于舞台的下方，在第 20 帧、第 40 帧插入关键帧，单击各关键帧，分别修改元件的位置、大小、透明度，在第 10 帧到第 20 帧之间、第 20 帧到第 40 帧之间创建传统补间，如图 4-81 所示。设置完成后的 "时间轴" 面板如图 4-82 所示。

(9) 旋转的风车动画制作完毕，按快捷键 Ctrl+Enter 即可查看效果。

(a) 第 10 帧 　　　　　 (b) 第 20 帧 　　　　　 (c) 第 40 帧

图 4-81 添加第三个 "风车" 元件并设置属性的效果

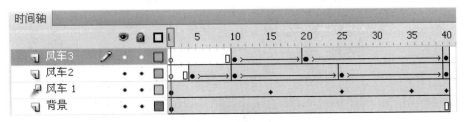

图 4-82 设计完成后的 "时间轴" 面板

课 后 实 训

1. 制作浮动的水泡。

【练习要点】使用椭圆工具绘制水泡，使用矩形工具绘制光束，用形状补间实现水泡由小变大并移动的动画效果，用传统补间实现水泡由近而远、慢慢消失的效果，光束的旋转移动通过创建传统补间来实现，如图 4-83 所示。

【效果所在位置】资源包/Ch04/效果/冒泡泡.swf。

图 4-83 冒泡泡效果图

2. 制作飘动的窗帘。

【练习要点】使用绘图工具绘制窗帘元件，用灰白线性渐变填充，创建形状补间，在舞台上放风景图片、窗帘元件，并绘制出窗框，注意各图层的顺序，窗框应放在窗帘上方，窗帘元件设置为半透明状，这样看起来比较真实，如图 4-84 所示。

【效果所在位置】资源包/Ch04/效果/窗帘.swf。

图 4-84 窗帘效果图

第5章 使用文本工具

文字在日常生活中有着不可或缺的作用，它是传递信息的重要手段。因此熟练使用文本工具也是掌握 Flash 的一个关键。一个完整而精彩的动画或多或少地都需要一定的文字来修饰，而文字的表现形式又非常丰富，合理使用文本工具，可提高 Flash 动画的整体效果，使动画变得更加丰富多彩。本章主要讲解文本工具的使用方法，最后通过实例介绍特效文字动画的制作。

本章学习目标

- 掌握文本的类型和文本工具的使用方法；
- 掌握文本的编辑；
- 能对文本使用滤镜效果；
- 掌握基本文字特效的制作。

5.1 文本样式的设置

5.1.1 引入案例——教师节卡片

【案例学习目标】使用"属性"面板设置文字的属性。

【案例知识要点】使用文本工具输入需要的文字，使用"属性"面板设置文字的字体、大小、颜色、行距和字符属性，如图 5-1 所示。

【效果所在位置】资源包/Ch05/效果/教师节贺卡.swf。

图 5-1 教师节贺卡效果图

【制作步骤】

(1) 选择"文件"→"新建"命令，在弹出的"新建文档"对话框中选择"Flash 文档"选项，进入新建文档舞台窗口。舞台的宽和高设置为默认值，背景颜色设置为白色。将文件保存为"教师节贺卡.fla"。

(2) 选择"文件"→"导入"→"导入到舞台"菜单命令，在弹出的"导入"对话框中选择"Ch05/素材"路径下的"贺卡.jpg"文件，单击"打开"按钮，文件被导入到舞台窗口中，如图 5-2 所示。

图 5-2 导入图片

(3) 选择文本工具**T**，选择"窗口"→"属性"命令，打开"属性"面板，在该面板中设置字体为华文彩云，大小为 36 点，颜色为深红色，如图 5-3 所示。在舞台中输入标题文字"教师节贺卡"，如图 5-4 所示。

图 5-3 设置字体属性

图 5-4 输入标题文字

(4) 选择文本工具**T**，在"属性"面板中进行设置，将字体设置为华文楷体，大小为 20 点，颜色为黑色，在"教师节贺卡"文字下输入日期文字"2011.9.10"，如图 5-5 所示。

(5) 选择文本工具**T**，在"属性"面板中进行设置，将字体设置为隶书，大小为 20 点，颜色为黑色，在日期文字下输入内容的文字，如图 5-6 所示。

图 5-5　输入日期文字

图 5-6　输入内容文字

　　(6) 选中输入的黑色文字，单击"属性"面板中的"段落"，设置段落文字的缩进为 0 像素，行距为 10 点，左边距和右边距都设置为 0 像素，如图 5-7 所示。效果如图 5-8 所示。

　　至此，教师节贺卡制作完毕，按快捷键 Ctrl+Enter 即可查看效果，如图 5-1 所示。

图 5-7　段落设置

图 5-8　段落设置的效果

5.1.2　创建文本

　　选择文本工具 **T**，将鼠标放置在场景中，鼠标指针变为 ᵗ 形式时，在场景中单击鼠标，出现文本输入光标，如图 5-9 所示。这时，可直接输入文字，效果如图 5-10 所示。

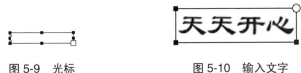

图 5-9　光标　　　　　　　　　　　　图 5-10　输入文字

　　文本框右上角的控制点为圆形时，表示该文本处于单行输入状态。按住鼠标左键，将文本框向右拖，该圆形控制点将变成方形控制点，文字将转换成多行显示。文字将被限制在文本框内，如果输入的文字较多，会自动转到下一行显示，如图 5-11 所示。双击方形控制点，该文本将转换成单行显示状态，方形控制点转换成圆形控制点，如图 5-12 所示。

图 5-11　方形控制点输入　　　　　　　　图 5-12　圆形控制点输入

5.1.3　文本属性

　　文本的"属性"面板用来设置文本属性，包括字体、大小、段落和颜色等。只有将文本内容处理好，才能使动画更加美观易读，使访问者浏览时赏心悦目。对文本进行属性设置，只需选择"窗口"→"属性"命令，即可在"属性"面板中显示文本的属性，如图 5-13 所示。

　　文本引擎下拉按钮：包括传统文本和TLF 文本两个选项。

　　文本类型下拉按钮：用来设置所绘文本框的类型，包括静态文本、动态文本和输入文本三个选项。

　　改变文本方向下拉按钮：可以改变当前的文本方向，包括"水平"、"垂直"和"垂直，从左向右"三种方向。

　　"位置和大小"栏：用来设置文本的当前位置和文本框的宽度和高度。

　　"字符"栏：在该栏中，"系列"用来设置文本的字体；"大小"用来设置文字的大小；"字母间距"用来设置文字、字母的间距；"颜色"用来设置文本的颜色，在弹出的调色面板中选择当前文本的颜色。

　　"段落"栏：在该栏中，"格式"为当前段落选择文本的对齐方式，包括"左对齐"、"居中对齐"、"右对齐"和"两端对齐"四种对齐方式；"间距"用来设置缩进和行距；"边距"用来设置段落的左边距和右边距。

图 5-13　文本的"属性"面板

5.1.4　文本类型

Flash CS5 中的文本类型有三种，包括静态文本、动态文本和输入文本。可以通过"属性"面板中的文本类型下拉按钮来选择。

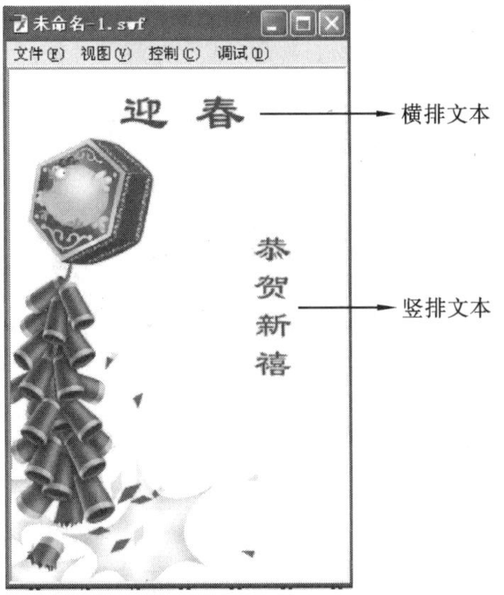

图 5-14　横排文本和竖排文本

1. 静态文本

静态文本是在动画制作阶段创建、在动画播放阶段不能改变的文本。在静态文本框中，可以创建横排和竖排文本，如图 5-14 所示。

2. 动态文本

动态文本是一种比较特殊的文本，在动画运行的过程中可以通过 ActionScript 脚本进行编辑修改。动态文本框内的文本是可以变化的，如日期、时间和天气预报信息等。这些内容既可以在影片制作过程中输入，也可以在影片播放过程中动态变化，通常用 ActionScript 语言对动态文本框中的文本进行控制，这样可大大增加影片的灵活性。可为动态文本设置一个实例名称，也可以在动态文本周围添加边框。

3. 输入文本

输入文本在动画设计中作为一个输入文本框来使用。应用输入文本时，用户可在影片播放过程中输入信息，以增加动画的交互性。如用 Flash 制作的留言簿和邮件的收发等都可使用输入文本。设置为输入文本类型，也可为输入文本设置一个实例名称，并设置边框。在"行为"下拉列表中有四种选项，分别为单行、多行、多行不换行和密码。如果选中的是"密码"，当文件输入为 SWF 格式时，影片中的文字将显示为星号(******)。

在"选项"栏的"最大字符数"选项中，可以设置输入的最多文字数。默认值为 0，即为不限制。如果设置数值，此数值即为输出 SWF 影片时显示文字的最多数目。

5.2　文本的编辑

5.2.1　引入案例——幸福花坊

【案例学习目标】使用变形文本和填充文本对文字进行变形。

【案例知识要点】使用文本工具输入需要的文字，使用封套命令对文字进行变形，使用"颜色"面板为文字添加渐变色，使用墨水瓶工具给文本添加描边效果，如图 5-15 所示。

【效果所在位置】资源包/Ch05/效果/幸福花坊.swf。

图 5-15　幸福花坊效果图

【制作步骤】

(1) 选择"文件"→"新建"命令，新建 Flash 文档。打开文档"属性"面板，设置舞台窗口的宽为 300 像素，高为 300 像素，背景颜色为白色。将文件保存为"幸福花坊.fla"。

(2) 选择"文件"→"导入"→"导入到舞台"命令，弹出"导入"对话框，选择"Ch05/素材"路径下的"花.jpg"文件，单击"打开"按钮，文件被导入到舞台窗口中，将其拖曳到窗口的中下方位置，如图 5-16 所示。

(3) 新建图层 2，将该图层改名为"文本"。选择文本工具，在文字"属性"面板中进行设置，设置字体为隶书，大小为 50 点，在舞台窗口中输入文字"幸福花坊"，效果如图 5-17 所示。

图 5-16　导入素材

图 5-17　输入文字

(4) 选择"幸福花坊"文字，按快捷键 Ctrl+B 两次，将文字打散。然后选择"修改"→"变形"→"封套"命令，这时在文字图形上出现控制点，将鼠标指针放在下方的中间控制点上，用鼠标拖曳控制点往下拉，即可调整文字的形状。再用鼠标拖曳文字图形上方的中间控制点往上拉，使文字调整为如图 5-18 所示的效果。

(5) 选择"窗口"→"颜色"命令，打开"颜色"面板，选中"填充颜色"按钮，在"填充样式"选项的下拉列表中选择"线性渐变"，选中色带上左侧的色块，将其设置为绿色(#62FF00)，在中间添加一个色块，将其设为红色(#FF0000)，选中右侧的色块，将其设为绿色(#62FF00),给文本填充颜色，如图 5-19 所示。

图 5-18　调整文本　　　　　　　　　图 5-19　填充颜色

(6) 选择"工具"栏中的墨水瓶工具，将笔触颜色设置为黑色，给文本添加黑色边框线，如图 5-20 所示。

(7) 新建图层 3，将该图层改名为"边框"。选择"窗口"→"颜色"命令，打开"颜色"面板，选中"笔触颜色"按钮，在"填充样式"选项的下拉列表中选择"线性渐变"，选中色带上左侧的色块，将其设置为黄色(#FFFF00)，在中间添加一个色块，将其设为红色(#FF0000)，选中右侧的色块，将其设为绿色(#FFFF00)。选择矩形工具，将填充颜色设置为无，笔触大小设置为 5，在场景周围绘制一个矩形边框，如图 5-21 所示。至此，"幸福花坊"制作完毕，按快捷键 Ctrl+Enter，可查看动画效果。

图 5-20　添加边框颜色　　　　　　　　图 5-21　绘制矩形边框

5.2.2 变形文本

要制作特殊效果的文字，先需要将文字分离。如果是单个的文字，只需要分离一次；如果是多个文字，则需要分离两次。图 5-22 所示是输入的文字效果，按两次快捷键 Ctrl+B，将文字打散，如图 5-23 所示。

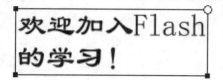

图 5-22 输入的文字效果　　　　图 5-23 分离两次的文本

将文本分离后，可对文字进行任意的变形。选择"修改"→"变形"→"封套"命令，这时在文字的周围出现控制点，如图 5-24 所示。拖动任意控制点，可改变文字的形状，如图 5-25 所示，变形后的文本如图 5-26 所示。

图 5-24 封套控制点　　　　图 5-25 变形文本　　　　图 5-26 变形后的文本

5.2.3 填充文本

将文本分离后，可使用颜料桶工具填充文本，也可使用墨水瓶工具添加边框颜色。

选择"窗口"→"颜色"命令，打开"颜色"面板，选中"填充颜色"按钮 ，在颜色类型下拉列表中选择"线性渐变"，在颜色设置条上设置渐变颜色，如图 5-27 所示，使用颜料桶工具，给文本填充颜色，文字效果如图 5-28 所示。

在"颜色"面板中，选中"笔触颜色"按钮 ，在颜色类型下拉列表中选择"纯色"，将颜色设置为紫色。使用墨水瓶工具，给文本填充笔触颜色，效果如图 5-29 所示。

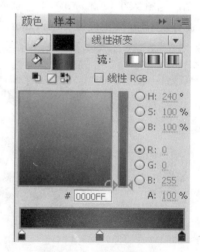

图 5-27 线性渐变颜色

图 5-28　线性渐变填充效果 　　　　　　　图 5-29　笔触颜色的填充

5.3　滤　镜　效　果

5.3.1　引入案例——周末特价

【案例学习目标】给文本添加滤镜效果。

【案例知识要点】使用文本工具输入需要的文字，然后给文本添加滤镜效果，并对相关的滤镜参数进行设置，如图 5-30 所示。

【效果所在位置】资源包/Ch05/效果/周末特价.swf。

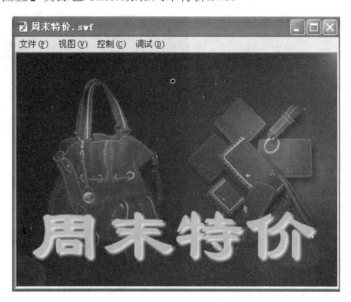

图 5-30　周末特价效果图

(1) 选中"文件"→"新建"命令，新建 Flash 文档。打开文档"属性"面板，设置舞台窗口的宽为 450 像素，高为 320 像素，背景颜色为白色。将文件保存为"周末特价.fla"。

(2) 选择"文件"→"导入"→"导入到舞台"命令，在弹出的"导入"对话框中选择"Ch05/素材"路径下的"周末特价.jpg"文件，单击"打开"按钮，文件被导入到舞台窗口中，将其与窗口对齐，并设置大小和窗口匹配，如图 5-31 所示。

(3) 新建图层 2，将该图层改名为"文本"。选择文本工具，在文字"属性"面板中进行设置，设置字体为隶书，大小为 100 点，文字颜色为黄色，在舞台窗口中输入文字"周末特价"，效果如图 5-32 所示。

图 5-31　导入图片

图 5-32　输入文本

(4) 选择文本"周末特价"，打开"属性"面板，在"滤镜"栏下方单击"添加滤镜"按钮，在弹出的列表中选择"投影"，并设置颜色为"红色"，其他设置采用默认方式，如图 5-33 所示。此时已经给文本添加了"投影"的滤镜效果，如图 5-34 所示。

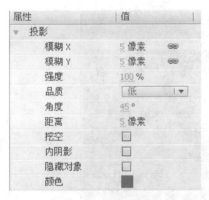

图 5-33　滤镜设置

图 5-34　投影滤镜效果

(5) 选中图层 1，在第 15 帧插入普通帧。选择"文本"图层，将第 5 帧、第 10 帧转换为关键帧，并在第 15 帧处插入普通帧，如图 5-35 所示。

(6) 选中"文本"图层的第 5 帧，打开"属性"面板，在"滤镜"栏中，单击"添加滤

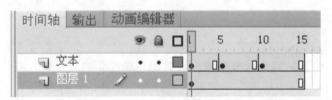

图 5-35　"时间轴"面板

镜"按钮 ⌐⌐，在弹出的列表中选择"删除全部"，即可将原来添加的"投影"滤镜删除。将文本的颜色更改为"#00FFFF"，再添加"投影"滤镜，并设置投影的颜色为"#FFFF00"(黄色)，效果如图 5-36 所示。

(7) 更改第 10 帧的滤镜效果，将文本颜色更改为"#FF00FF"，投影的颜色设置为"#00FFFF"，具体操作方法同第(6)步，效果如图 5-37 所示。至此，"周末特价"制作完毕，按快捷键 Ctrl+Enter，可查看动画效果。

图 5-36 更改第 5 帧投影滤镜的效果   图 5-37 更改第 10 帧投影滤镜的效果

5.3.2 滤镜类型

在 Flash CS5 中，共有投影、模糊、发光、斜角、渐变发光、渐变斜角、调整颜色等七种滤镜。

1. 投影滤镜

投影滤镜可以让对象产生阴影效果。应用投影滤镜的效果如图 5-38 所示。

在投影滤镜中可以设置投影的各个参数。如通过设置"模糊 X"和"模糊 Y"的值来设置投影的宽度和高度，也可以设置投影的颜色等，如图 5-39 所示。

图 5-38 应用投影滤镜的效果   图 5-39 投影属性设置

2．模糊滤镜

模糊滤镜可以柔化对象的边缘和细节。将模糊应用于对象，可以让对象看起来好像位于其他对象的后面，或者使对象看起来好像是运动的，应用模糊滤镜的效果如图 5-40 所示。

在模糊滤镜中，主要是通过设置"模糊 X"和"模糊 Y"的值来设置模糊的宽度和高度，以及设置模糊的"品质"，如图 5-41 所示。

图 5-40　应用模糊滤镜的效果

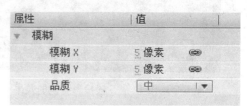

图 5-41　模糊属性设置

3．发光滤镜

使用发光滤镜，可以为对象的周边应用颜色，应用发光滤镜后的效果如图 5-42 所示。发光滤镜的"属性"面板如图 5-43 所示。

图 5-42　应用发光滤镜的效果

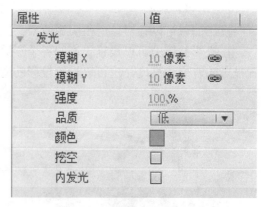

图 5-43　发光滤镜属性设置

4．斜角滤镜

应用斜角滤镜就是给对象添加加亮效果，使其看起来凸出于背景表面，应用斜角滤镜后的效果如图 5-44 所示。

斜角滤镜的"属性"面板如图 5-45 所示。

图 5-44　应用斜角滤镜的效果

属性	值	
▼　斜角		
模糊 X	10 像素	🔗
模糊 Y	10 像素	🔗
强度	100 %	
·　品质	低　　　▾	
阴影	▮	
加亮显示	☐	
角度	90 °	
距离	5 像素	
挖空	☐	
类型	全部　　▾	

图 5-45　斜角滤镜属性设置

5．渐变发光滤镜

应用渐变发光滤镜，可以在发光表面产生渐变颜色的发光效果。渐变发光要求渐变开始处颜色的 Alpha 值为 0，不能移动此颜色的位置，但可以改变该颜色。应用渐变发光滤镜后的效果如图 5-46 所示。

渐变发光滤镜的"属性"面板如图 5-47 所示。图 5-46 对应的渐变发光滤镜的渐变色是从黄色渐变到红色，渐变设置如图 5-47 所示。

图 5-46　应用渐变发光滤镜的效果　　　　图 5-47　渐变发光滤镜属性设置

6．渐变斜角滤镜

应用渐变斜角滤镜可以产生一种凸起效果，使得对象看起来好像从背景上凸起来了，且斜角表面有渐变颜色。渐变斜角要求渐变的中间有一种颜色的 Alpha 值为 0。应用渐变斜角滤镜的效果如图 5-48 所示。

渐变斜角滤镜的"属性"面板如图 5-49 所示。图 5-48 对应的渐变斜角滤镜的渐变色是从紫色渐变到黄色，再从黄色渐变到紫色，并将黄色的 Alpha 值设置为 0，距离设置为 8 像素，渐变设置如图 5-49 所示。

图 5-48　应用渐变斜角滤镜的效果　　　　图 5-49　渐变斜角滤镜属性设置

7．调整颜色滤镜

使用调整颜色滤镜可以很好地控制所选对象的颜色属性，包括对比度、亮度、饱和度和色相。输入图 5-50 所示的文字，输入的文字是红色，通过调整对比度、亮度、饱和度和色相，颜色发生了变化，效果如图 5-50 所示。

图 5-50　应用调整颜色滤镜的效果

5.4　综 合 案 例

5.4.1　综合案例 1——荧光文字

【案例学习目标】制作特殊效果文字。

【案例知识要点】使用文本工具输入需要的文字，然后对文本进行分离，先制作成空心文字，再给文本添加笔触颜色，接下来将线条转化为填充，通过柔化填充边缘来制作荧光文字效果，效果如图 5-51 所示。

【效果所在位置】资源包/Ch05/效果/荧光文字.swf。

图 5-51　荧光文字的效果图

【制作步骤】

(1) 选择"文件"→"新建"命令,新建 Flash 文档。打开文档"属性"面板,设置舞台窗口的宽为 460 像素,高为 350 像素,背景颜色为白色。将文件保存为"荧光文字.fla"。

(2) 选择"文件"→"导入"→"导入到舞台"命令,在弹出的"导入"对话框中选择"Ch05/素材"路径下的"萤火虫之夜.jpg"文件,单击"打开"按钮,文件被导入到舞台窗口中,将其与舞台匹配大小,并和舞台对齐,如图 5-52 所示。

(3) 新建图层 2,将该图层改名为"文本"。选择文本工具,在文字"属性"面板中进行设置,字体设置为隶书,大小为 60 点,字体颜色为白色,在舞台窗口中输入文字"点亮自己的萤火",效果如图 5-53 所示。

图 5-52　设置图片与舞台对齐　　　　　　　图 5-53　输入文本

(4) 选中文字,将文本进行两次分离。分离后,将笔触颜色设置为黄色,使用墨水瓶工具给分离文本填充笔触颜色,效果如图 5-54 所示。

(5) 使用选择工具选择分离文本的填充颜色,即内部的白色,选中后按 Delete 键,将白色的填充删除。选择分离文本时,注意不要将黄色的笔触颜色一并选中,可将比例放大到原来的 200%进行该操作。删除时,最好一个文字一个文字地进行,删除填充色后的效果如图 5-55 所示,至此,制作出的即为空心文字。

图 5-54　给分离文本添加笔触颜色　　　　　图 5-55　删除分离文本的填充颜色

图 5-56 "柔化填充边缘"对话框

（6）选择"文本"图层的所有分离文本，执行"修改"→"形状"→"将线条转换为填充"命令，执行该命令后，可将原来的线条文本转换为填充文本。接下来再执行"修改"→"形状"→"柔化填充边缘"命令，此时将弹出如图 5-56 所示的对话框，在该对话框中，有两个选择，"扩展"即为向文字的外部扩充，"插入"即为向文字的内部扩充，在本例中，采用默认设置，即选择"扩展"，单击"确定"按钮，荧光文字制作完成，按快捷键 Ctrl+Enter 即可查看效果，如图 5-51 所示。

5.4.2 综合案例 2——旋转文字

【案例学习目标】制作转动的文字。

【案例知识要点】使用文本工具输入需要的文字，使用"变形"面板对文字进行变形并复制，再将所有文本转换为元件，通过创建传统补间来实现文字的转动效果。效果如图 5-57 所示。

【效果所在位置】资源包/Ch05/效果/旋转文字.swf。

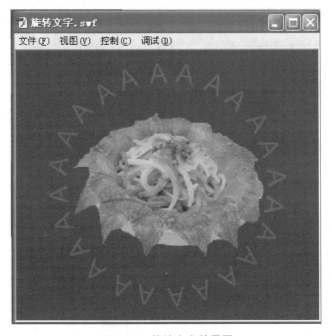

图 5-57 旋转文字效果图

【制作步骤】

（1）选择"文件"→"新建"命令，新建 Flash 文档。打开文档"属性"面板，设置舞台窗口的宽为 400 像素，高为 350 像素，背景颜色为黑色。将文件保存为"旋转文字.fla"。

(2) 将图层 1 改名为"背景",选择"文件"→"导入"→"导入到舞台"命令,在弹出的"导入"对话框中选择"Ch05/素材"路径下的"菜.jpg"文件,单击"打开"按钮,文件被导入到舞台窗口中,将其与舞台设置为水平垂直居中,如图 5-58 所示。

(3) 新建图层 2,将该图层改名为"文本"。选择文本工具,在文字"属性"面板中进行设置,字体设置为 Arial,大小为 30 点,字体颜色为红色,在舞台窗口中输入大写字母"A",效果如图 5-59 所示。

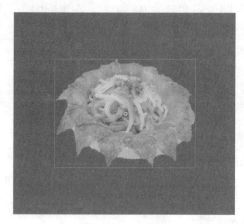
图 5-58　导入图片

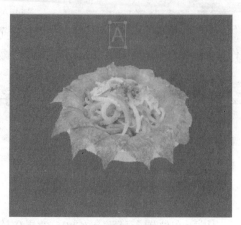
图 5-59　输入文字"A"

(4)选中字母"A",使用任意变形工具,将该文字的变形点移到图片的中心位置。打开"变形"面板,将旋转设置为"15°",多次单击"重置选区和变形"按钮,对字母"A"进行多次复制、粘贴,复制、粘贴之后的效果如图 5-60 所示。

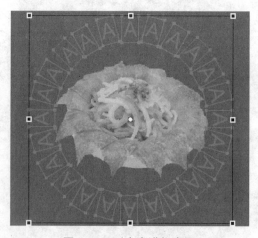
图 5-60　对文字进行变形

(5) 选中"背景"图层,在第 20 帧处插入帧。再选中"文本"图层的第 1 帧,执行"修改"→"转换为元件"命令,将所有的字母"A"转换为一个影片剪辑元件,并改名为"A"。选中"文本"图层的第 20 帧,插入关键帧,然后在第 1 帧到第 20 帧之间创建传统补间,如图 5-61 所示。打开"属性"面板,在"补间"栏的"旋转"下拉列表中选中"顺时针",如

图 5-62 所示。此时，所有的字母"A"将进行顺时针旋转，效果如图 5-57 所示。

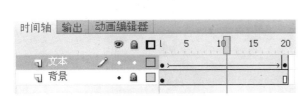

图 5-61　创建传统补间　　　　　　　　图 5-62　设置"顺时针"旋转

课 后 实 训

1. **制作变形文字。**

【练习要点】使用文本工具输入文字，将文本分离，使用"封套"命令和"扭曲"命令对文字进行变形，如图 5-63 所示。

【效果所在位置】资源包/Ch05/效果/变形文字.fla。

图 5-63　变形文字效果图

2. **制作圣诞卡片。**

【练习要点】使用文本工具输入文本，设置文本的字体、大小、颜色等属性，给文本添加发光的滤镜效果，再将文本转换成元件，制作文本移动效果，效果如图 5-64 所示。

【效果所在位置】资源包/Ch05/效果/圣诞卡片.fla。

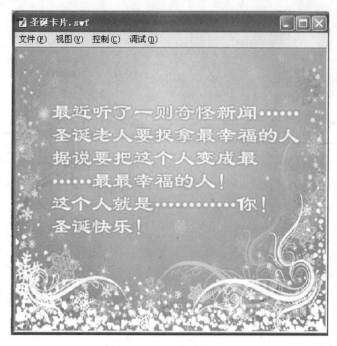

图 5-64　圣诞卡片效果图

第6章 引导层和遮罩层动画

层在 Flash 中有着举足轻重的作用。只有掌握层的概念和熟练应用不同性质的层，才有可能成为真正的 Flash 高手。本章详细介绍层的应用技巧和使用不同性质的层来制作高级动画。

本章学习目标

✧ 掌握图层的基本知识和使用方法；
✧ 掌握引导层动画的制作方法；
✧ 掌握遮罩层动画的制作方法。

6.1 图 层

图层类似于叠在一起的透明纸，下面图层中的内容可以通过上面图层中不包含内容的区域透过来。可以根据需要，在不同图层上绘制不同的图形或动画而互不影响，并在放映时得到合成的效果。使用图层并不会增加动画文件的大小，相反它可以更好地安排和组织图形、文字和动画。除普通图层外，还有两种特殊的图层——引导层和遮罩层。在引导层中，可以像其他层一样绘制各种图形和引入元件等，但最终发布时引导层中的对象不会显示出来。遮罩层就像一块不透明的板，如果要看到它后面的图像，只能在板上挖"洞"，而遮罩层中有对象的地方就可看成是"洞"，通过这个"洞"，被遮罩层中的对象可以显示出来。

6.1.1 引入案例——湖边小屋

【案例学习目标】学习图层的创建与使用。

【案例知识要点】使用椭圆工具绘制花朵和小鸭，使用钢笔工具绘制白云和波浪，使用矩形工具与线条工具绘制小屋，使用铅笔工具绘制小山，效果如图 6-1 所示。

【效果所在位置】资源包/Ch06/效果/湖边小屋.swf。

【制作步骤】

(1) 新建并保存文档。选择"文件"→"新建"命令，在弹出的"新建文档"对话框中选择"ActionScript 3.0"选项，进入新建文档舞台窗口。舞台的宽设置为 600 像素，高设置为 435 像素，背景颜色设置为紫色"#9933FF"。将文件保存为"湖边小屋.fla"。

(2) 使用矩形工具 ▢ 在舞台上半部绘制一个长方形，宽设置为 600 像素，高设置为 236 像素，无笔触颜色，填充颜色选择"线性渐变"，色带上两色块颜色设置为"#162FD8"和"#81E0F3"，如图 6-2 所示。将图层重命名为"天空"并锁定。

图 6-1 湖边小屋效果图

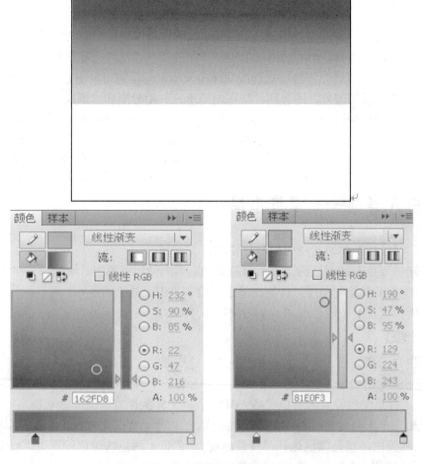

图 6-2 设置矩形填充色

（3）在"时间轴"面板左下角单击"新建图层"按钮，如图 6-3 所示，创建新图层"湖水"。使用矩形工具 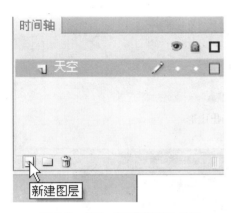 在舞台下半部绘制一个长方形，宽设置为 600 像素，高设置为 204 像素，无笔触颜色，填充颜色选择"径向渐变"，如图 6-4 所示，色带上四个色块从左至右设为"#162FD8"、"#56BDF5"、"#4DEFF8"、"#AAFDFC"，使用渐变变形工具 调整填充色，如图 6-5 所示，锁定"湖水"图层。

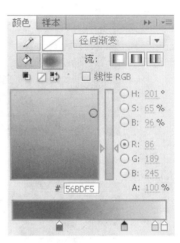

图 6-3　单击"新建图层"按钮　　　　　图 6-4　设置矩形填充色

图 6-5　调整填充色

（4）右击图层"湖水"，在弹出的菜单中选择"插入图层"命令，鼠标双击图层名，改名为"山"。使用铅笔工具 画出山形，如图 6-6 所示。填充渐变色，色带上两色块设置为"#0A4B22"、"#0AD62D"，使用渐变变形工具 调整填充色，之后使用橡皮擦工具 擦除线条，如图 6-7 所示。锁定图层"山"。

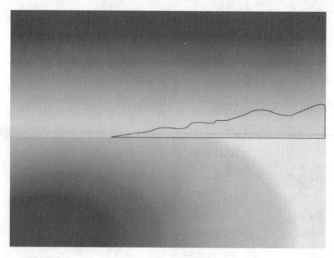

图 6-6　画出山形

图 6-7　填充渐变色

(5) 新建图层"波浪"，使用钢笔工具 ![]画出波浪，选择"修改"→"形状"→"优化"菜单命令优化波浪，如图 6-8 所示。选中波浪图形，按快捷键 Ctrl+C 复制图形，再多次按快捷键 Ctrl+V 粘贴图形，调整波浪的位置，如图 6-9 所示。

(a) 用钢笔工具画波浪　　　　　　　　　　　　　　　　(b) 优化后的波浪

图 6-8　绘制波浪并优化

图 6-9　复制、粘贴出多个波浪

（6）按快捷键 Ctrl+F8 创建图形元件"房子"，先后使用矩形工具 ▢、椭圆工具 ◯ 和线条工具 ╲ 绘制图 6-10 所示的房子，并填充颜色。

图 6-10　绘制房子

（7）按快捷键 Ctrl+F8 创建图形元件"花瓣"，使用椭圆工具 ◯ 绘制并修改成花瓣形状，如图 6-11 所示，并填充颜色为"径向渐变"。

（8）按快捷键 Ctrl+F8 创建图形元件"花朵"，从库中把"花瓣"元件拖入舞台，使用任意变形工具把变形点移到元件下方，打开"变形"面板，如图 6-12 所示设置旋转 72°，单击右下角的"重制选区和变形"按钮五次，生成一朵有五个花瓣的花朵，如图 6-13 所示。

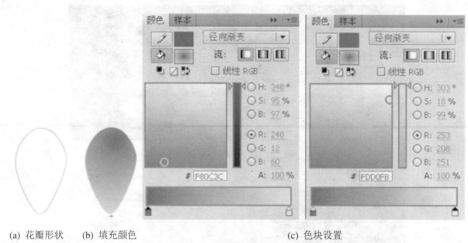

(a) 花瓣形状　(b) 填充颜色　　　　　　(c) 色块设置

图 6-11　绘制花瓣

(9) 按快捷键 Ctrl+F8 创建图形元件"小鸭"，使用椭圆工具 在舞台上绘制小鸭的身体，无笔触颜色，填充颜色选择"径向渐变"，色带上两色块颜色为"#FDFC62"和"#F99D06"。新建图层 2，使用椭圆工具 绘制小鸭的头部，无笔触颜色，填充颜色与鸭身体一样；再新建图层，使用椭圆工具绘制鸭嘴和鸭尾，使用刷子工具 点出眼睛，如图 6-14 所示。

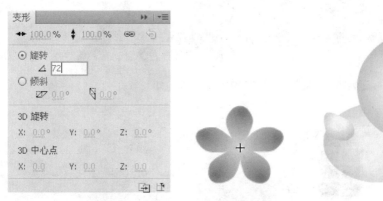

图 6-12　设置旋转角度　　图 6-13　复制花瓣　　图 6-14　绘制小鸭

(10) 按快捷键 Ctrl+F8 创建图形元件"白云"，使用钢笔工具 画出云朵边框，选择"修改"→"形状"→"优化"命令优化白云，如图 6-15 所示。

(a) 使用钢笔工具画白云　　　　(b) 调整节点　　　　　(c) 优化白云

图 6-15　绘制白云并优化

(11) 切换到场景 1,在图层"波浪"之上新建图层"房子",把图形元件"房子"放在舞台右侧,尺寸缩小到原来的 30%,锁定图层,如图 6-16 所示。

图 6-16　将"房子"拖入舞台

(12) 新建图层"花朵",把图形元件"花朵"放在舞台上,使用任意变形工具更改大小,复制出多个花朵,选中花朵元件,打开"属性"面板,设置各花朵具有不同的色彩效果,如图 6-17 和图 6-18 所示。

图 6-17　设置花朵的色彩效果　　　　图 6-18　复制出多个花朵

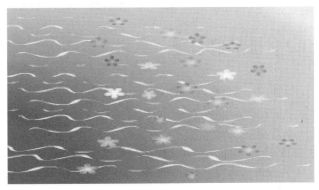

(13) 新建图层"小鸭",把图形元件"小鸭"放在舞台上,再复制出一个小鸭,使用任意变形工具更改大小,如图 6-19 所示。

(14) 新建图层"白云",把图形元件"白云"放在舞台上方,再复制出两朵白云,使用任意变形工具更改其大小、倾斜度,如图 6-20 所示。

至此,湖边小屋动画制作完毕,按快捷键 Ctrl+Enter 即可查看效果,如图 6-1 所示。

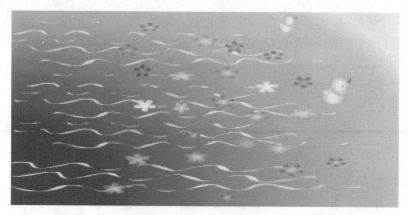

图 6-19 添加"小鸭"元件

图 6-20 添加"白云"元件

6.1.2 图层的创建

每新建一个 Flash 文件后，系统都会自动建立好一个图层，默认名为"图层 1"。但是一个复杂的动画需要多个图层来实现。为了分门别类地组织动画内容，需要根据动画制作的要求创建新图层。创建图层的方法有以下三种。

(1) 选择"插入"→"时间轴"→"图层"菜单命令；

(2) 在时间轴的层操作区底部单击"新建图层"按钮 ；

(3) 在时间轴的层操作区单击鼠标右键，在弹出的菜单中选择"插入图层"命令。

6.1.3 图层的编辑

图层的编辑包括选取图层、排列图层、复制和删除图层、重命名图层、锁定和解锁图层、隐藏和显示图层，以及创建图层文件夹等。

1．选取图层

要对图层进行编辑操作，就要选取图层。选取图层就是将图层变为当前图层，在当前图层上可以放置对象、添加文本和图形，以及对其进行编辑。在"时间轴"面板中单击图层所在的行，即选中图层，被选中的图层在"时间轴"面板中以深色显示，如图 6-21 所示，图层名称旁的铅笔图标 ✐ 表示对该图层可以进行编辑。按住 Ctrl 键的同时，用鼠标单击要选择的图层，可以一次选择多个不连续的图层，如图 6-22 所示。按住 Shift 键的同时，用鼠标单击要选择的两个图层，在这两个图层之间的其他图层也会被同时选中，如图 6-23 所示。

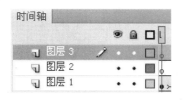  

图 6-21　单击图层　　　　图 6-22　选择不连续的图层　　　图 6-23　选择连续的图层

2．排列图层

根据需要，可以在"时间轴"面板中重新排列图层的顺序。

在"时间轴"面板中选取要移动位置的图层，按下鼠标左键，将所选图层拖曳到目标位置，释放左键即可。拖动时，鼠标所指位置会出现一条左方带圆环的粗线，表示图层的最终位置，如图 6-24 所示。

(a) 选取图层　　　　　　　(b) 拖曳图层　　　　　　　(c) 释放

图 6-24　排列图层

3．复制、粘贴图层

如果需要，可以将整个图层包括图层中的所有对象复制到其他场景或其他文件中。

在"时间轴"面板中单击要复制的图层，选择"编辑"→"时间轴"→"拷贝图层"菜单命令，切换到其他场景或打开其他文件，再选择"编辑"→"时间轴"→"粘贴图层"菜单命令，即可复制整个图层，如图 6-25 所示。若单击图层后，选择"编辑"→"时间轴"→"复制图层"菜单命令，则是在当前场景中直接复制图层。

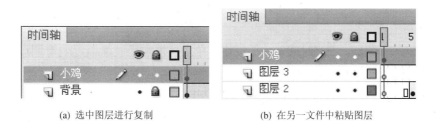

(a) 选中图层进行复制　　　　　　　(b) 在另一文件中粘贴图层

图 6-25　复制、粘贴图层

4．删除图层

如果某个图层不再需要，可以将其删除。删除的方法是：在"时间轴"面板上选中要删除的图层，在面板下方单击"删除"按钮 🗑，即可删除选中的图层；另外，也可以选中要删除的图层后，按住鼠标左键，将其向下拖曳到"删除"按钮 🗑 上进行删除。

5．隐藏、锁定图层和图层的显示模式

动画经常是多个图层叠加在一起的效果，为了便于观察或编辑某个图层中的对象，可以先将其他图层隐藏起来。

在"时间轴"面板中，单击"显示或隐藏所有图层"按钮 👁 下方的小黑点，则小黑点所在的图层就被隐藏，这时在该图层上显示一个叉号图标 ✗，此时图层中的对象无法显示，也不能进行编辑，如图 6-26 所示。单击图标 ✗，可取消隐藏。

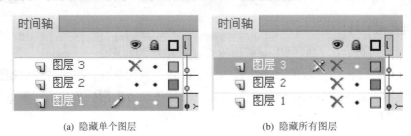

(a) 隐藏单个图层   (b) 隐藏所有图层

图 6-26 隐藏图层

若要隐藏所有图层，在"时间轴"面板中，单击"显示或隐藏所有图层"按钮 👁 即可，再次单击此按钮，可取消隐藏。

如果某个图层上的内容已符合设计者的要求，则可以锁定该图层，以避免无意间更改图层内容。在"时间轴"面板中，单击"锁定或解除锁定所有图层"按钮 🔒 下方的小黑点，则小黑点所在的图层就被锁定，这时在该图层上显示一个锁图标 🔒，此时图层中的对象不能被编辑，如图 6-27 所示。单击图标 🔒，可解除锁定。

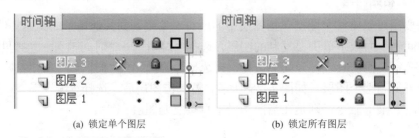

(a) 锁定单个图层   (b) 锁定所有图层

图 6-27 锁定图层

若要锁定所有图层，在"时间轴"面板中，单击"锁定或解除锁定所有图层"按钮 🔒 即可，再次单击此按钮，可解除锁定。

为了便于观察图层中的对象，可以将对象以轮廓的模式显示。在"时间轴"面板中，单击"将所有图层显示为轮廓"按钮 ☐ 下方的实色正方形，此时实色正方形所在图层中的对象就以轮廓模式显示，在该图层上实色正方形变为线框图标 ▢，此时不影响编辑图层中的

对象，如图 6-28 所示。

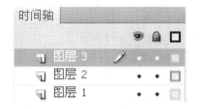

(a) 图层 3 以轮廓模式显示对象   (b) 所有图层以轮廓模式显示对象

图 6-28 显示图层

在"时间轴"面板中，单击"显示所有图层的轮廓"按钮□，面板中所有图层将被同时以轮廓模式显示，再次单击该按钮，即可返回普通模式。

6．重命名图层

创建图层后，系统会给图层一个默认的名称，第一个图层名为"图层 1"，新建的第二个图层名为"图层 2"，以此类推。为便于识别，图层数量较多时需要给每个图层重命名，重命名的名称最好能易记易懂。重命名图层的方法有以下两种。

(1) 双击"时间轴"面板中的图层名称，此时名称变为可编辑状态，输入新名称即可，如图 6-29 所示，在图层名称旁单击鼠标，可完成图层名称的修改。

(a) 双击图层名称   (b) 输入新名称

图 6-29 重命名图层

(2) 选中要修改名称的图层，选择"修改"→"时间轴"→"图层属性"菜单命令，在弹出的"图层属性"对话框中修改图层的名称，如图 6-30 所示。

7．创建图层文件夹

在"时间轴"面板中可以创建图层文件夹来组织和管理图层，这样可使图层的层次结构非常清晰。

选择"插入"→"时间轴"→"图层文件夹"菜单命令，可在"时间轴"面板中创建图层文件夹，还可单击"时间轴"面板下方的"新建文件夹"按钮□，新建图层文件夹，如图 6-31 所示。

若要删除图层文件夹，可单击"时间轴"面板下方的"删除"按钮🗑，还可在"时间轴"面板中选中要删除的图层文件夹，按住鼠标左键不放，将其向下拖曳到"删除"按钮🗑上进行删除。

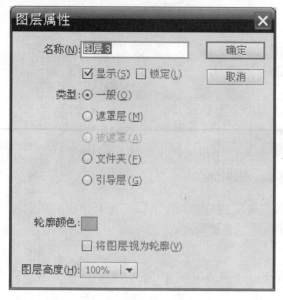

图 6-30　"图层属性"对话框 　　　　　　　图 6-31　图层文件夹

图层文件夹虽然与图层一样处在时间轴上，但是由于图层文件夹只是用来组织图层和影片的，并不能在其中放置任何对象，所以它所在的行不会出现任何帧。

6.2　引导层动画

前面介绍了一些动画效果，这些动画都有一个特点——运动轨迹都是直线的，但是在生活中，有很多运动是弧线或不规则的，如鱼儿在大海里遨游、叶子随风飘落等，这类运动需要用"引导层动画"来实现。引导层和一般的普通层有很大的区别，它里面的内容不会输出到动画，在发布后的影片中也不会出现，它只是起一种辅助的作用。

引导层分为普通引导层(图标为 )和运动引导层(图标为)。

将一个或多个层链接到一个运动引导层，使一个或多个对象沿同一条路径运动的动画形式称为引导层动画，这种动画可以使一个或多个元件完成曲线或不规则运动。

6.2.1　引入案例——飘落的秋叶

【案例学习目标】利用引导层设置元件运动的路径，制作不规则运动的动画效果。

【案例知识要点】导入枫叶图片并去掉背景色，使用铅笔工具绘制枫叶飘落路径，使用"变形"面板设置大小不一、旋转角度不同的叶片，如图 6-32 所示。

【效果所在位置】资源包/Ch06/效果/秋叶.swf。

图 6-32　秋叶效果图

【制作步骤】

(1) 新建及保存文档。选择"文件"→"新建"命令，在弹出的"新建文档"对话框中选择"ActionScript 3.0"选项，进入新建文档舞台窗口。舞台的宽设置为 450 像素，高设置为 400 像素，背景颜色设置为"#99CCCC"。将文件保存为"秋叶.fla"。

(2) 选择"文件"→"导入"→"导入到库"菜单命令，弹出"导入到库"对话框，选择"Ch06/素材"路径下的"秋叶.jpg"和"枫叶.jpg"两个文件，单击"打开"按钮，文件被导入到库中。

(3) 将当前图层改名为"背景"，从库中拖曳"秋叶.jpg"到舞台上，设置图片的 X、Y 坐标为(0，0)，在图层"背景"的第 40 帧插入普通帧，同时锁定该图层。

(4) 选择"插入"→"新建元件"菜单命令，在"创建新元件"对话框中输入元件名"叶子"，类型选择"图形"，然后单击"确定"按钮，进入编辑元件舞台。

(5) 从库中拖曳"枫叶.jpg"到舞台上，按快捷键 Ctrl+B 分离图片，使用套索工具 去除图片的背景，使用颜料桶工具 将其重新着色为红色"#CC0000"，再使用铅笔工具 在叶子上加三条叶脉，如图 6-33 所示。

(a) 分离图片　　　　　　　(b) 去除背景　　　　　　(c) 重新着色并加叶脉

图 6-33　处理图片

(6) 选择"插入"→"新建元件"菜单命令，在"创建新元件"对话框中输入元件名"落叶"，类型选择"影片剪辑"，然后单击"确定"按钮，进入编辑元件舞台。

(7) 将"图层 1"改名为"落叶路径"，使用铅笔工具✐绘制一条不规则线条，如图 6-34 所示，在第 70 帧插入帧。选择"修改"→"时间轴"→"图层属性"菜单命令，打开"图层属性"对话框，将图层的类型改为"引导层"，如图 6-35 所示，锁定图层。

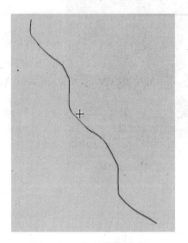
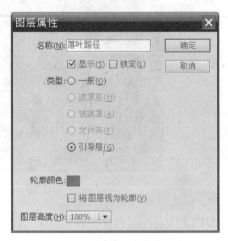

图 6-34　绘制落叶路径　　　　　　图 6-35　修改图层类型

(8) 单击"时间轴"面板左下角的"新建图层"按钮🔲，添加新图层，改名为"枫叶"，在"时间轴"面板上选取该图层，按住鼠标左键不放，将其向下拖曳到图层"落叶路径"的下方，此时的"时间轴"面板如图 6-36 所示。从库中把图形元件"叶子"拖入舞台，放置在不规则线条的上方，使元件中心点对齐线条的端点，打开"变形"面板，设置元件旋转150°，如图 6-37 所示。

图 6-36　添加"枫叶"图层的"时间轴"面板　　　图 6-37　元件对齐端点

(9) 在图层"枫叶"的第 60 帧插入关键帧，把"叶子"元件移动到线条的另一端点处，同样使元件中心点对齐线条端点。鼠标右键单击第 1 帧，在弹出的菜单中选择"创建传统补间"命令，打开"属性"面板，设置补间属性为"顺时针"旋转 5 次，如图 6-38 所示。

图 6-38　设置补间属性

(10) 切换至场景 1，新建图层"地上落叶"，多次从库中拖曳元件"叶子"到舞台上，修改各元件的属性，设置不同的缩放宽度、高度及旋转角度，如图 6-39 所示。锁定图层。

图 6-39　添加"叶子"元件

(11) 新建图层"落叶 1"，分两次从库中拖曳元件"落叶"到舞台上方，修改两个元件的属性，设置不同的缩放宽度、高度及旋转角度，如图 6-40 所示。在图层的第 40 帧插入普通帧，同时锁定该图层。

图 6-40　设置"落叶"元件属性(1)

(12) 新建图层"落叶 2"，在第 5 帧插入关键帧，分两次从库中拖曳元件"落叶"到舞台上方，修改两个元件的属性，设置不同的缩放宽度、高度及旋转角度，如图 6-41 所示。在图层的第 40 帧插入普通帧，同时锁定该图层。

图 6-41　设置"落叶"元件属性(2)

至此，秋叶制作完毕，按快捷键 Ctrl+Enter 即可查看效果，如图 6-32 所示。

6.2.2　普通引导层

普通引导层的图标为 ，主要用于为其他图层提供辅助绘图和绘图定位。它有着与一般图层相似的图层属性，它可以不使用被引导层而单独使用。播放动画时引导层中的图形是不会显示的。

对已经存在的普通图层，可将其设置为普通引导层，具体方法如下。

(1) 选定一个普通图层，右击，在弹出的快捷菜单中选择"引导层"命令，可以将普通图层转换为普通引导层。

(2) 选定一个图层，打开该层的"属性"面板，在该面板中选择层的类型为引导层。

6.2.3　运动引导层

运动引导层总是至少与一个图层相关联，这些被引导的图层称为被引导层。运动引导层的作用是设置对象运动路径的导向，使与之相链接的被引导层中的对象沿着路径运动，播放动画时运动引导层上的路径不显示。在引导层上还可以创建多个运动轨迹，以引导被引导层上的多个对象沿不同的路径运动。要创建按照任意轨迹运动的动画就需要添加运动引导层，但创建运动引导层动画时要求用动作补间动画，形状补间动画不可用。

要将普通引导层转换为运动引导层，只需给普通引导层添加一个被引导层。如图 6-42 和图 6-43 所示，将一般图层"图层 1"拖到普通引导层"图层 2"下，"图层 2"就转换为运动引导层，"图层 1"就转换成被引导层。同样，要将运动引导层转换为普通引导层，只需将与运动引导层相关联的被引导层拖离运动引导层即可。

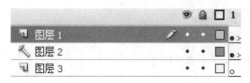

图 6-42　普通引导层　　　　　　　　　　图 6-43　运动引导层

6.2.4　创建沿曲线运动的动画——蝴蝶飞舞

【案例学习目标】利用引导层设置曲线运动路径，制作元件沿曲线运动的动画效果。

【案例知识要点】导入蝴蝶图片并去掉背景色，使用铅笔工具绘制曲线路径，如图 6-44 所示。

【效果所在位置】资源包/Ch06/效果/蝴蝶飞舞.swf。

图 6-44　蝴蝶飞舞设计图

【制作步骤】

(1) 选择"文件"→"新建"菜单命令，在弹出的"新建文档"对话框中选择"ActionScript 3.0"选项，进入新建文档舞台窗口。舞台的宽设置为 700 像素，高设置为 400 像素，背景颜色设置为"#0099FF"，帧频设置为 6 fps。将文件保存为"蝴蝶飞舞.fla"。

(2) 选择"文件"→"导入"→"导入到库"命令，在弹出的"导入到库"对话框中，选择"Ch06/素材"路径下的"蝴蝶.gif"文件，单击"打开"按钮，文件被导入到库中，如图 6-45 所示。

(3) 对库中元件进行整理，将"蝴蝶.GIF"更名为"位图 1"，将"元件 1"更名为"蝴蝶"，新建文件夹"蝴蝶飞"，把名称为"位图 1"至"位图 8"的八个位图元件放入文件夹"蝴蝶飞"中，整理后的库如图 6-46 所示。

名称	类型	使用次数	修
元件 1	影片剪辑	0	20
位图 8	位图	1	20
位图 7	位图	1	20
位图 6	位图	1	20
位图 5	位图	1	20
位图 4	位图	1	20
位图 3	位图	1	20
位图 2	位图	1	20
蝴蝶.GIF	位图	1	20

图 6-45　导入素材

图 6-46　整理素材

(4) 选择"文件"→"导入"→"导入到库"菜单命令，弹出"导入到库"对话框，选择"Ch06/素材"路径下的"蝴蝶飞舞.psd"文件，单击"打开"按钮。在打开的对话框中选取"背景"图层，单击"确定"按钮，此时库中增加如图 6-47 所示的项目。将"背景"拖出文件夹，然后删除"蝴蝶飞舞.psd"和"蝴蝶飞舞.psd 资源"。

(5) 在"库"面板中双击影片剪辑"蝴蝶"，打开编辑舞台，在"时间轴"面板中删除普通帧，只留下八个关键帧，如图 6-48 所示。选中第 1 帧，按快捷键 Ctrl+B 分离图片，选择套索工具 ，删除图片的背景。选择第 2 帧至第 8 帧，执行同样的操作，去除图片背景。

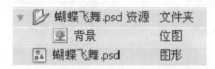

图 6-47　导入背景图　　　　　　　　　图 6-48　编辑"蝴蝶"元件

(6) 切换到场景 1，将图层 1 改名为"背景"，从库中拖曳"背景"元件到舞台上，X、Y 坐标设置为(0，0)。在第 30 帧处插入帧，锁定"背景"层。

(7) 新建图层"路径"，选择铅笔工具 ，在舞台上绘制一条曲线，如图 6-49 所示。在第 30 帧处插入帧。右击图层名，在弹出的快捷菜单中选择"属性"命令，打开"图层属性"对话框，将图层的类型改为"引导层"，并锁定该图层。

(8) 新建图层"蝴蝶"，将"蝴蝶"层拖曳到"路径"层的下方，此时"蝴蝶"层向右缩进，成为"路径"层的被引导层。从库中拖曳影片剪辑元件"蝴蝶"到舞台上，元件中心点对齐曲线的左端点，并打开"变形"面板，设置"蝴蝶"元件旋转 45°，如图 6-50 所示。

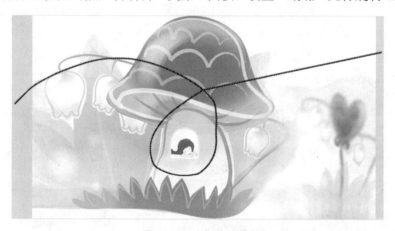

图 6-49　绘制曲线路径　　　　　　　　　图 6-50　旋转 45°

(9) 在图层"蝴蝶"的第 30 帧处插入关键帧，将"蝴蝶"元件拖到曲线的右边，元件中心点对齐曲线的右端点，并打开"变形"面板，设置"蝴蝶"元件旋转 75°，如图 6-51 所示。

(10) 单击图层"蝴蝶"的第 1 帧，选择"插入"→"传统补间"命令，创建传统补间动画，并在"属性"面板中勾选"调整到路径"选项，如图 6-52 所示。

至此，蝴蝶飞舞制作完毕，按快捷键 Ctrl+Enter 即可查看效果，如图 6-53 所示，蝴蝶沿着看不见的曲线路径飞舞。

图 6-51　旋转 75° 　　　　　图 6-52　勾选"调整到路径"选项

图 6-53　蝴蝶飞舞效果图

6.3　遮罩层动画

遮罩层动画是 Flash 中一个很重要的动画类型，很多效果丰富的动画都是通过遮罩层动画来完成的。在 Flash 的图层中有一个遮罩图层类型，为了得到特殊的显示效果，可以在遮罩层上创建一个任意形状的"视窗"，遮罩层下方的对象可以通过该"视窗"显示出来，而"视窗"之外的对象将不会显示。在 Flash 动画中，"遮罩"主要有两种用途：一种是用在整个场景或一个特定区域，使场景外的对象或特定区域外的对象不可见；另一种是用来遮罩住某一元件的一部分，从而实现一些特殊的效果。

6.3.1　引入案例——卷轴画

【案例学习目标】使用形状补间、动作补间创建遮罩层动画，制作画面展开的动画效果。

【案例知识要点】在遮罩层中绘制矩形，应用形状补间动画使矩形由窄变宽，左右画轴使用动作补间动画，运动时画轴在矩形的两侧，透过矩形看到被遮罩层中的古画，如图 6-54

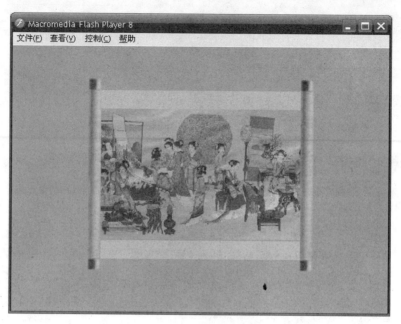

图 6-54　卷轴画效果图

所示。

【效果所在位置】资源包/Ch06/效果/卷轴画.swf。

【制作步骤】

(1) 新建及保存文档。选择"文件"→"新建"命令，在弹出的"新建文档"对话框中选择"ActionScript 3.0"选项，进入新建文档舞台窗口。舞台的宽设置为 550 像素，高设置为 400 像素，背景颜色设置为"#9A8F9E"，帧频设置为 6 fps。将文件保存为"卷轴画.fla"。

(2) 选择"文件"→"导入"→"导入到库"命令，弹出"导入到库"对话框，选择"Ch06/素材"路径下的"古画.jpg"、"画布.JPG"和"画轴.JPG"三个文件，单击"打开"按钮，文件被导入到库中，如图 6-55 所示。

图 6-55　导入素材

(3) 将图层 1 改名为"古画"，从库中拖曳"古画.jpg"到舞台上，X、Y 坐标设置为(26,94)。两次拖曳"画布.jpg"到舞台上，分别置于古画的上、下方，X、Y 坐标设置为(26,64)和(26,290)。在第 70 帧插入普通帧，锁定图层。

(4) 新建图层"古画遮罩"，选择矩形工具，无笔触颜色，填充颜色为绿色"#006600"，在古画中央绘制一个 14 像素×256 像素的矩形，X、Y 坐标为(270,64)，如图 6-56 所示。在第 60 帧插入关键帧，修改矩形宽度为 505，X 坐标改为 25，如图 6-57 所示。

图 6-56　绘制遮罩矩形

图 6-57　修改矩形大小

（5）单击图层"古画遮罩"的第 1 帧，选择"插入"→"补间形状"菜单命令，创建形状补间动画，矩形由中间慢慢向两边扩大。右击图层"古画遮罩"，在弹出的快捷菜单中选择"遮罩层"。此时，"时间轴"面板如图 6-58 所示，锁定图层。

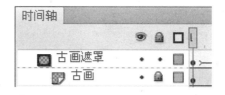

图 6-58　设置遮罩层后的"时间轴"面板

（6）按快捷键 Ctrl+F8 创建新元件，名称为"画轴"，类型为"图形"，单击"确定"按钮，进入编辑舞台，从库中拖曳"画轴.jpg"到舞台上，设置元件的坐标为（−21,94），宽为

14、高为 225。

(7) 切换到场景 1，选择图层"古画遮罩"，在"时间轴"面板上单击"新建图层"按钮 ，更改图层名为"左轴"，从库中拖曳图形元件"画轴"到舞台上，设置元件的坐标为 (297,169)，宽为 18、高为 288，如图 6-59 所示。在第 60 帧插入关键帧，将"画轴"元件的坐标更改为(41,169)。单击第 1 帧，选择"插入"→"传统补间"菜单命令，创建传统补间动画，令画轴由中间向左移动。在第 70 帧插入普通帧，锁定图层。

图 6-59　添加"画轴"元件

(8) 单击"新建图层"按钮 ，更改图层名为"右轴"，从库中拖曳图形元件"画轴"到舞台上，设置元件的位置与"左轴"重叠。在第 60 帧插入关键帧，将"画轴"元件的坐标更改为(550,169)。单击第 1 帧，选择"插入"→"传统补间"命令，创建传统补间动画，令画轴由中间向右移动。在第 70 帧插入普通帧。

至此，卷轴画制作完毕，按快捷键 Ctrl+Enter 即可查看效果，如图 6-54 所示。

6.3.2　遮罩层动画的原理及使用

在 Flash 中没有一个专门的按钮来创建遮罩层，它是由普通层转化而来的。只要在某个图层上右击，在弹出的快捷菜单中选择"遮罩层"命令，该图层即成为遮罩层，层图标就会从普通图标变为遮罩图标，并且系统会自动把遮罩层下面的一层关联为"被遮罩层"，在缩进的同时图标会变化，如果要关联更多层被遮罩，只要把这些层拖到被遮罩层下面即可。

遮罩层中的图形对象在播放动画时是看不到的。遮罩层中的内容可以是按钮、影片剪辑、图形、位图或文字等，但不能使用线条，如果一定要使用线条，可以将线条转化为"填充"。对于用做遮罩的填充形状，可以使用形状动画；对于文字对象、图形实例或影片剪辑，可以使用运动动画。当使用影片剪辑实例作为遮罩时，可以让遮罩沿运动路径运动。

透过遮罩层中的对象可看到被遮罩层中的对象及其属性，包括它们的变形效果，但遮罩层中对象的许多属性，如渐变色、透明度、颜色和线条样式等却是被忽略的，例如，不能通过遮罩层的渐变色来实现被遮罩层的渐变色变化。在被遮罩层中，可以使用按钮、影片剪辑、图形、位图、文字和线条。

若要在场景中显示遮罩效果，可以锁定遮罩层和被遮罩层。

在制作过程中，遮罩层经常挡住下层的元件，影响视线，无法编辑，这时可以单击图层名称右边的按钮 ▢，使遮罩层只显示边框形状，在这种情况下，还可以拖动边框调整遮罩图形的外形和位置。

遮罩可以应用在 GIF 动画上，在被遮罩层中不能放置动态文本，可以在遮罩层、被遮罩层中分别或同时使用形状补间动画、动作补间动画、引导层动画等动画手段，从而使遮罩层动画变成一个可以发挥无限想象力的创作空间。

6.4　综合案例

6.4.1　综合案例 1——星星字

【案例学习目标】使用引导层制作动画。

【案例知识要点】使用椭圆工具和线条工具绘制星星，使用文本工具输入文字并将它们放置于两个图层的相同位置，对下层的文字进行填充，作为文字背景；将上层的文字打散，作为运动路径，将该层设为引导层，使星星沿着文字边框移动，如图 6-60 所示。

【效果所在位置】资源包/Ch06/效果/星星字.swf。

图 6-60　星星字效果图

【制作步骤】

(1) 新建及保存文档。选择"文件"→"新建"菜单命令，在弹出的"新建文档"对话框中选择"ActionScript 3.0"选项，进入新建文档舞台窗口。舞台的宽设置为 550 像素，高设置为 350 像素，背景颜色设置为"#999999"，将文件保存为"星星字.fla"。

(2) 选择"文件"→"导入"→"导入到库"菜单命令，在弹出的"导入到库"对话框中选择"Ch06/素材"路径下的"星星字背景.jpg"文件，单击"打开"按钮，文件被导入到库中。

(3) 按快捷键 Ctrl+F8 创建新元件，名称为"星星"，类型为"图形"，单击"确定"按钮，进入编辑舞台。选择椭圆工具 ，无笔触颜色，在舞台中央绘制一个直径为 13 像素的正圆，填充色为"径向渐变"，色带上两色块颜色都为白色"#FFFFFF"，左边色块的透明度为 100%，右边色块的透明度为 0%，如图 6-61 所示。将图层名更改为"中心"，锁定图层。

(4) 新建图层"光芒"，选择线条工具 ，笔触颜色为白色，在舞台正中央绘制一条垂直线，宽度为 1 像素，高度为 50 像素。选中此线条，选择"修改"→"形状"→"将线条转换为填充"命令，打开"颜色"面板，设置填充颜色为"径向渐变"，色带上两色块颜色都为白色"#FFFFFF"，左边色块的透明度为 100%，右边色块的透明度为 0%。打开"变形"面板，设置线条旋转 45°，单击右下角的"重制选区和变形"按钮三次，如图 6-62 所示。此时舞台如图 6-63 所示。

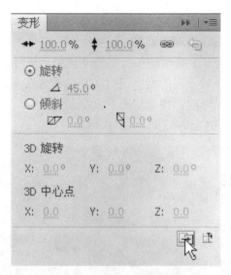

图 6-61　绘制"星星"中心　　　　图 6-62　复制线条　　　　图 6-63　"星星"元件

(5) 按快捷键 Ctrl+F8 创建新元件，名称为"旋转的星星"，类型为"影片剪辑"，单击"确定"按钮，进入编辑舞台。从库中拖曳元件"星星"到舞台中央，在第 20 帧插入关键帧，右击第 1 帧，在弹出的快捷菜单中选择"创建传统补间"命令，打开"属性"面板，设置顺时针旋转 1 次，如图 6-64 所示。

(6) 切换到场景 1，从库中将"星星字背景.jpg"拖曳到舞台上，X、Y 坐标设置为(0,0)，更改图层名称为"背景"，在第 60 帧插入普通帧，锁定图层。

(7) 新建图层"文字"，选择文本工具 $\boxed{T}$，输入"动画制作"，打开"属性"面板，设置文本属性如图 6-65 所示。在第 60 帧插入普通帧。

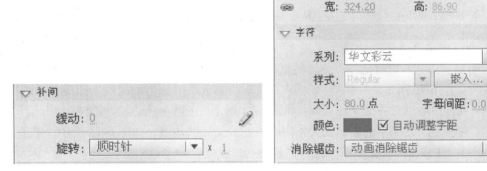

图 6-64　设置顺时针旋转　　　　图 6-65　设置文本属性

(8) 新建图层"填充"，将"文字"图层上的文本复制到"填充"图层的相同位置，按快捷键 Ctrl+B 两次，分离文字，如图 6-66 所示。选择颜料桶工具 🪣，设置填充颜色为绿色"#009900"，将空心文字的空白部分填满，然后按快捷键 Ctrl+G 进行组合。在第 30 帧和第 60 帧插入关键帧，分别右击第 1 帧和第 30 帧，在弹出的快捷菜单中选择"创建传统补间"。单击第 1 帧，选择舞台上的元件，在"属性"面板中设置透明度为 0%，如图 6-67 所示。单击第 60 帧，对元件做同样的设置。在第 30 帧上，设置元件的透明度为 50%。锁定该图层。

图 6-66　分离文字

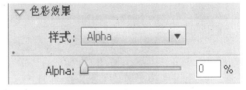

图 6-67　设置透明度

(9) 新建图层"文字路径"，将"文字"图层上的文本复制到"文字路径"图层的相同位置，按快捷键 Ctrl+B 两次，分离文字，右击图层名，在弹出的快捷菜单中选择"引导层"命令，锁定图层。

(10) 新建图层"星 1"，将图层"星 1"拖曳到图层"文字路径"下方，成为被引导层。从库中将元件"旋转的星星"拖曳到"动"字的左上角，元件中心点对齐文字的边线，如图 6-68 所示。在第 60 帧插入关键帧，将元件"旋转的星星"拖曳到"动"字的左下角，元件中心点对齐文字的边线，如图 6-69 所示。单击第 1 帧，在弹出的快捷菜单中选择"创建传统补间"命令，让星星一边旋转，一边从文字的左上角沿着边线移动到左下角。

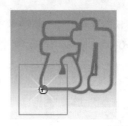

图 6-68　元件在"动"字的左上角　　　　图 6-69　元件在"动"字的左下角

(11) 新建图层"星 2"，将图层"星 2"拖曳到图层"星 1"下方，也成为"文字路径"图层的被引导层。从库中将元件"旋转的星星"拖曳到"画"字的左边，元件中心点对齐文字的边线，如图 6-70 所示。在第 30 帧插入关键帧，将元件"旋转的星星"拖曳到"画"字的左下角，元件中心点对齐文字的边线，如图 6-71 所示。在第 60 帧插入关键帧，将元件"旋转的星星"拖曳到"画"字的右边，元件中心点对齐文字的边线，如图 6-72 所示。单击第 1 帧和第 30 帧，在弹出的快捷菜单中选择"创建传统补间"命令。

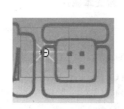
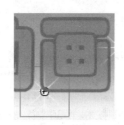
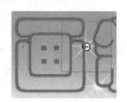

图 6-70　元件在"画"字的左边　　图 6-71　元件在"画"字的左下角　　图 6-72　元件在"画"字的右边

(12) 使用同样的方法新建被引导层"星 3"与"星 4"，使"旋转的星星"从"制"与"作"字的左上角移动到左下角，如图 6-73 至图 6-76 所示。

图 6-73　在"制"字上元件运动起点　　　　图 6-74　在"制"字上元件运动终点

图 6-75　在"作"字上元件运动起点　　　　图 6-76　在"作"字上元件运动终点

至此，星星字制作完毕，按快捷键 Ctrl+Enter 即可查看效果，如图 6-60 所示。

6.4.2　综合案例 2——太阳地球月亮

【案例学习目标】使用引导层、遮罩层制作动画。

【案例知识要点】使用椭圆工具绘制太阳、地球、月亮，在引导层中绘制椭圆轨道，使得月亮围绕地球转，地球围绕太阳转。太阳的光芒利用遮罩层动画实现，即用线条遮罩线条，但线条必须转化为填充。在遮罩层中设置传统补间动画，让线条旋转，从而看到被遮罩层中的线条的局部，实现光芒闪烁的动画效果，如图 6-77 所示。

【效果所在位置】资源包/Ch06/效果/太阳地球月亮.swf。

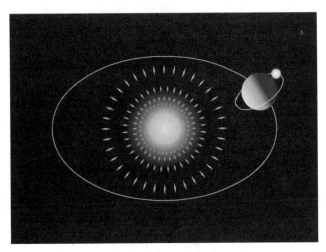

图 6-77　太阳地球月亮效果图

【制作步骤】

(1) 新建及保存文档。选择"文件"→"新建"菜单命令，在弹出的"新建文档"对话框中选择"ActionScript 3.0"选项，进入新建文档舞台窗口。舞台的宽设置为 550 像素，高设置为 400 像素，背景颜色设置为"#000000"，将文件保存为"太阳地球月亮.fla"。

(2) 按快捷键 Ctrl+F8 创建新元件，名称为"月亮"，类型为"图形"，单击"确定"按钮，进入编辑舞台。选择椭圆工具 ，无笔触颜色，在舞台上绘制一个直径为 20 像素的正圆，如图 6-78 所示，填充色为"径向渐变"，色带上三个色块的设置如图 6-79 所示，X、Y 坐标为(0，0)，将图层名更改为"月球"。

(3) 按快捷键 Ctrl+F8 创建新元件，名称为"地球"，类型为"图形"，单击"确定"按钮，进入编辑舞台。选择椭圆工具 ，无笔触颜色，在舞台正中央绘制一个直径为 65 像素的正圆，如图 6-80 所示，填充色为"线性渐变"，色带上三个色块的设置如图 6-81 所示，X、Y 坐标设置为(−32.5，−32.5)，

图 6-78　绘制月亮

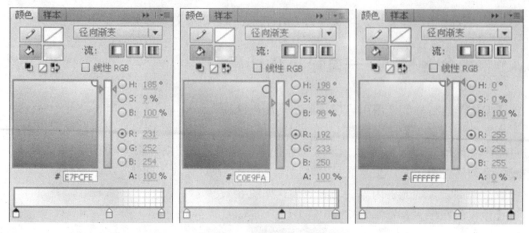

图 6-79　设置月亮填充色

图 6-80　绘制地球

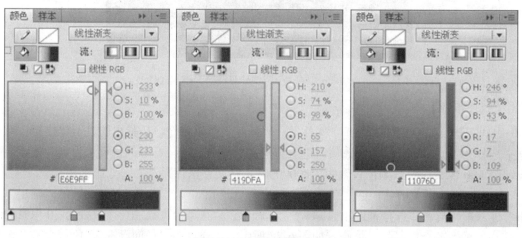

图 6-81　设置地球填充色

将图层名更改为"地球"。

(4) 新建图层"轨道"，选择椭圆工具 ，笔触颜色为黄色"#FFFF00"，无填充颜色，在舞台中央绘制一个椭圆，与地球重叠。选择橡皮擦工具 ，将椭圆上半部与地球重叠的部分擦除，如图 6-82 所示。

(5) 按快捷键 Ctrl+F8 创建新元件，名称为"半个地球"，类型为"图形"，单击"确定"按钮，进入编辑舞台。按照步骤(3)的方法绘制地球，选择线条工具 ，笔触颜色为黄色

"#FFFF00"，在地球中央绘制一条水平线，设置它的 *Y* 坐标为 0，将地球分成相等的两半，选取地球下半部分，按删除键；再选取刚绘制的水平线，按删除键删除，结果得到如图 6-83 所示的半个地球。

图 6-82　绘制月亮轨道

图 6-83　半个地球

（6）按快捷键 Ctrl+F8 创建新元件，名称为"太阳"，类型为"图形"，单击"确定"按钮，进入编辑舞台。选择椭圆工具 ，无笔触颜色，在舞台上绘制一个直径为 150 像素的正圆，如图 6-84 所示，填充色为"径向渐变"，色带上三个色块的设置如图 6-85 所示，*X*、*Y* 坐标设置为(200,150)，将图层名更改为"太阳"。

（7）新建图层"轨道"，选择椭圆工具 ，笔触颜色为黄色"#FFFF00"，无填充颜色，

图 6-84　绘制太阳

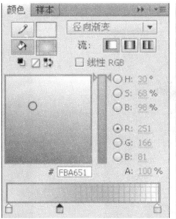

图 6-85　设置太阳填充色

在舞台上绘制一个椭圆，把太阳包围在内，*X*、*Y* 坐标设置为(75,75)，如图 6-86 所示。

图 6-86　绘制地球轨道

(8) 按快捷键 Ctrl+F8 创建新元件，名称为"月亮绕地球转"，类型为"影片剪辑"，单击"确定"按钮，进入编辑舞台。把"图层 1"更名为"地球"，从库中拖曳元件"地球"到舞台中央，*X*、*Y* 坐标设置为(0,0)，在第 10 帧插入普通帧，锁定图层。

(9) 新建图层"月球轨道"，选择椭圆工具 🔘，笔触颜色为黄色"#FFFF00"，无填充颜色，在舞台中央绘制一个椭圆，与"地球"元件上的黄色轨道重叠。选择橡皮擦工具 🖉，在椭圆右边擦出一个小缺口，如图 6-87 所示。右击图层名，在弹出的快捷菜单中选择"引导层"命令，在第 10 帧插入普通帧，锁定图层。

(10) 新建图层"月球"，将其拖曳到"月球轨道"图层的下方，成为"月球轨道"图层的被引导层。从库中拖曳元件"月亮"到舞台上，放置在轨道缺口的上方，元件中心点对齐黄色线条，如图 6-88 所示。在第 10 帧插入关键帧，将元件"月亮"拖曳到轨道缺口下方，元件中心点同样对齐黄色线条。单击第 1 帧，选择"插入"→"传统补间"菜单命令创建动作补间动画。

(11) 按快捷键 Ctrl+F8 创建新元件，名称为"光线"，类型为"图形"，单击"确定"按

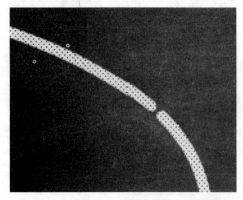

图 6-87　擦出小缺口

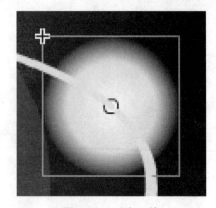

图 6-88　对齐元件

钮，进入编辑舞台。选择线条工具 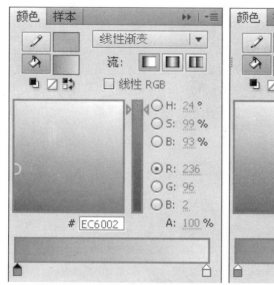，在舞台上绘制一条长为 130 像素的水平线，笔触高度为 3 像素。选择"修改"→"形状"→"将线条转化为填充"菜单命令，打开"颜色"面板，设置填充颜色为"线性渐变"，色带上两色块的设置如图 6-89 所示。设置线条的 X、Y 坐标为(37，−20)，打开"变形"面板，设置旋转 10°，单击"重制选区和变形"按钮 36 次，效果如图 6-90 所示。

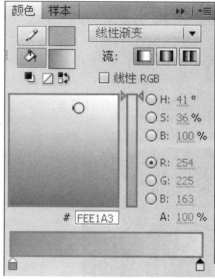

图 6-89　颜色设置

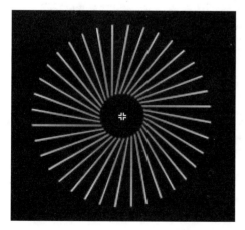

图 6-90　复制"光线"元件

(12) 按快捷键 Ctrl+F8 创建新元件，名称为"光芒"，类型为"影片剪辑"，单击"确定"按钮，进入编辑舞台。从库中拖曳元件"光线"到舞台中央，X、Y 坐标设置为(0, 0)，在第 20 帧插入普通帧，更改图层名为"光线"，锁定图层。

(13) 新建图层"光线遮罩"，从库中拖曳元件"光线"到舞台上，X、Y 坐标同样设置为(0, 0)，选择"修改"→"变形"→"水平翻转"菜单命令，翻转后的图形如图 6-91 所示。在第 20 帧插入关键帧，单击第 1 帧，选择"插入"→"传统补间"菜单命令，创建传统补间动画。再次单击第 1 帧，打开"属性"面板，设置补间按逆时针旋转 1 次，如图 6-92 所示。

(14) 右击"光线遮罩"图层名，在弹出的快捷菜单中选择"遮罩层"命令，创建遮罩动画，"时间轴"面板左侧的图层名称部分如图 6-93 所示。

(15) 切换到"场景 1"，从库中将"太阳"元件拖曳到舞台上，X、Y 坐标设置为(0, 0)，在第 60 帧插入普通帧，更改图层名为"太阳"，锁定图层。

(16) 新建图层"太阳光"，从库中将"光芒"元件拖曳到舞台上，X、Y 坐标设置为(275, 200)，在第 60 帧插入普通帧，锁定图层。

(17) 新建图层"轨道"，选择椭圆工具 ，笔触颜色为黄色"#FFFF00"，无填充颜色，在舞台中央绘制一个椭圆，与"太阳"元件上的黄色轨道重叠。选择橡皮擦工具 ，在椭圆右边擦出一个小缺口，如同绘制月球轨道一样。右击图层名，在弹出的快捷菜单中选择"引导层"命令，在第 60 帧插入普通帧，锁定图层。

(18)新建图层"地球月亮"，将其拖曳到"轨道"图层的下方，成为"轨道"图层的被引导层。从库中拖曳元件"月亮绕地球转"到舞台上，放置在轨道缺口的上方，元件中心点对齐黄色线条，如图 6-94 所示。在第 60 帧插入关键帧，将元件"月亮绕地球转"拖曳到轨道缺口下方，元件中心点同样对齐黄色线条。单击第 1 帧，选择"插入"→"传统补间"命令创建动作补间动画。

图 6-91　翻转后的图形

图 6-92　设置逆时针旋转 1 次

图 6-93　设置遮罩

图 6-94　对齐元件

至此，太阳地球月亮制作完毕，按快捷键 Ctrl+Enter 即可查看效果，如图 6-77 所示。

课　后　实　训

1. 制作动画：走路的红舞鞋。

【练习要点】导入红舞鞋图片序列，制作逐帧动画的影片剪辑，绘制曲线作为引导路径，在被引导层中放入制作好的影片剪辑，使影片剪辑沿着曲线运动，如图 6-95 所示。

【效果所在位置】资源包/Ch06/效果/走路的红舞鞋.swf。

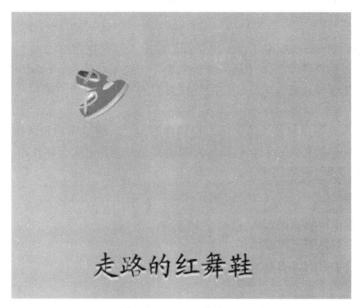

图 6-95　走路的红舞鞋效果图

2. 制作动画：车子开过家门前。

【练习要点】首先创建影片剪辑"车"；在场景中把家的图片作为背景，沿着半开的房门和门框绘制一个多边形作为遮罩形状，被遮罩层中放入影片剪辑"车"，并创建传统补间动画，让车子从右上角驶向左下角，车子经过房门时，透过半开的房门可看到车子，如图 6-96 所示。

【效果所在位置】资源包/Ch06/效果/车子开过家门前.swf。

图 6-96　车子开过家门前效果图

第7章　导入外部素材

在制作 Flash 动画的过程中，仅使用自带的绘图工具制作素材远远不能满足对素材的需要。使用现有的外部资源会极大地提高工作效率，缩短工作流程。Flash 提供了强大的导入功能，可以很方便地导入其他软件制作的各种类型的文件，包括图像和视频文件，以此来增强画面效果。

本章介绍导入外部素材及设置外部素材属性的方法。通过学习和掌握如何应用 Flash 的强大功能来处理和编辑外部素材，使其与内部素材充分结合，从而制作出更加生动的动画作品。

本章学习目标

✧ 掌握图像素材的应用方法；

✧ 掌握视频素材的应用方法；

✧ 掌握声音素材的应用方法。

7.1　导　入　图　片

Flash 可以导入目前大多数主流图像格式。

7.1.1　引入案例——图片展示

【案例学习目标】学习导入图片的方法。

【案例知识要点】在图层上放置图片，将该层作为被遮罩层，使用椭圆工具绘制遮罩形状，对遮罩形状创建形状补间动画，使用文本工具输入文字，添加发光滤镜效果，效果如图 7-1 所示。

【效果所在位置】资源包/Ch07/效果/图片展示.swf。

【制作步骤】

(1) 选择"文件"→"新建"命令，在弹出的"新建文档"对话框中选择"ActionScript 3.0"选项，进入新建文档舞台窗口。舞台的宽设置为 640 像素，高设置为 480 像素，背景颜色设置为绿色"#009966"，帧频设置为 6 fps。将文件保存为"图片展示.fla"。

(2) 选择"文件"→"导入"→"导入到库"命令，在弹出的"导入到库"对话框中选择"Ch07/效果"路径下的"guilin1.jpg"、"guilin2.jpg"、"guilin3.jpg"、"guilin4.jpg"和"guilin5.jpg"五个文件，单击"打开"按钮，文件被导入到库中。

图 7-1　图片展示效果图

(3) 将当前图层改名为"图片",从库中拖曳"guilin1.jpg"到舞台上,设置图片的坐标为(0,0),在图层"图片"的第 15 帧插入关键帧。打开"属性"面板,单击"交换"按钮,如图 7-2 所示。在打开的"交换位图"对话框中选择"guilin2.jpg",单击"确定"按钮,如图 7-3 所示。用同样的方法在图层的第 30 帧、第 45 帧、第 60 帧插入关键帧,并分别选择交换位图为"guilin3.jpg"、"guilin4.jpg"、"guilin5.jpg",在第 50 帧插入普通帧,锁定该图层。

图 7-2　位图的"属性"面板

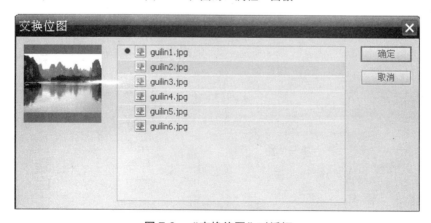

图 7-3　"交换位图"对话框

(4) 新建图层"遮罩椭圆",选择椭圆工具 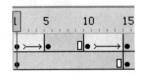，在舞台正中央绘制一个 21 像素×9 像素的小椭圆。在第 5、15 帧插入关键帧，单击第 5 帧，选择任意变形工具 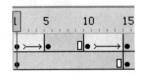，将椭圆放大，如图 7-4 所示。在第 10 帧再插入关键帧，在第 1 帧和第 5 帧之间及第 10 帧和第 15 帧之间创建形状补间动画，此时"时间轴"面板如图 7-5 所示。

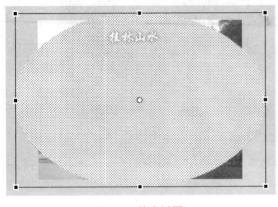

图 7-4　放大椭圆　　　　　　　　图 7-5　"时间轴"面板

(5) 选择图层"遮罩椭圆"的第 1~15 帧，将它复制到第 15~30 帧、第 30~45 帧、第 45~60 帧、第 60~75 帧。右击图层名称，在弹出的菜单中选择"遮罩层"，此时"时间轴"面板如图 7-6 所示。

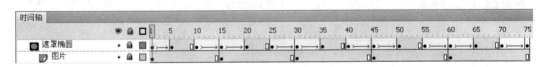

图 7-6　设置遮罩后的"时间轴"面板

(6) 新建图层"文字"，选择文本工具 **T**，字符属性设置如图 7-7 所示。在舞台上方输入文字"桂林山水"，添加发光滤镜效果，滤镜参数如图 7-8 所示。添加文字后舞台如图 7-9 所示。在第 50 帧插入普通帧。

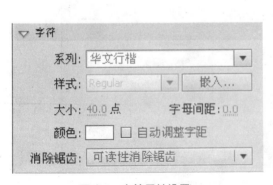

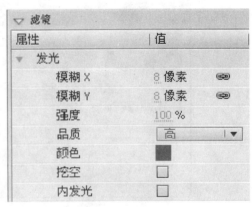

图 7-7　字符属性设置　　　　　　图 7-8　滤镜参数

图 7-9　添加文字后的效果

至此，图片展示动画制作完毕，按快捷键 Ctrl+Enter 即可查看效果，如图 7-1 所示。

7.1.2　导入图片的格式

Flash 可以导入各种文件格式的矢量图形和位图。矢量格式包括 FreeHand 文件、Adobe Illustrator 文件、EPS 文件或 PDF 文件。位图格式包括 JPG、GIF、PNG、BMP 等格式。

FreeHand 文件：在 Flash 中导入 FreeHand 文件时，可以保留层、文本块、库元件和页面，还可以选择要导入的页面范围。

Illustrator 文件：支持对曲线、线条样式和填充信息的非常精确的转换。

EPS 文件或 PDF 文件：可以导入任何版本的 EPS 文件及 1.4 版本或更低版本的 PDF 文件。

JPG 格式：是一种有损压缩格式，能够将图像压缩到很小的储存空间里。JPEG 压缩技术十分先进，它用有损压缩方式去除冗余的图像数据，在获得极高的压缩率的同时能展现十分丰富生动的图像，并可以应用不同的压缩比例对文件进行压缩。压缩后，文件质量损失小，文件占用的存储空间却大大变小了。

GIF 格式：即位图交换格式，是一种 256 色的位图格式，压缩率略低于 JPG 格式。GIF 格式支持动态图、透明图和交织图。

PNG 格式：即"可移植性网络图像"，可以表现品质比较高的图片，使用了无损压缩，能把位图文件压缩到极限以利于网络传输，能保留所有与位图品质有关的信息。PNG 格式支持透明位图。

BMP 格式：是一种与硬件设备无关的图像文件格式，在 Windows 环境下应用最为广泛，而且使用时不容易出现问题。它采用位映射存储格式，除了图像深度可选以外，不进行其他任何压缩。因此，文件所占用的存储空间很大，一般通过网络进行传输时，不选用该格式。

7.1.3 位图文件的导入和编辑

位图是制作 Flash 动画时最常用到的图形元素之一。在 Flash 中，除了可以导入位图图像到舞台中直接使用外，还可以导入图像到"库"中。

1. 导入到舞台

当导入位图到舞台上时，舞台上显示出该位图，该位图同时被保存在"库"中。

选择"文件"→"导入"→"导入到舞台"命令，弹出"导入"对话框，在对话框中选择要导入的位图图片"guilin1.jpg"，如图 7-10 所示，单击"打开"按钮，弹出提示对话框，如图 7-11 所示。

图 7-10 "导入"对话框

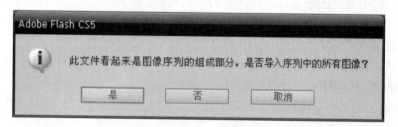

图 7-11 提示对话框

当单击提示对话框中的"否"按钮时，选择的位图图片被导入到舞台上，这时，舞台、"库"面板所显示的效果如图 7-12 所示。

当单击提示对话框中的"是"按钮时，位图图片 guilin1.jpg…… guilin6.jpg，六张图片全部被导入到舞台上，这时，舞台、"库"面板所显示的效果如图 7-13 所示。

图 7-12　导入单张图片后的"库"面板

图 7-13　导入全部图片后的"库"面板

2. 导入到库

当导入位图到"库"面板时，舞台上不显示该位图，只在"库"面板中显示。此操作不会影响舞台中已显示的内容。

选择"文件"→"导入"→"导入到库"命令，弹出"导入到库"对话框，在对话框中选择要导入的位图图片"guilin1.jpg"，如图 7-14 所示，然后单击"打开"按钮，位图被导入到"库"面板中，如图 7-15 所示。

图 7-14　"导入到库"对话框　　　　　图 7-15　导入图片后的"库"面板

3. 设置导入位图的属性

对于导入的位图，可以根据需要消除锯齿从而平滑图像的边缘，或选择压缩选项以减小位图文件的大小，以及格式化文件以便在 Web 上显示。这些都需要在"位图属性"对话框中进行设定。

在"库"面板中双击位图图标，弹出"位图属性"对话框，如图 7-16 所示。

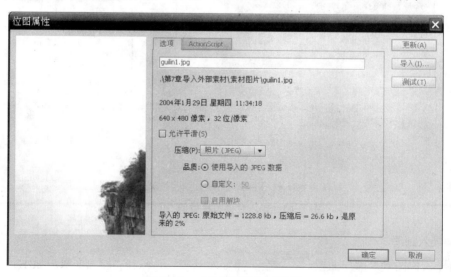

图 7-16　"位图属性"对话框

位图浏览区域：对话框的左侧为位图浏览区域，将鼠标放置在此区域，鼠标指针变为手形 🖐，拖动鼠标可移动区域中的位图。

位图名称编辑区域：对话框的上方为名称编辑区域，可以在此更换位图的名称。

位图基本情况区域：名称编辑区域下方为基本情况区域，该区域显示了位图的创建日期、文件大小及位图在计算机中的具体位置等。

"允许平滑"选项：用于消除锯齿，平滑位图边缘。

"压缩"选项：设定通过何种方式压缩图像，它包含以下两种方式。

● 照片(JPEG)：以 JPEG 格式压缩图像，可以调整图像的压缩比。

● 无损(PNG/GIF)：将使用无损压缩格式压缩图像，这样不会丢失图像中的任何数据。

"品质"选项：选择"使用导入的 JPEG 数据"，则位图应用默认的压缩品质；选择"自定义"，可以在右侧的文本框中输入一个 1~100 之间的值，以指定新的压缩品质，输入的数值越大，保留的图像完整性越好，但是产生的文件容量也越大。

"更新"按钮：如果此图片在其他文件中被更改了，单击此按钮进行刷新。

"导入"按钮：可以导入新的位图，替换原有的位图。单击此按钮，弹出"导入位图"对话框，在对话框中选中要进行替换的位图，如图 7-17 所示，单击"打开"按钮，原有位图被替换。

图 7-17 "导入位图"对话框

"测试"按钮：单击此按钮可以预览文件压缩后的结果。

在"自定义"选项的文本框中输入数值，再单击"测试"按钮，在位图浏览区域中，可以观察压缩后的位图质量效果。

当"位图属性"对话框中的所有选项设置完成后，单击"确定"按钮即可。

4. 将位图转换为图形

使用 Flash 可以将位图分离为可编辑的图形，位图仍然保留它原来的细节。分离位图后，可以使用绘画工具和涂色工具来选择和修改位图的区域。将位图转换为图形后，图形不再链接到"库"面板中的位图组件。也就是说，修改分离后的图形不会对"库"面板中的位图组件产生影响。

在舞台中导入位图，如图 7-18 所示。选中位图，然后选择"修改"→"分离"命令，将位图打散，如图 7-19 所示。

图 7-18　导入位图

图 7-19　分离位图

对打散后的位图进行编辑，方法如下。

(1) 选用刷子工具 ，在位图上进行绘制，如图 7-20 所示。若未将图形分离，绘制线条后，线条将在位图的下方显示，如图 7-21 所示。

图 7-20　用刷子在位图上绘制

图 7-21　未分离时的绘制

(2) 选用选择工具 ，直接在打散后的图形上拖曳，改变图形形状或删减图形，如图 7-22 和图 7-23 所示。

图 7-22　拖曳

图 7-23　改变形状

(3) 选择橡皮擦工具 ，擦除图形，如图 7-24 所示。选择墨水瓶工具 ，为图形添加外边框，如图 7-25 所示。

图 7-24　擦除　　　　　　　图 7-25　添加外边框

(4) 选择套索工具 ，选中工具箱下方的魔术棒按钮 ，在图形的绿色部分单击，如图 7-26 所示，将图形上绿色的部分选中，按 Delete 键，删除选中的图形颜色，如图 7-27 所示。

图 7-26　取色　　　　　　　图 7-27　删除所取色

5. 将位图转换为矢量图

相对位图而言，矢量图具有容量小、放大无失真等优点，Flash 提供了把位图转换为矢量图的方法，简单有效。选中位图，然后选择"修改"→"位图"→"转换位图为矢量图"命令，弹出"转换位图为矢量图"对话框，如图 7-28 所示。设置数值后，单击"确定"按钮，位图转换为矢量图，如图 7-29 所示。

"颜色阈值"选项：设置将位图转换为矢量图时的色彩细节；数值的输入范围为 0~500，该值越大，图像越细腻。

图 7-28　"转换位图为矢量图"对话框　　　　图 7-29　位图转换为矢量图

"最小区域"选项：设置将位图转换为矢量图时色块的大小；数值的输入范围为 0~1 000，该值越大，色块越大。

"角阈值"选项：定义转化的精细程度。有"较多转角"、"一般"、"较小转角"三种设置。

"曲线拟合"选项：设置在转换过程中矢量图的轮廓和区域的黏合程序。有"像素"、"非常紧密"、"紧密"、"一般"、"平滑"、"非常平滑"六种设置，"像素"处理效果最好，但是转换后的文件相对较大。

将位图转换为矢量图形后，可以应用颜料桶工具 为其重新填色。选择颜料桶工具 ，将填充颜色设置为蓝色，在图形的背景区域单击，将背景区域填充为蓝色，如图 7-30 所示。

将位图转换为矢量图形后，还可以应用滴管工具 对图形进行采样，然后将其用做填充。选择滴管工具 ，鼠标指针变为 ，在灰色的鞋子阴影上单击，吸取灰色的色彩值，如图 7-31 所示。吸取后，鼠标指针变为 ，在蓝色的背景上单击，用灰色进行填充，将蓝色区域全部转换为灰色，如图 7-32 所示。

图 7-30 将背景填充为蓝色

图 7-31 吸取灰色

图 7-32 将蓝色背景转换为灰色背景

7.2 导入声音

在 Flash 中可以导入外部的声音素材作为动画的背景音乐或音效。通过导入声音、编辑声音，可以使制作的动画音效更加生动。

Flash 提供了许多使用声音的方式。它可以使声音独立于时间轴连续播放，或者使动画与一个音轨同步播放；可以向按钮添加声音，使按钮具有更强的互动性；还可以通过声音淡入淡出产生更优美的声音效果。

7.2.1 引入案例——图片展示加音效(唱山歌)

【案例学习目标】学习导入声音的方法。

【案例知识要点】在 7.1 节案例的基础上，创建新图层用来放置声音，为动画增加声音效果。

【效果所在位置】资源包/Ch07/效果/图片展示加音效.swf。

【制作步骤】

(1) 在 Flash 中打开 7.1 节案例 "图片展示.fla"，帧频修改为 3 fps，将其另存为 "图片展示加音效.fla"。

(2) 选择 "文件" → "导入" → "导入到库" 命令，在弹出的 "导入到库" 对话框中选择 "Ch07/素材" 路径下的 "山歌好比春江水.mp3" 文件，单击 "打开" 按钮，文件被导入到库中。

(3) 在图层 "文字" 之上创建新图层 "声音"，从库中拖曳声音 "山歌好比春江水.mp3" 到舞台上，选择第 1 帧，打开 "属性" 面板，单击 "编辑声音封套" 按钮，如图 7-33 所示，打开 "编辑封套" 窗口，如图 7-34 所示。

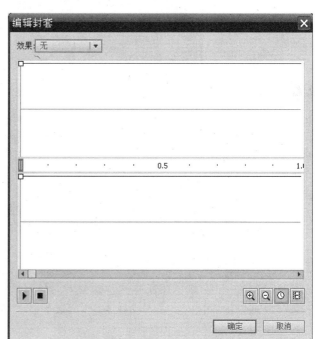

图 7-33 声音文件的 "属性" 面板 　　　　　图 7-34 "编辑封套" 窗口

(4) 在 "编辑封套" 窗口，单击右下角的 "帧" 按钮，如图 7-35 所示；再单击若干次 "缩小" 按钮，如图 7-36 所示；把 "声音开始控制杆" 向右拖动一小段，如图 7-37 所示；单击 "确定" 按钮。

图 7-35 "帧" 按钮 　　　　　　　　图 7-36 "缩小" 按钮

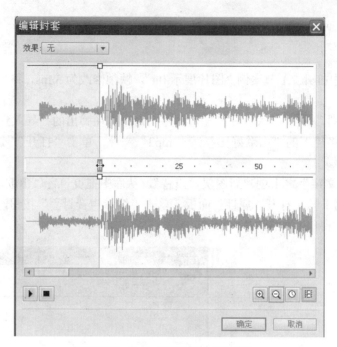

图 7-37　拖动 "声音开始控制杆"

　　至此，图片展示加音效动画制作完毕，按快捷键 Ctrl+Enter，在浏览美丽风景的同时可以听到动听的音乐。

7.2.2　可导入声音文件的类型

1．WAV格式

　　WAV 格式可以直接保存对声音波形的取样数据，数据没有经过压缩，所以音质较好，但是文件量通常比较大，会占用较多的磁盘空间。一般适用于比较简短的声音，如按钮的声音。

2．MP3格式

　　MP3 格式是一种有损压缩的声音文件格式，是目前网上最流行的音乐压缩格式。它最大的特点是能以较小的文件大小、较大的压缩比率达到近乎完美的 CD 音效。例如，CD 音乐转换为 MP3 格式后就缩小为原来的 10%左右，但是音效却差不多。一般而言，音乐或时间较长的音效压缩成 MP3 格式后都可以使文件减小很多。但如果是事件音效，如滑过或按下按钮所产生的简短音效，就不一定要用 MP3 格式。因为使用 MP3 格式的文件需要一些时间来解压缩。所以对于时效与互动性要求较高的声音，使用一般性压缩或不压缩的反应速度反而会比较快。

3．AIFF格式

　　AIFF 格式是音频交换文件格式(Audio Interchange File Format)的英文缩写，是 Apple 公

司开发的一种声音文件格式，被 Macintosh 平台及其应用程序所支持，属于 QuickTime 技术的一部分。AIFF 格式文件是未经过压缩的，所以比较大。这一格式的特点就是格式本身与数据的意义无关。以 AIFF 格式存储的音频，其扩展名是.aif 或.aiff。

4．AU格式

AU 格式是一种压缩的声音文件格式，只支持 8 b 的声音，是互联网上常用的声音文件格式。只有计算机系统上安装了 QuickTime 4 或更高版本，才可使用此声音文件格式。

声音要占用大量的磁盘空间和内存，所以，一般为提高作品在网上的下载速度，声音文件常使用 MP3 文件格式，因为它的声音资料经过了压缩，比 WAV 或 AIFF 格式的文件小。

7.2.3 添加声音

1．为动画添加声音

(1) 打开动画文件，选择"文件"→"导入"→"导入到库"命令，在"导入到库"对话框中选择声音文件，单击"打开"按钮，将声音文件导入到"库"面板中，如图 7-38 所示。

图 7-38　声音文件导入到"库"面板中

(2) 创建新图层并命名为"声音"，作为放置声音文件的图层。在"库"面板中拖曳声音文件到舞台窗口中，在"声音"图层中出现声音文件的波形，如图 7-39 所示。声音添加完成，按快捷键 Ctrl+Enter 即可测试添加声音后的效果。

通常情况下，将每个声音文件放在一个独立的层上，使每个层都作为一个独立的声音通道，这样播放动画文件时，所有层上的声音就混合在一起了。

2．为按钮添加音效

(1) 在"库"面板中双击按钮元件，进入按钮元件的舞台编辑窗口，选择"文件"→"导

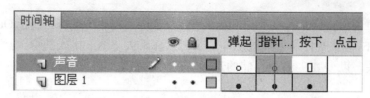

图 7-39　创建关键帧

入"→"导入到库"命令，在"导入到库"对话框中选择声音文件，单击"打开"按钮，将声音文件导入到"库"面板中。

(2) 创建新图层"声音"，作为放置声音文件的图层，选中要添加效果的帧，例如，"指针经过"帧，按快捷键 F6 创建关键帧，如图 7-39 所示。

(3) 将"库"面板中的声音文件拖曳到舞台上，在"指针经过"帧中出现声音文件的波形，如图 7-40 所示，这表示动画开始播放后，当鼠标指针经过按钮或按下按钮时，将响起音效。

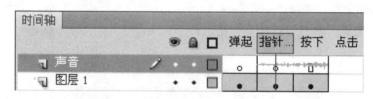

图 7-40　导入声音

(4) 从图 7-40 可以看出，声音从"指针经过"帧一直延续到"按下"帧。若想设置只有当鼠标指针经过按钮时，才响起音效，则可以选择"按下"帧，按快捷键 F6 插入关键帧，打开"属性"面板，设置声音的同步类型为"停止"，如图 7-41 所示。

图 7-41　声音"属性"面板

按钮音效添加完成，按快捷键 Ctrl+Enter 即可测试添加效果。

7.2.4　编辑声音

声音添加以后，在"属性"面板就可以对声音进行编辑，也即编辑声音的具体实例，这样的操作不会改变"库"面板中的声音元件。图 7-42 所示声音属性的各选项含义如下。

　　"名称"选项：可以在此选项的下拉列表中选择"库"面板中的声音文件。

　　"效果"选项：可以在此选项的下拉列表中选择声音播放的效果，如图 7-43 所示。

图 7-42　声音属性

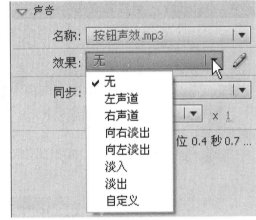

图 7-43　效果选项

● "无"：将不对声音文件应用效果，选择该选项可以删除以前应用于声音的特效。

● "左声道"：表示只在左声道播放声音，右声道不发声音。

● "右声道"：表示只在右声道播放声音，左声道不发声音。

● "向右淡出"：使声音从左声道渐变到右声道。

● "向左淡出"：使声音从右声道渐变到左声道。

● "淡入"：使声音在播放期间逐渐增加其音量。

● "淡出"：使声音在播放期间逐渐减小其音量。

● "自定义"：允许创建自己的声音效果。

　　"同步"选项：在该下拉列表中可以选择播放模式，其下拉列表中包括事件、开始、停止和数据流几个列表项目，如图 7-44 所示。现分别介绍几个列表项目如下。

● "事件"：将声音和发生的事件同步播放，该模式是默认的模式。事件声音在它的

图 7-44　同步选项

起始关键帧开始显示时播放，且独立于时间轴播放完整个声音文件，即使动画在它播放完毕之前结束，也不会影响它的播放。如果要在下载动画的同时播放动画，则动画要等到声音下载完才能开始播放。如果动画本身未下载完而声音已经先下载完了，则会将声音先播放出来。

● "开始"：设置该模式，当动画播放到声音的开始帧时，会自动进行检测，如果此时有其他声音播放，则该声音将不会被播放，直到没有其他声音播放时才播放。

● "停止"：该模式用于将指定的声音停止。

● "数据流"：该模式通常是用在网络传输中，在这种模式下，强制动画和音频流同步，即音频流随动画的播放而播放，随动画的结束而结束。下载动画的时候，使用数据流模式可以在下载的过程中同时进行播放，而不像事件模式那样必须等到声音下载完毕后才可以播放。

"重复"选项：用于指定声音循环的次数，可以在选项后的数值框中设置循环次数。

"循环"选项：用于循环播放声音。一般情况下，不循环播放音频流，如果将音频流设为循环播放，帧就会添加到文件中，文件的大小就会根据声音循环播放的次数而倍增。

"编辑声音封套"按钮 ✎：单击此按钮，弹出"编辑封套"对话框，如图 7-45 所示，通过自定义，创建自己的声音效果。

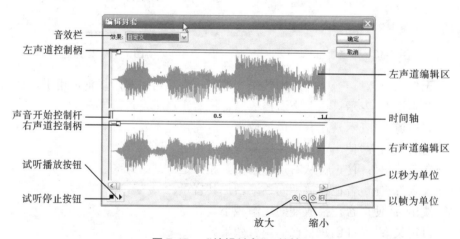

图 7-45 "编辑封套"对话框

在"编辑封套"对话框的左上角是音效栏，中间是音效编辑区，编辑区的中间是时间轴，左下角是试听键，右下角是工具控制显示区的大小和时间轴的单位。由图 7-45 可以看出，声音是可以左右声道分开进行编辑的，而且都有各自的控制点。"编辑封套"对话框中各选项的操作方法如下。

"效果"：从对话框上部的"效果"下拉列表框内可以选择某种声音的效果。

正方形控制柄：通过拖动编辑区左上角的正方形控制柄，可以调整声音的大小。将控制柄移至最上面时声音为最大，移至最下面时声音消失，左右声道分开设置，如图 7-46 所示。

🔍：单击此按钮，可以使声音波形在水平方向放大，这样可以更细致地查看声音的波形，从而进一步调整声音，如图 7-47 所示。

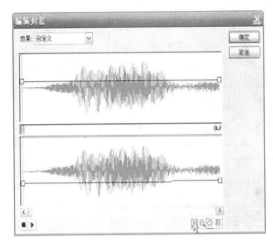
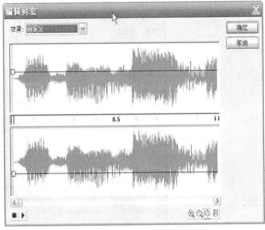

图 7-46　通过正方形控制柄调整音量　　　图 7-47　水平放大波形

$\mathbb{Q}$：单击此按钮，可以使声音波形在水平方向上缩小，这样便于在整体上对波形进行编辑，也可以方便地查看波形很长的声音文件，如图 7-48 所示，缩小后可以看到当前音乐文件的所有波形。

$\mathbb{O}$：单击此按钮使波形文件在显示窗口内按时间方式显示，刻度单位为秒，这是 Flash 默认的显示单位。如前面的几张图片都是默认的以秒为单位显示的。

$\mathbb{E}$：单击此按钮可以将波形在显示窗口内按帧数显示，刻度以帧为单位，效果如图 7-49 所示。

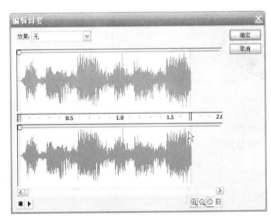
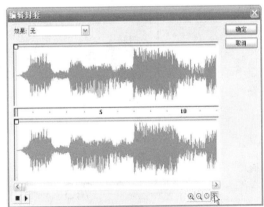

图 7-48　缩小后波形效果　　　图 7-49　水平轴以帧为单位显示

增减方形控制柄：在声音波形编辑窗口内单击一次，可以增加一个方形控制柄，最多可以添加八个控制柄。方形控制柄之间由直线连接，拖动各方形控制柄可以调整各部分声音段的声音大小，直线越靠上边，声音音量就越大，也即声音振幅越大，如图 7-50 所示。如果要删除波形中的控制柄，只需将要删除的控制柄拖到波形窗口外即可。

截取声音片段：拖动上下声音波形之间刻度栏内的声音开始控制杆(图 7-51 中间圈中所示即为声音开始控制杆)，可以控制声音开始的位置，从而截取声音片段。

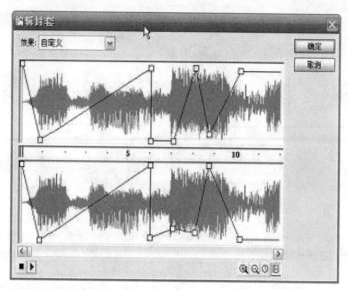

图 7-50　直线连接的控制柄

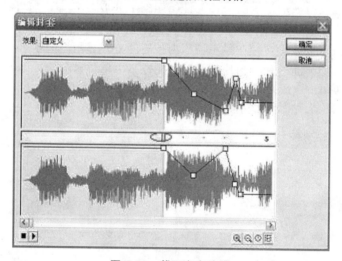

图 7-51　截取声音片段

7.3　导 入 视 频

7.3.1　引入案例——婚礼剪辑

【案例学习目标】学习导入视频的方法。

【案例知识要点】导入 MP4 格式的视频文件，使用文本工具输入祝福语，在视频播放完成后，利用补间动画，使祝福语慢慢由下向上运动，效果如图 7-52 所示。

【效果所在位置】资源包/Ch07/效果/婚礼剪辑.swf。

图 7-52　婚礼剪辑效果图

【制作步骤】

(1) 选择"文件"→"新建"命令，在弹出的"新建文档"对话框中选择"ActionScript 3.0"选项，进入新建文档舞台窗口。舞台的宽设置为 672 像素，高设置为 450 像素，背景颜色设置为灰色"#CCCCCC"，帧频设置为 1 fps，将文件保存为"婚礼剪辑.fla"。

(2) 选择"文件"→"导入"→"导入视频"命令，在弹出的"导入视频"对话框中，单击"浏览"按钮，选择"Ch07/素材"路径下的"婚礼剪辑.mp4"文件，如图 7-53 所示。单击"下一步"按钮，设定视频的外观，如图 7-54 所示，再次单击"下一步"按钮，完成视频的导入。导入视频后，"库"面板如图 7-55 所示。

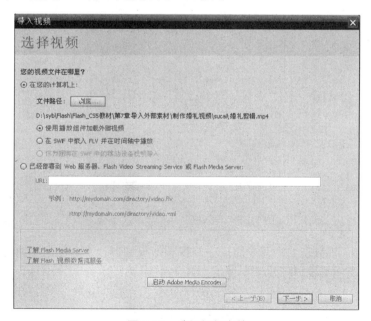

图 7-53　选择视频文件

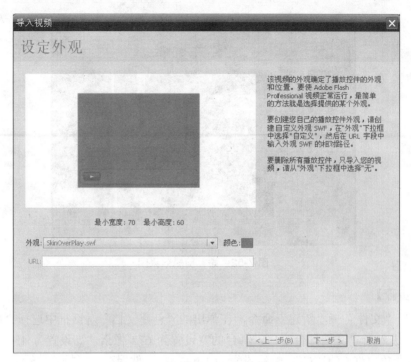

图 7-54　设定播放器外观

图 7-55　导入视频后的"库"面板

　　(3) 新建图层"视频"，将"库"面板中的视频拖曳到舞台上，设置视频的坐标为(0，72)，在图层的第 220 帧插入普通帧，锁定图层。

　　(4) 将"图层 1"重命名为"背景"，选择文本工具 **T**，设置字符属性如图 7-56 所示，在舞台上方输入"国庆婚礼剪辑"。选择 Deco 工具 ，设置属性如图 7-57 所示，在舞台左上角及右上角刷出花朵，如图 7-58 所示。在图层的第 220 帧插入普通帧，锁定图层。

图 7-56　字符属性

图 7-57　Deco 工具属性设置

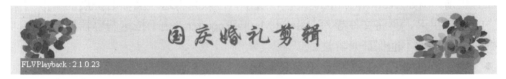

图 7-58　用 Deco 工具刷出花朵

（5）新建图层"祝福语"，在第 210 帧插入空白关键帧，选择文本工具 $\boxed{T}$ ，设置字符系列为"华文行楷"，大小为 40 点，文本颜色为红色，在舞台下面输入"愿天下有情人终成眷属！"祝福语，如图 7-59 所示。在第 220 帧插入关键帧，将文本移至舞台中央，并在舞台下方输入视频来源信息"此视频来源：http://v.youku.com/v_show/id_XMzIzMzc3NjU2.html"，字符属性为宋体黄色，如图 7-60 所示。在第 210 帧和 220 帧之间创建传统补间动画。

图 7-59　输入祝福语

图 7-60　输入视频来源信息

（6）单击图层"祝福语"的第 220 帧，按快捷键 F9 打开"动作"面板，输入语句"stop();"。至此，婚礼剪辑制作完毕，按快捷键 Ctrl+Enter 即可查看效果。

7.3.2 Flash 支持的视频格式

Flash CS5 支持的视频格式有许多。其中常用格式有如下几种。

- 3G2。
- 动画 GIF (GIF)。
- DV(在 MOV 或 AVI 容器中，或者作为无容器 DV 流)。
- FLV，F4V。

FLV 文件包含使用 On2 VP6 或 Sorenson Spark 视频编解码器和 MP3 音频编解码器编码的视频与音频数据，而 F4V 文件包含使用 H.264 编解码器编码的视频及使用 AAC 编解码器编码的音频数据。

- MOV(QuickTime；在 Windows 中需要 QuickTime 播放器)。
- MP4 (XDCAM EX)。
- MPEG-1、MPEG-2 和 MPEG-4 格式(MPEG、MPE、MPG、M2V、MPA、MP2、M2A、MPV、M2P、M2T、AC3、MP4、M4V 和 M4A)。

某些 MPEG 数据格式以容器格式存储时，所用的文件扩展名不能被 Adobe Media Encoder 识别，例如 .vob 和 .mod。某些情况下，可以先将这些文件的扩展名更改为某个可识别的文件扩展名，再将文件导入 Adobe Media Encoder。由于按这些容器格式实施时会发生各种变化，因此不能保证兼容性。

- Netshow(ASF，仅适用于 Windows)。
- QuickTime(MOV；16 bpc，需要 QuickTime)。
- Video for Windows(AVI，WAV；Mac OS 上需要 QuickTime)。

提示：Adobe Media Encoder 不能导入使用 DivX 编码的 DivX® 视频文件或 AVI 文件。

- WMV(WMV，WMA，ASF：仅适用于 Windows)。

7.3.3 视频编码器

安装 Flash CS5 时，可以选择同时安装 Adobe Media Encoder，导入视频时利用它能对视频进行编码。选择 Adobe Media Encoder 提供以下编辑选项，先裁剪和修剪视频剪辑，再对视频进行编码。

1. 裁剪

可以改变视频剪辑的尺寸。去掉部分视频区域，以强调帧内的特定焦距点。例如，通过移除辅助图像或移除不需要的背景，以突出显示某个特征。

2. 修剪

可以编辑开始点和结束点(视频的入点和出点)。例如，可以调整视频剪辑的修剪，使视频剪辑在回放 30 s 后进入完整剪辑，这样就删除了不需要的帧。

3. 调整大小

可以修改视频帧的宽度和高度。指定帧大小时，可以用像素或原图像大小的百分比表示。具体操作步骤如下。

(1) 在 Adobe Media Encoder 中，选择要裁剪、修剪或调整大小的视频，选择"编辑"→"导出设置"命令，打开"导出设置"对话框，如图 7-61 所示。

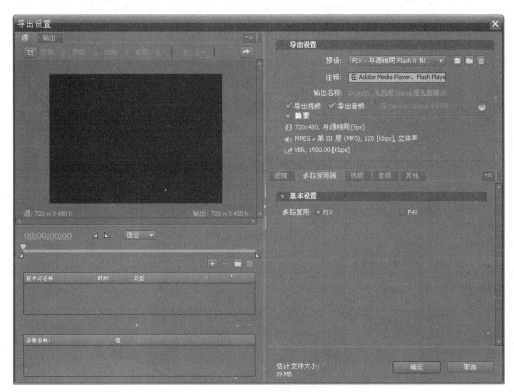

图 7-61 "导出设置"对话框

(2) 裁剪和调整大小控件位于"导出设置"对话框的左上角，在视频预览的上方。输入左侧、顶部、右侧、底部的值以裁剪视频，如图 7-62 所示，或使用裁剪工具按钮 直观调整视频尺寸。

图 7-62 裁剪工具

(3) 设置入点和出点(视频开始的点和结束的点)，请拖动搓擦条下的入点和出点标记，直到完成调整视频剪辑的大小。

(4) 完成视频的裁剪和修剪之后，即可添加提示点，提示点会导致视频回放启动演示文稿中的其他动作，还能将视频与动画、文字、图形及其他互动内容同步。每个提示点由名称、提示点在视频中出现的时间、提示点类型及可选参数组成。 可以使用小时：分钟：秒：毫秒这一格式来指定提示点的时间。提示点控件位于"导出设置"对话框的左下角，如图 7-63 所示。

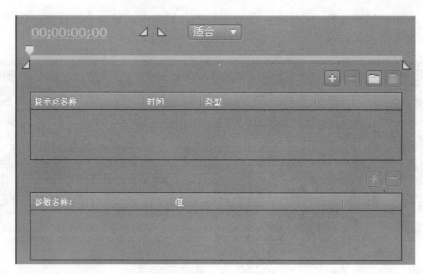

图 7-63　提示点控件

(5) 设置"导出设置"格式选项，选择一种输出格式。选择的格式将决定可用的预设选项，如图 7-64 所示。

图 7-64　"导出设置"格式选项

(6) 各选项设置好后，单击"确定"按钮，回到 Adobe Media Encoder 主界面，如图 7-65 所示。单击"开始队列"按钮进行编码。

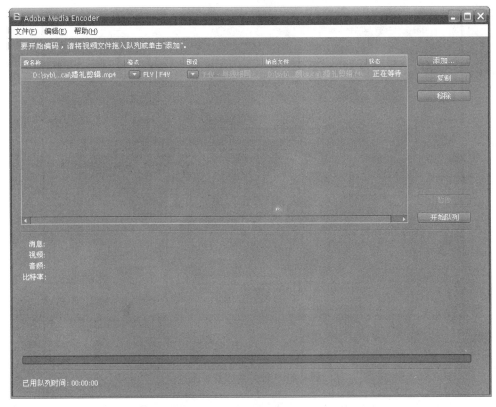

图 7-65　Adobe Media Encoder 主界面

编码视频时，原始的源视频剪辑不会发生变化。如果首次尝试未能达到预期效果，还可以随时将视频剪辑重新编码，并且指定新的设置。

7.4　综　合　案　例

7.4.1　综合案例 1——视频播放器

【案例学习目标】学习导入视频的方法。

【案例知识要点】导入 .flv 格式的视频文件，使用遮罩截取部分视频，利用按钮控制视频的播放与停止。效果如图 7-66 所示。

【效果所在位置】资源包/Ch07/效果/视频播放.swf。

【制作步骤】

(1) 选择"文件"→"新建"命令，在弹出的"新建文档"对话框中选择"ActionScript 3.0"选项，进入新建文档舞台窗口。舞台的宽设置为 700 像素，高设置为 524 像素，背景颜色设置为白色，将文件保存为"视频播放.fla"。

图 7-66　视频播放效果图

(2) 选择"文件"→"导入"→"导入视频"命令，在弹出的"导入视频"对话框中，单击"浏览"按钮，选择"Ch07/素材"路径下的"大耳朵图图.flv"文件，单击"下一步"按钮，设定视频的外观，再次单击"下一步"按钮，完成视频的导入。

(3) 选择"文件"→"导入"→"导入到库"命令，在弹出的"导入到库"对话框中，选择"Ch07/素材"路径下的"视频播放器背景.png"和"按钮素材.psd"两个文件，单击"打开"按钮，文件被导入到库中。

(4) 选择"文件"→"导入"→"导入到库"命令，在弹出的"导入到库"对话框中选择"Ch07/素材"路径下的"蝴蝶飞舞.psd"，单击"打开"按钮。在打开的对话框中选取"背景"图层，单击"确定"按钮。

(5) 将"图层 1"改名为"播放器"，从"库"面板中拖曳"视频播放器背景.png"到舞台上，如图 7-67 所示。

(6) 新建图层"视频"，将"库"面板中的视频拖曳到舞台上，设置视频的坐标为(120，134)，大小为 407 像素×305 像素。在图层"视频"之上新建图层"屏幕"，选择矩形工具，设置边角半径为 40 像素，绘制一个圆角矩形，如图 7-68 所示，将图层"屏幕"设为遮罩层，图层"视频"自动缩进，成为被遮罩层。

(7) 利用导入的按钮素材图片，制作播放和停止按钮，如图 7-69 和图 7-70 所示。

(8) 切换到"场景 1"，在图层"屏幕"之上新建图层"按钮"，将播放和停止按钮放在播放器上，如图 7-71 所示。

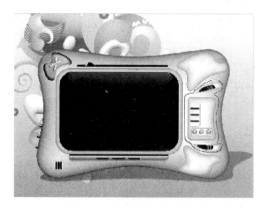

图 7-67　视频播放器背景图

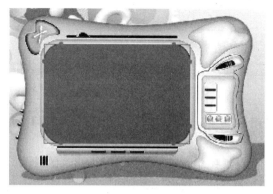

图 7-68　绘制圆角矩形

图 7-69　播放按钮

图 7-70　停止按钮

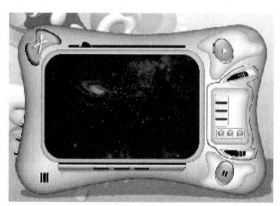

图 7-71　放置按钮

(9) 选择图层"视频"，在第 2 帧插入关键帧，选中第 1 帧，按快捷键 F9 打开"动作"面板，输入语句"stop();"。在其他三个图层的第 2 帧插入普通帧。

(10) 选中"播放"按钮，在"动作"面板中输入：

```
on(release){
    gotoAndPlay(2);
}
```

选中"停止"按钮，在"动作"面板中输入：

```
on(release){
    stop();
}
```

至此，视频播放动画制作完毕，按快捷键 **Ctrl+Enter** 即可查看效果。

7.4.2　综合案例 2——音频古诗

【**案例学习目标**】学习导入声音的方法，利用遮罩制作声音的同步字幕，即文字的颜色随着声音的出现而同步变色。

【**案例知识要点**】导入图片和声音素材，创建两个图层用于放置诗句，使用文本工具输入诗句，两层中的文本颜色设置为不同色，其中一层作为被遮罩层。在遮罩层中绘制矩形，创建形状补间动画，矩形由大变小，制作出文字跟随声音变色的效果，如图 7-72 所示。

【**效果所在位置**】资源包/Ch07/效果/音频古诗.swf。

图 7-72　音频古诗效果图

【**制作步骤**】

(1) 新建并保存文档。选择"文件"→"新建"命令，在弹出的"新建文档"对话框中选择"ActionScript 3.0"选项，进入新建文档舞台窗口。舞台的宽设置为 320 像素，高设置为 200 像素，帧频设置为 12 fps，背景颜色设置为白色。将文件保存为"音频古诗.fla"。

(2) 设计"背景图"图层。选择"文件"→"导入"→"导入到舞台"命令，弹出"导入到舞台"对话框，选择"Ch07/素材"路径下的"古诗背景.jpg"文件，单击"打开"按钮，文件被导入到舞台窗口中，设置位图的坐标为(0，0)，将当前图层改名为"背景图"，锁定图层。

(3) 设计"标题"图层。新建图层"标题"，单击"工具"面板上的文本工具 **T**，打开其"属性"面板，设置字体为"隶书"，大小为 48 点，颜色为黄色"#FFFF00"，滤镜属性如图 7-73 所示，在舞台正上部输入文字"鸟鸣涧"，如图 7-74 所示。

图 7-73　标题字符滤镜属性　　　　　　图 7-74　输入标题

(4) 导入声音素材。选择"文件"→"导入"→"导入到库"命令，弹出"导入到库"对话框，选择"Ch07/素材"路径下的"背景音乐.wav"和"古诗.wav"两个文件，单击"打开"按钮，文件被导入到库中。

(5) 创建声音图层。新建图层"背景音乐"，从库中将"背景音乐.wav"拖曳到舞台上，在第 390 帧插入普通帧，使声音波形能完整显示。新建图层"朗诵声音"，在第 68 帧插入关键帧，从库中将"古诗.wav"拖曳到舞台上，在第 390 帧插入普通帧。这使得背景音乐出现一会后才开始朗读，并在同一帧结束。在图层"背景图"和"标题"的第 390 帧也插入普通帧。

(6) 创建字幕图层。新建图层"字幕"，配合朗诵声音，在第 71 帧插入空白关键帧，单击"工具"面板上的文本工具 **T**，打开其"属性"面板，设置字体为"楷体_GB2312"，大小为 32 点，颜色为红色，在舞台中输入文字"人闲桂花落"，如图 7-75 所示。在第 118 帧插入关键帧，将文字改为"夜静春山空"，在第 170 帧插入关键帧，将文字改为"月出惊山鸟"，在第 222 帧插入关键帧，将文字改为"时鸣春涧中"。为了方便查看，给第 71、118、170、222 帧添加帧标签，名称分别为"第一句"、"第二句"、"第三句"、"第四句"，如图 7-76 所示。

图 7-75　输入诗句

图 7-76　添加帧标签

（7）制作朗诵时的字幕跟随效果。复制"字幕"图层，改名为"字幕 1"，分别选择第 71、118、170、222 帧，将文字颜色由红色改为蓝色。新建图层"遮罩矩形"，在第 71 帧插入空白关键帧，单击"工具"面板上的"矩形工具"按钮，设置"笔触颜色"为无，"填充颜色"为绿色，在舞台上绘制一个矩形，将诗句完全遮住，如图 7-77 所示。在第 102 帧插入关键帧，选择任意变形工具，将矩形缩小，如图 7-78 所示。鼠标右键单击第 71 帧，在弹出的菜单中选择"创建补间形状"。其他三句诗文的处理方法相同，把图层"遮罩矩形"设置为"遮罩层"。选取形状补间的起始帧和结束帧，一定要注意与朗读诗句的开始和结束相一致。

至此，音频古诗动画制作完毕，按快捷键 Ctrl+Enter 即可查看效果，如图 7-72 所示。

图 7-77　绘制遮罩矩形

图 7-78　缩小遮罩矩形

课后实训

1. 制作动画：童声诗歌。

【练习要点】导入.mp3 格式的诗歌素材，四句诗词分置于四个图层中，使用传统补间动画，使诗句由模糊变清晰，并跟随声音的出现而出现，如图 7-79 所示。

【效果所在位置】资源包/Ch07/效果/童声诗歌.fla。

2. 导入视频文件。

【练习要点】导入.flv 格式的视频素材，制作文本由上落下的补间动画，如图 7-80 所示。

【效果所在位置】资源包/Ch07/效果/导入视频文件.fla。

图 7-79　童声诗歌效果图

图 7-80　导入视频文件效果图

第8章 动作脚本基础

前面我们已经使用各种工具并采用各种方法设计出了许多精美的动画，但是还有很多特效不能实现。如果能够掌握一定的动作脚本基础，制作动画将会变得更简单，也可以设计出更多种类的特效，尤其是可以互动的动画。

Flash CS5 能够使用的动作脚本语言包括 ActionScript 1.0 & 2.0 和 ActionScript 3.0 等，本书中分别将其简称为 AS 2.0 和 AS 3.0，其运行环境就是包含它们的 Flash 影片。AS 2.0 及之前的版本合称为 ActionScript，具有和 JavaScript 相似的结构，同样采用面向对象的编程思想，采用事件对程序进行驱动，以动画中的关键帧、按钮和影片剪辑作为对象来进行定义和编写。考虑到大部分的使用者学习程序设计语言的习惯和程度，本书主要选用 AS 2.0 动作脚本来做介绍。

本章学习目标

✧ 熟悉"动作"面板的使用及常用术语；
✧ 掌握脚本的数据类型、运算符和基本语法规则；
✧ 熟练应用各种程序结构来进行编程；
✧ 掌握影片剪辑常用的属性和方法；
✧ 掌握常用的函数的基本用法；
✧ 能使用脚本进行简单的编程控制。

8.1 "动作"面板和动作脚本的使用

8.1.1 引入案例——下雪啦

【案例学习目标】了解动作脚本的基本使用步骤、控制时间轴的方法及简单的编程的步骤。

【案例知识要点】添加背景层，制作"雪花"和"雪花飘飞"影片剪辑元件，打开"动作"面板，在面板中输入简单的时间轴控制代码和影片剪辑控制代码，设计下雪的效果，如图 8-1 所示。

【效果所在位置】资源包/Ch08/效果/下雪啦.swf。

【制作步骤】

(1) 新建及保存文件。选择"文件"→"新建"菜单命令，在弹出的"新建文档"对话框中选择"ActionScript 2.0"，单击"确定"按钮即可新建一个 Flash 文档，设置文档背景颜色为黑色。选择"文件"→"保存"命令，将文件保存为"下雪啦.fla"。

图 8-1　下雪啦

（2）添加背景。选择"文件"→"导入"→"导入到舞台"菜单命令，将"Ch08/素材"路径下的"雪景.jpg"图像导入到舞台中，调整位置使其刚好覆盖舞台，并将图层 1 重命名为"雪景"。

（3）制作"雪花"影片剪辑元件。选择"插入"→"新建元件"菜单命令，在弹出的"创建新元件"对话框中输入元件名称"雪花"，"类型"选择"影片剪辑"，单击"确定"按钮进入元件编辑舞台。选择"工具"面板的椭圆工具，设置"笔触颜色"为 <span></span>，"填充颜色"为白色，在元件舞台上绘制一个宽和高属性均为 6 像素的圆。

（4）制作"雪花飘飞"影片剪辑元件。按步骤(3)中的方法新建"雪花飘飞"影片剪辑元件，将刚制作好的"雪花"元件拖入"雪花飘飞"元件舞台中心点的上方。选中"雪花"元件实例，打开其"属性"面板，在其"滤镜"选区单击"添加滤镜"按钮 <span></span>，在弹出的菜单中选"模糊"滤镜，设置"模糊 X"和"模糊 Y"均为"2"像素，"品质"设为"中"，如图 8-2 所示，然后设计补间动画路径如图 8-3 所示，让雪花沿不规则路径飘落。

属性	值	
▼ 模糊		
模糊 X	2 像素	∞
模糊 Y	2 像素	∞
品质	中 　│▼	

图 8-2　"雪花"影片剪辑"模糊"滤镜设置　　　　　图 8-3　设计雪花飘落的路径

（5）使用脚本制作雪花飘飘的效果。回到"场景 1"，打开"库"面板，将刚设计好的"雪花飘飞"元件拖至舞台上方的任意位置，创建一个影片剪辑实例，在"属性"面板将该实例命名为"snow"。新建一个图层并重命名为"AS"，在其上的第 1 帧至第 3 帧分别插入一个空白关键帧，同时在"雪景"层第 3 帧插入帧。然后选择"窗口"→"动作"菜单命令或按下快捷键 F9 打开"动作"面板，按如下方法在"AS"层的各关键帧中添加代码。

选中"AS"层第 1 帧，在"动作"面板中输入：

```
i=0;
```

选中"AS"层第 2 帧，在"动作"面板中输入：

```
if (i < 200){
    duplicateMovieClip("_root.snow", "snow" + i, i);
    setProperty("snow" + i, _x, random(550));
    setProperty("snow" + i, _y, random(400));
    i++;
}
else{
    gotoAndPlay(1);
}
```

选中"AS"层第 3 帧，在"动作"面板中输入：

```
gotoAndPlay(2);
```

至此，下雪效果制作完成，同时按下快捷键 **Ctrl+Enter** 测试影片即可看到宁静的郊外雪花漫天飞舞的效果，如图 8-1 所示。

8.1.2 "动作"面板

在 Flash 中，动作脚本是在一个叫做"动作"面板的地方输入的。选择"窗口"→"动作"菜单命令，或者按快捷键 F9 可以打开"动作"面板。Flash CS5 的"动作"面板如图 8-4 所示。

"动作"面板中包含 AS 版本选择下拉菜单、动作工具箱、脚本导航器、工具栏和脚本编辑区等几个部分。下面分别予以介绍。

1. AS版本选择下拉菜单

在该下拉菜单中可以选择不同版本的脚本，如图 8-5 所示。在该下拉菜单下，用户可以根据需要选择动作脚本的版本，最新版本为 ActionScript 3.0。不同的脚本类型对应的动作工具箱有所不同。

AS版本选择下拉菜单
动作工具箱
脚本导航器
工具栏
脚本编辑区

图 8-4 "动作"面板

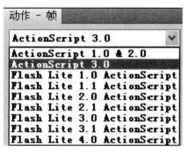

图 8-5 脚本类型选择下拉列表

2．动作工具箱

动作工具箱包含了动作脚本的所有动作命令及其相关的语法。在列表中，图标 ![] 表示命令文件夹，单击可以展开这个文件夹，同时展开后的文件夹图标变成 ![]，再次单击又可以关闭文件夹；图标 ![] 表明所指向的是一个可使用的命令、语法或其他的相关函数，双击或用鼠标将其拖至脚本编辑区即可进行引用。如使用频率最高的是 ![] **全局函数** 这个文件夹，其中包括 ![] **影片剪辑控制** 相关函数和 ![] **时间轴控制** 相关函数等。

3．脚本导航器

在 AS 2.0 脚本中，只有三类对象允许添加代码：关键帧、按钮实例和影片剪辑实例。也就是说，只有选中这三类对象时，"动作"面板才可以进行代码的添加，选中其他对象不能添加代码。当选择可添加代码的对象时，该对象所对应的场景、图层、帧、类型等，都会显示在此脚本导航器中。用户可以根据导航器中的内容来判断自己选择添加代码的对象是否正确。如果选中了不可添加代码的对象，会提示"无法将动作应用于当前所选内容"。

4．工具栏

工具栏中有很多工具，用户在编辑动作脚本时会经常用到。工具栏中各个工具的功能简单介绍如下。

- "将新项目添加到脚本中"按钮 ![]：显示语言元素，与动作工具箱中显示的相同。单击该按钮，在其下拉菜单中选择需要的项目即可自动添加到脚本编辑区中插入点所在的位置。
- "查找"按钮 ![]：查找并替换脚本中的文本。
- "插入目标路径"按钮 ![]：(仅限"动作"面板)单击该按钮可以为脚本中的某个动作设置绝对或相对目标路径。单击该按钮，将打开"插入目标路径"对话框，如图 8-6 所示。

在"插入目标路径"对话框顶部的文本框中输入对象的目标路径，或者在对象列表中选择一个对象，系统会自动生成该对象的路径并显示在文本框中。系统默认的路径是相对路径，即对话框底部的"相对"单选按钮处于选中状态，相对路径是以字符 Object(this)或 this 开始，如图 8-6 所示。如果选择了"绝对"单选按钮，则生成的路径以字符"Object(_root)"或"_root"开始，如图 8-7 所示。

图 8-6 "插入目标路径"对话框

图 8-7 插入绝对路径

- "语法检查"按钮：单击该按钮，系统自动检查脚本编辑区中的脚本，如果没有错误，在"编译器错误"面板的下部会显示提示信息：0 个错误，0 个警告，如图 8-8 所示。如果检查到错误，系统会在"编译器错误"面板上使用列表提示错误的位置和描述，如图 8-9 所示。当然，"语法检查"按钮一般只能检查出一些普通的错误，如果代码中有逻辑错误或者自定义标识符拼写错误等，系统一般是检查不出来的，所以需要使用者编程时一定要保持思路清晰，同时要认真、细心，并养成良好的编程习惯。

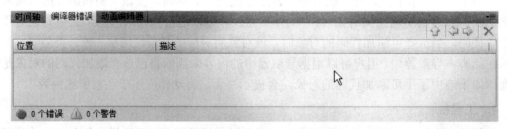

图 8-8 代码没有错误时的"编译器错误"面板

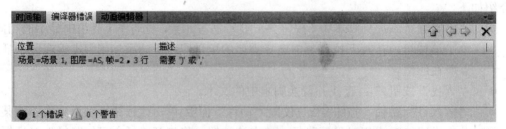

图 8-9 代码有错误时的"编译器错误"面板

- "自动套用格式"按钮▤：单击该按钮，系统将自动对脚本编辑区中的脚本按照系统规定的格式进行编排和缩进等工作，这样就为初学者学习脚本编程提供了很大的方便，如图 8-10 所示的自动套用格式效果图。

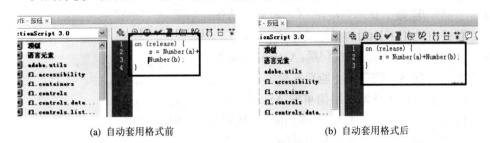

　(a) 自动套用格式前　　　　　　　　　　　　(b) 自动套用格式后

图 8-10　自动套用格式

- "显示代码提示"按钮：单击该按钮，系统将显示光标所在位置的函数的参数提示，如图 8-11 所示。

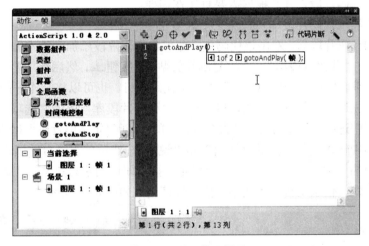

图 8-11　显示代码提示

- "调试选项"按钮：单击该按钮，将弹出一个下拉列表，下拉列表有两个选项。其中一个为"切换断点"，选择该选项，可以在脚本编辑区中光标所在行设置一个程序断点，在行首将显示一个红色实心图标，即断点。另一个选项为"删除所有断点"，选择该命令，会将脚本编辑区中的所有断点清除。
- "折叠成对大括号"按钮：将代码中成对大括号中的内容折叠，方便对代码进行整体检查和把握。
- "折叠所选"按钮：单击该按钮，可以折叠选中的代码内容。
- "展开全部"按钮：单击该按钮，将展开脚本编辑区中所有被折叠的语句。
- "应用块注释"按钮：单击该按钮，将在光标所在处显示块注释符号"/**/"。在"/*"和"*/"号之间可以添加多行注释内容。
- "应用行注释"按钮：单击该按钮，将在光标所在处显示行注释符号"//"，在该符号后面可以添加一行注释内容。

- "删除注释"按钮 🖺：单击该按钮，将删除脚本编辑区中的所有注释。
- "显示/隐藏工具箱"按钮 🖽：控制"动作"面板左边的工具箱的显示或隐藏。
- "代码片段"按钮 🎦 代码片断：ActionScript 3.0 才能支持该功能。该功能旨在使非编程人员能快速轻松地开始使用简单的 AS 3.0 代码。借助该面板，可以将 ActionScript 3.0 代码添加到 FLA 文件以启用常用功能。使用"代码片断"面板不需要掌握 ActionScript 3.0 的知识。单击此按钮，可以打开"代码片段"面板，如图 8-12 所示。此面板提供了制作好的许多代码片段，只要根据需要直接在需要的地方插入代码片段即可，免去了许多重复的工作。

图 8-12 "代码片段"面板

选中合适的代码片段后，双击该代码片段即可将代码片段添加到脚本编辑区。或者选中代码片段后，单击"代码片段库"中的"复制到剪贴板"按钮 🖺，然后在需要粘贴代码的"动作"面板的脚本编辑区或专门的 AS 文件内粘贴代码即可。也可以将制作好的代码保存为代码片段，只需首先选中制作好的代码，然后单击"代码片段库"中的"选项"按钮 ⚙，在弹出的下拉列表中选择"创建新代码片段"，将会弹出"创建新代码片段"对话框，如图 8-13 所示，在对话框中输入代码片段的"标题"和"说明"，然后单击"自动填充"按钮，代码段即粘贴到下面的"代码"框，最后单击"确定"按钮即可创建自定义的代码片段。自定义的代码片段可以像其他系统自带的代码片段一样使用，如图 8-14 所示。

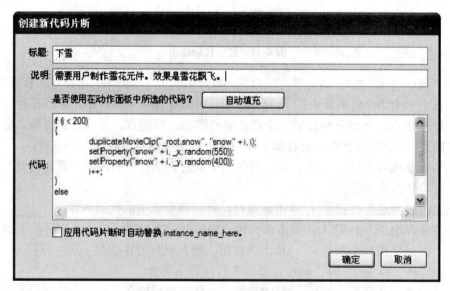

图 8-13 "创建新代码片段"对话框

图 8-14 添加了自定义的代码片段

● "通过从'动作'工具箱选择项目来编写脚本"按钮：单击该按钮，即可打开脚本注释，当输入一个函数时，会显示该函数的功能和相关参数，如图 8-15 所示。

图 8-15 通过从动作工具箱选择项目来编写脚本

● 面板菜单：包含适用于动作面板的命令和首选参数。例如，可以设置行号和自动换行，访问 ActionScript 首选参数及导入或导出脚本等。

5．脚本编辑区

该区域是进行动作脚本编程的主要区域，当前对象的所有脚本程序都显示在该区域中。制作动画时，也需要在该区域中编辑代码。

8.1.3 动作脚本中的术语

1. 点语法

与其他面向对象程序设计语言一样，在 ActionScript 中，使用点 "." 运算符(点语法)访问舞台上的对象或实例的属性或方法。点语法表达式以对象或影片剪辑的名称开头，后面跟着一个点，最后以要指定的属性或方法结尾。如：

```
snow._visible=0;//引用实例的属性，设置影片剪辑实例snow为不可见
snow.play(); //引用实例的方法，设置影片剪辑实例snow开始播放
```

除了使用点运算符来访问对象的属性和方法以外，还可以使用点运算符来确定实例(例如影片剪辑实例)、变量、函数或其他对象的目标路径。如：

```
_root.snow
```

例如，新建 "蝴蝶" 元件，新建 "花" 元件，然后将 "蝴蝶" 元件拖至 "花" 元件的舞台上("蝴蝶" 元件的实例命名：mc_hudie)，最后将 "花" 元件拖至场景舞台上("花" 元件的实例命名：mc_hua)，此时可以这样引用这两个实例：

```
_root.mc_hua//引用花(mc_hua)实例
_root.mc_hua.mc_hudie//引用花上面的蝴蝶(mc_hudie)实例
_root.mc_hua.mc_hudie._visible=false;//设置花上面的蝴蝶不可见
```

2. 级别

从上面介绍的内容中可以看到，在动画制作中有一个级别(level，又称深度)的概念，级别可以通俗地理解为各个动画元素的堆叠顺序。制作动画的主时间轴作为根级别(_root，_level0)，所有其他级别的对象都是放在它上面的，放在主时间轴舞台上的影片剪辑是它的一个子级别(_level1)，如果再置入另一个影片剪辑则可以设置级别为_level2，级别_level2 的影片剪辑将叠放在_level1 级别之上，_level2 级别影片剪辑中不透明的部分将遮挡_level1 级别中的内容，以此类推。级别一般用整数表示，级别的数值(可以是不连续的)越大，其堆叠顺序就越靠上方。

例如，在前面 "下雪啦" 实例中使用的代码 "duplicateMovieClip("_root.snow", "snow" + i, i);"，其第三个参数 "i" 就是用来设置复制的影片剪辑的级别(理解为叠放次序)的，可以看到，复制的影片剪辑是在一个图层中显示的，它们相互之间是互不包含的，级别 i 值大的会堆叠在值小的上面并且会遮挡级别值小的影片剪辑的内容，各级别的影片剪辑实例拥有各自的时间轴，互不干扰，如同人们同处在一个办公室中各自做着各自的工作一样。

3. 事件与动作

交互式动画中，每个行为都包含两个内容：一个是事件；另一个就是事件产生所执行的动作。事件是触发动作的信号，动作是事件的结果。如 on(release){gotoAndStop(5);}，释放按钮 release 是事件，gotoAndStop(5)跳转到第 5 帧是触发该事件的结果。

4．标识符

标识符是用来标明变量、属性、对象、函数或方法的名称。标识符命名规则如下。

以字母、下划线(_)或美元符号($)开头，由字母、数字、下划线或美元符号组成，避免使用系统预定义标识符，禁止使用系统提供的关键字和布尔值(true 和 false)。如 mc_1 是一个合法的标识符，而 1_mc 是一个不合法的标识符。常用关键字，共 32 个：

break、case、class、continue、default、dynamic、else、extends、for、function、if、implements、import、in、var、while、with、static、switch、this、private、public、return、set、instanceof、intrinsic、new、delete、get、void、typeof 和 interface。

5．类

类是一系列相互之间有联系的数据的集合，用来定义新的对象类型，如常用的影片剪辑类 MovieClip。要定义对象类，需要先创建一个构造函数。

6．对象

对象是属性和方法的集合。通俗地说，对象就是动画设计过程中要操作和控制的事物。每个对象都有自己的名称，并且都是特定类的实例。例如内置的 Date 对象可以提供系统时钟的相关信息，Math 对象将与数学有关的方法、常数、三角函数及随机数等集中到一起。

7．实例和实例名

实例是属于某个类的对象。一个类的每个实例都包含该类的所有属性和方法。例如，所有的影片剪辑都是 MovieClip 这个类的实例，它们都有该类的属性(如_alpha、_height 和_visible 等)和方法(如 gotoAndStop()和 getURL()等)。

实例名就是实例的名称，是在脚本编程过程中指向影片剪辑实例的唯一标识。例如，下面代码表示将实例 snow 复制 200 遍。

```
for(i=1;i<=200;i++) {
    duplicateMovieClip("snow","snow"+i;i);
}
```

8．方法

方法是指指派给某对象的函数，一个函数被分配之后，它可以作为这个对象的方法被调用。

例如，在下面代码中将 clear 变成了对象 controller 的一个方法。

```
function reset(){
    x_pos=0;
    y_pos=0;
}
controller.clear=reset;
controller.clear();
```

又例如：

```
snow.play();//play()函数作为影片剪辑实例 snow 的方法
```

9. 属性

属性是用来表示对象的形状或状态等特性的，如影片剪辑实例的 *X* 坐标值(_x)、*Y* 坐标值(_y)、透明度(_alpha)、可见性(_visible)和宽度(_width)等。

8.1.4　数据类型

在程序设计中，声明变量实际上是为了在程序的运行过程中为变量分配存储空间，因而通过变量可以访问相应的存储空间，而变量的类型就是用来指定这个存储空间大小的。AS 2.0 中的数据类型分为基本数据类型(primitive)和引用数据类型(reference)两种。基本数据类型都有一个不变的值，可以保存它们所代表的元素的实际值，包括数值型、字符串型和布尔型；引用数据类型的值可以改变，因为它们包含的是对该元素实际值的引用，包括对象和影片剪辑。现将几种类型数据简单介绍如下。

1. 数值型

数值型的数据都是双精度浮点数，包括所有整数和实数，不能有英文字母、单双引号或其他特殊字符出现。用户可以使用算术运算符如加(+)、减(-)、乘(*)、除(/)、求模(%)、自增(++)、自减(--)运算符处理数值，也可以使用预定义的数学对象来操作字符。

数值类型正确编码如下。

```
a=12; //将整数数值 12 赋值给变量 a
p=-3.56;//将实数-3.56 赋值给变量 p
Math.sqrt(49);//使用数学对象来返回数值 49 的平方根:
```

2. 字符串型

字符串(string)是使用单引号或双引号括起来的由字母、数字和标点符号组成的字符序列。如"Flash"和'flash'都是字符串，而且是两个不同的字符串，因为在 ActionScript 中，字符串是严格区分大小写的。一个字符串里面可以包含一个或多个字符，也可以不包含字符，即空字符串(""或')，使用时要注意空字符串("")与空格字符串(" ")的区别。

可以使用"+"操作符来连接两个或多个字符串。例如，执行下面语句后，变量 information 的值为 "Tom is a boy."。

```
myName=" Tom ";
is=" is ";
sex=" a boy.";
information=myName+is+sex;
```

一般的字符串只要使用单引号或双引号括起来就可以直接使用，部分特殊字符，如单引号(')或双引号(")等，不能直接表示，必须在其前面加上一个反斜杠 "\" 作为转义字符才能使用。在动作脚本中，还有其他的一些字符可以被转义，表 8-1 列出了 ActionScript 中可以被转义的字符及转义后的结果。

表 8-1 常用转义字符及转义后结果

转 义 字 符	转 义 结 果
\b	退格符(ASCII 为 8)
\f	换页符(ASCII 为 12)
\n	换行符(ASCII 为 10)
\r	回车符(ASCII 为 13)
\t	制表符(ASCII 为 9)
\"	双引号(")
\'	单引号(')
\\	反斜杠(\)
\000 至\377	以八进制指定的字符
\x00 至\xFF	以十六进制指定的字符
\u000 至\uFFF	以十六进制指定的 16 位 Unicode 字符

例如，字符串"b"与"\b"是不同的，"b"表示的是字符串 b，而"\b"表示的是"退格符"。字符串"n"与"\n"是不同的，"n"表示的是字符串 n，而"\n"表示的是"换行符"。又例如，"360"表示十进制的字符 360，而"\360"表示的是八进制指定的字符(转换为十进制值为 240)，"xab"表示的是字符串 xab，而"\xab"表示的是十六进制指定的字符(转换为十进制值为 171)。

3．布尔型

布尔型数据只包含两个值：true(为真，表示成立)和 false(为假，表示不成立)。当存在需求时，动作脚本也可把 true 和 false 转换成 1 和 0。布尔值最常用的方法是与关系运算符和逻辑运算符结合使用，用于进行比较及控制一个程序脚本的流向。

下面实例表示当 name 等于"tom"并且 password 等于"123"同时成立(为真)时，花括号中代码的执行结果是跳转到第 2 帧播放。

```
if ((name=="tom")&&( password=="123") ){
    gotoAndPlay(2);
}
```

4．对象

对象类型是多个属性的集合，每个属性都是单独的一种数据类型，都有其自身的名称和数值，这些属性可以是普通的数据类型，还可以是对象数据类型。当需要具体指出某个对象或属性时，可以使用"."运算符。如：

```
Date.dynamicDate.myDate
```

上述语句中，myDate 是 dynamicDate 对象的一个属性，同时 dynamicDate 又是 Date 的

一个属性，通过此语句可以调用 myDate 属性。

5．影片剪辑

影片剪辑是一个对象，也是一种数据类型，记录了影片剪辑的变量、属性与方法的数据，这种数据在动画设计过程中可以随时发生变化。当一个变量被赋予了影片剪辑数据类型的对象后，就可以通过调用影片剪辑的各种方法来控制该变量所指的影片剪辑实例的播放了。例如：

```
snow._y=120;//将影片剪辑实例 snow 的 Y 轴属性设置为 120
snow.gotoAndPlay(2);//跳转到影片剪辑实例 snow 的第 2 帧播放
```

8.1.5　语法规则

每种程序设计语言都有其相应的语法规则，要学习某种程序设计语言，必须先了解和掌握其相关的语法规则。ActionScript 脚本语言的结构类似 JavaScript 语言，但是其语法规则很多都沿用了 C 语言的语法规则，例如，大括号的使用及语句使用分号作为语句结束等。

1．花括号

在 C 语言中，可以把花括号 "{ }" 括起来的一段代码作为一个复合语句来看，在 ActionScript 中也同样可以把花括号中的代码组成一个相对完整的代码片段，用来完成一个相对独立的功能。如下列的语句所示：

```
on(release){
    s=Number(a)+Number(b);}
```

2．圆括号

圆括号在动作脚本中的作用非常大，可以使用在函数中，放在函数名后面，也可以使用在表达式中，用来改变运算符的优先级。

(1) 使用在函数中。函数名后面一定跟着一对圆括号，括号里面可以有参数，也可以没有参数。

```
//下面定义的 swap 函数的作用是将两个数 a 和 b 进行交换
function swap(a,b){
    var t=a;
    a=b;
    b=t;}
swap(12,8); //调用有参数的自定义函数
stop(); //调用没有参数的系统函数
```

(2) 用来改变动作脚本中语句的优先级，放在圆括号中运算符的优先级总是高于括号外面运算符的优先级。

如下面的实例中，圆括号使得先执行加法后执行乘法运算。

```
a=b*(c+3);
```

3．分号

在 ActionScript 中，分号表示一个语句的结束，这跟 C 语言一致。但是如果省略了语句结尾的分号，系统也不会出错，因为 Flash 编译程序会自动将分号添加上去。实际编写动作脚本时，最好养成在语句结束处添加分号的习惯，这样容易把不同的语句区分开来。

4．大小写字母

在动作脚本语言中，关键字是严格区分大小写的，如 if 是关键字，If 或 IF 则是普通字符，可以作为用户自定义标识符使用。变量也是区分大小写的，如 If 和 IF 可以作不同的变量使用。图 8-16 所示的代码，定义了变量 If 并赋初值 55，变量 IF 赋初值 44，脚本运行结果是 If 的值为 55，　IF 的值为 44。

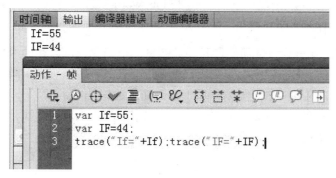

图 8-16　变量区分大小写

图 8-16 中 trace() 是输出函数，可以将圆括号中的信息输出到 "输出" 面板(在运行的影片中是看不到的)，"+" 号作为字符连接符号，将后面的字符连接到前面字符的后面。

5．注释

为了方便阅读和理解程序，需要在代码里面添加一些注释，以说明代码的作用等。在脚本编辑区中，注释默认是灰色显示的(需要修改请选择 "编辑" → "首选参数" 菜单命令，在弹出的对话框的 "ActionScript" 类别进行设置)，代码运行时也不会对注释部分进行编译。

注释主要分为两种：一种是行注释；一种是块注释。

(1) 行注释：若要单独注释一行内容，可在 "动作" 面板中单击 "应用行注释" 按钮，在光标所在处即插入了行注释符号 "//"，可在符号后面输入注释内容(同 C++ 中注释)。

(2) 块注释：若注释内容放在连续的多行中显示，可在 "动作" 面板中单击 "应用块注释" 按钮，光标所在处即插入了块注释符号 "/**/"，可在 "/*" 和 "*/" 符号之间输入注释内容(与 C 语言中注释同)。

8.1.6　变量

与其他语言一样，变量是使用过程中其值可以发生改变的量。例如，宾馆的房间，每间都有不同的房号，每天都可以住着不同的房客。在这里，"房间" 对应着程序设计中相应的存储空间，"房号"就相当于"变量"，而"房客"就相当于"变量的值"。在宾馆里，可以通过"房号"找到"房间"，进而找到里面住着的"房客"。在程序设计中，通过变量可以访问相应的存储空间，进而提取存储在那里的变量的值来参与一些运算。

1．变量的命名

(1) 变量的命名要符合标识符命名规则(以字母、下划线(_)或美元符号($)开头，由字母、数字、下划线或美元符号组成，避免使用系统预定义标识符，禁止使用系统提供的关键字和布尔值(true 和 false))。

(2) 变量的命名最好具有一定的含义，且变量的命名还有一条不成文的规范：以小写字母开头，每出现一个新单词时，大写新单词的第一个字母，如 userName、myNewColor 等。

(3) 变量区分大小写。例如，password 和 Password 被看成是两个不同的变量。

2．变量的作用域

在 AS 2.0 中，变量分为全局变量和局部变量。全局变量可以在同级所有的时间轴中共享使用，用户可以在一个关键帧上定义全局变量，而在其他帧上使用和修改该变量的值。全局变量的生存期从定义的时候开始，一直保留到影片放映结束。

局部变量则只能在定义它的一对花括号({ })中使用，当前脚本执行完时，局部变量所占的存储空间将被释放。

例如，在关键帧上输入下列代码段，则变量 i 为全局变量，变量 t 是在函数内部定义的，属于局部变量。

```
i = 1;//i 为全局变量，在所有时间轴都可以使用
function ad(a)//定义 ad()函数
{   var t = a + 5;//a 和 t 为局部变量，作用域只局限在定义它的函数内
    trace(t);  }
ad(i);//调用 ad()函数
```

因为局部变量的作用范围被限定在定义它的花括号内，可以有效防止变量名称的冲突，并且在函数内部使用局部变量将会使函数成为可重用的独立代码段，因此被大量使用。不同的函数中也可以使用同名的局部变量。全局变量因为其作用范围是所有时间轴，因而如果在一个代码块中要使用另一个代码块中的变量，或者要在整个动画中传递某个变量的值，则可以将此变量设置为全局变量，如"下雪啦"实例中的变量 i。

3．变量的申明和赋值

AS 2.0 脚本语言是一种弱类型的语言，其变量可以不用申明就直接使用。为了增加程序的可读性，尤其是代码较多的动画，建议将其中的变量先申明后使用。可以使用 set variables 动作或赋值操作符申明全局变量，使用 var 语句在函数体内申明局部变量。

例如，在"动作"面板输入如下全局变量的申明语句：

```
set(myName, "tom");//等价于  myName="tom";
myAge=20;
```

如果是在函数体中申明局部变量，则可以使用 var 语句：

```
function fun(var t){
var a;
var b=4;
t=a+b;}
```

从上面的叙述和代码可以看到，当把一个数据赋给一个未申明的变量时，系统会自动根据数据的类型来确定变量的类型。如：

```
a=24;
b="year";
```

则系统自动确定变量 a 的类型为数值型，变量 b 的类型为字符串型。同时，系统也会根据变量所处的位置自动分辨是局部变量还是全局变量。

8.1.7　运算符与表达式

与其他语言一样，AS 脚本也使用很多运算符，用于指定表达式中的值将如何被比较或改变等。常用的运算符包括算术运算符、比较运算符、相等运算符和逻辑运算符等，下面就分别进行介绍。

1. 算术运算符

算术运算符既包含数学中常用的加减乘除运算符(+、-、*、/)，还包含求模运算符(%)和自增(++)自减(--)运算符。表 8-2 列出了动作脚本语言中的算术运算符。

表 8-2　算术运算符

运算符	执行的运算
+	加法
-	减法
*	乘法
/	除法
%	求模(除后的余数)
++	自增
--	自减

其中，加减乘除运算符的作用与数学中的作用一致，求模运算符(%)用来求取除后的余数。例如 5%3 的值是 2，-5%3 的值是-2，余数的符号由第一个操作数来决定。

自增(++)自减(--)运算符的用法同 C 语言中的自增自减运算符，既可以作为操作数的前缀也可以作为操作数的后缀，作用是使操作数变量的值增 1 或减 1。

```
i++; i--;    (作为后缀，先使用 i，再使 i 的值增(减)1)
```

```
++i; --i ;    (作为前缀, 先使 i 的值增(减)1, 再使用 i)
```

举例说明如下:

```
i=5;
trace(i++) ;
trace(i);
```

则输出 5 和 6, 因为++符号作为后缀, 是要先使用(输出), 然后变量 i 再自增 1。

```
i=5;
trace(++i) ;
trace(i);
```

结果是输出 6 和 6, 因为++符号作为前缀, 是要先将变量 i 自增 1, 然后再使用(输出)。

2. 比较运算符

比较运算符用于比较表达式的值, 包括大于(>)、小于(<)、大于或等于(>=)和小于或等于(<=)等符号, 其运算结果是一个逻辑值(true 或 false)。这些运算符主要是使用在循环语句中作为循环结束的判断条件, 或使用在条件语句中判断条件是否成立。例如, 在下面的例子中, 如果变量 score 的值大于等于 60, 则输出 "及格!"; 否则输出 "不及格!"。

```
if (score >= 60){
    trace("及格! ");
}else{
    trace("不及格! ");
}
```

表 8-3 中列出了动作脚本中常用的比较运算符。

表 8-3　比较运算符

运算符	执行的操作
<	小于
>	大于
<=	小于或等于
>=	大于或等于
<>	不等于

比较运算符 "<"、">"、"<="、">=" 和 "<>" 用于比较字符串时, 如果两个操作数都是字符串, 则按对应字符的 ASCII 码值来比较, 如"a">"b"值为 false, "eds">"eda"值为 true。

3. 相等运算符

相等运算符主要是用于判断两个操作数是否相等的, 包括等于(==)、不等于(! =)、全等(===)和不全等(!===)运算符。等于运算符(= =)常用于确定两个操作数的值或标志是否相等。

这个比较运算会返回一个布尔值。若操作数为字符串、数值或布尔值，将通过值进行比较；若操作数为对象或数组，则通过引用进行比较。全等运算符(===)与等于运算符相似，但有一个重要的差异，即全等运算符不执行类型转换。如果两个操作数属于不同的类型，全等运算符会返回 false，不全等运算符(! ===)会返回与全等运算符相反的值。

要注意等于运算符和全等运算符的区别，例如下面两个语句，第一个语句输出 true，第二个语句则输出 false。

```
trace("3"==3);//等于符号若操作数为字符串、数值或布尔值将通过值进行比较
trace("3"===3);//如果两个操作数属于不同的类型，全等运算符会返回 false
```

表 8-4 列出了动作脚本中常用的相等运算符。

表 8-4 等于运算符

运算符	执行的运算
==	等于
!=	不等于
===	全等
! ===	不全等

4．逻辑运算符

逻辑运算符用于比较布尔类型表达式或布尔类型值(true 和 false)，其返回值也是一个布尔类型值。Flash 提供下面三种逻辑运算符。

(1) &&：逻辑与。如 a&&b，只有 a 和 b 都为 true 时，运算结果才为 true。

(2) ||：逻辑或。如 a||b，只要 a 或 b 其中一个为 true，运算结果就为 true。

(3) !：逻辑非。如! a，如果 a 值原为 true，则运算结果为 false，反之为 true。

表 8-5 列出了三种逻辑运算符的真值表。

表 8-5 逻辑运算符的真值表

a	b	!a	!b	a&&b	a||b
true	true	false	false	true	true
true	false	false	true	false	true
false	true	true	false	false	true
false	false	true	true	false	false

5．字符串运算符

"+"既可以作为算术运算符的"加"号，又可以作为字符串连接运算符，其作用是将两个字符串连接起来。例如，下面的语句将会输出"I'm fine."。

```
trace("I'm "+"fine.");
```

只要"+"运算符的操作数有一边是字符串，Flash 会自动将另一个操作数转换为字符串。

```
trace(12+13);//输出 25，两个操作数均为数值型，作为加号使用
trace("12"+13);//输出 1213，有一个操作数为字符串，则作为字符连接符号使用
```

6. 按位运算符

按位运算符将浮点型数值转换为整型数(32 位的二进制位)后再进行运算，表 8-6 列出了动作脚本中常用的按位运算符。

表 8-6　按位运算符

运算符	执行的运算
&	按位与。1&1 为 1，1&0 为 0，0&1 为 0，0&0 为 0
|	按位或。1|1 为 1，1|0 为 1，0|1 为 1，0|0 为 0
~	按位非。！1 为 0，！0 为 1
^	按位异或。1^1 为 0，0^0 为 0，0^1 为,1，1^0 为 1
>>	按位右移，如 6>>1 值为 3
<<	按位左移，如 6<<1 值为 12
>>>	按位右移，左边空位用零填充

例如，5&3 的值为 1，5|3 的值为 7，5^3 的值为 6，计算过程(此处换算成八位二进制数)如下：

```
      00000101    （5）         00000101    （5）         00000101    （5）
  &   00000011    （3）     |   00000011    （3）     ^   00000011    （3）
      00000001    （1）         00000111    （7）         00000110    （6）
```

由上可见，按位运算符都是按相应的二进制位进行运算从而得到相应结果位值的。

7. 赋值运算符

赋值运算符"="用于给变量赋值。例如：

```
age=21; //将 21 赋值给变量 age
i=j=k=15; //先将 15 赋给变量 k，然后将 k 的值赋给变量 j，最后将 j 值赋给变量 i
```

使用复合赋值运算符可以联合多个运算，复合赋值运算符可以对两个操作数进行运算，然后将新值赋给第一个操作数。例如，下列语句：

```
age+=1; //相当于 age=age+1; 也相当于 age++;
a*=3;//相当于 a=a*3;
b%=5//相当于 b=b%5;
```

表 8-7 列出了动作脚本中常用的赋值运算符。

表 8-7 赋值运算符

运算符	执行的运算
=	赋值
+=	相加并赋值
- =	相减并赋值
*=	相乘并赋值
/=	相除并赋值
%=	求模并赋值
&=	按位与并赋值
|=	按位或并赋值
^=	按位异或并赋值
>>=	按位右移并赋值
<<=	按位左移并赋值
>>>=	按位右移左空位填零并赋值

✎ **提示**：不能给常量赋值，也不能为表达式赋值。

8．点运算符和数组访问运算符

点运算符(.)和数组访问运算符([ ])可用来访问任何预定义或自定义的动作脚本对象的属性，包括影片剪辑的属性。点运算符可结合前面学过的点语法来使用。对象名称一般位于点运算符的左侧，其属性、方法或变量名位于点运算符的右侧。例如，下面是使用点运算符的例子。

```
snow._visible=true;
year.month.day=10;
```

点运算符和数组访问运算符完成同样的任务，但点运算符用标识符作为它的属性，而数组访问运算符会将其内容当做名称，然后访问该名称变量的值。例如，下面的语句访问影片剪辑实例 ball 中的同一个变量 varWeight。

```
ball.varWeight;
ball[" varWeight" ];
```

数组访问运算符还可以动态设置和检索实例名和变量。例如，下面的代码为"下雪啦"案例中复制的影片剪辑实例"snow"+i 设置随机的透明度值。

```
this["snow"+i]._alpha=Math.random()*100;
```

数组访问运算符还可以用在赋值语句的左边。这样可以动态设置实例、变量和对象的名称，如：

```
ball [index]=" basketball";
```

8.2　ActionScript 程序结构

Flash 动作脚本语句也跟其他语言一样，包含三种程序结构：顺序结构、选择结构和循环结构。

8.2.1　引入案例——输出"水仙花数"

【案例学习目标】使用简单的程序结构，编程解决实际学习或生活中遇到的简单问题。

【案例知识要点】所谓"水仙花数"，是指一个三位数，其各位数字的立方的和等于该数本身。例如，153 是一个水仙花数，因为 $153=1^3+5^3+3^3$。使用简单的选择结构和循环结构结合按钮控制，完成"水仙花数"的计算和输出，效果如图 8-17 所示。

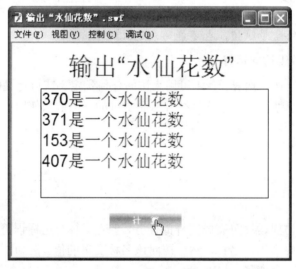

图 8-17　"水仙花数"实例

【效果所在位置】资源包/Ch08/效果/输出"水仙花数".swf。

【制作步骤】

(1) 新建及保存文件。选择"文件"→"新建"菜单命令，在弹出的"新建文档"对话框中选择"ActionScript 2.0"，单击"确定"按钮即可新建一个 Flash 文档，设置文档大小为 400 像素×300 像素。将文件保存为"输出'水仙花数'.fla"。

(2) 设计标题。选择文本工具，在其"属性"面板的"文本类型"下拉列表中选择"静态文本"，设置文本颜色颜色为蓝色、字号为 36 号，在舞台中央输入标题——输出"水仙花数"。

(3) 设计输出区。选择文本工具,在其"属性"面板的"文本类型"下拉列表中选择"动态文本",并选中"在文本周围显示边框"按钮▣,在标题下面绘制一个多行文本框,最后选中该文本框,打开其"属性"面板,在其"变量"参数的文本框中输入变量名称"txt_sxh"。

(4) 设计按钮。在菜单栏选择"窗口"→"公用库"→"按钮"命令,打开"公用库"面板,在里面选择合适的按钮,并将按钮上文本修改为"计算"。

(5) 为按钮添加代码。选中"计算"按钮,按快捷键 F9 打开其"动作"面板,输入代码如下:

```
on (release) {
    for (digits = 0; digits <= 9; digits++)    {
        for (tens = 0; tens <= 9; tens++)        {
            for (hundreds = 1; hundreds <= 9; hundreds++)            {
                data1= digits + tens * 10 + hundreds * 100;
                if (data1 == digits * digits * digits + tens * tens * tens
+ hundreds * hundreds * hundreds)  {
                    txt_sxh=txt_sxh+data1 + "是一个水仙花数"+"\n";
                }
            }
        }
    }
}
```

至此,案例设计完毕。测试影片,单击"计算"按钮,则会将所有"水仙花数"分行显示在输出文本框中。

8.2.2　顺序结构

顺序结构的程序设计是按语句的顺序一条一条执行的,从程序开头一直执行到程序结尾,且只执行一次。顺序结构是程序设计中使用得最多的结构,但是纯粹的顺序结构只能编写一些简单的程序,解决一些简单的问题。例如,下列代码先执行第一条语句,再执行第二条语句,最后执行第三条语句:

```
a=3;
b=a*4;
gotoAndPlay(5);
```

8.2.3　选择结构

选择结构是根据判断条件选择要执行的语句,常用的有 if 语句和 switch 语句。

1. 简单if语句

简单 if 语句是动作脚本中用来处理根据条件有选择地执行程序代码的语句,一般与 else 关键字一起使用来解决有两个分支选择的问题,当条件成立时执行 if 后面的分支语句,否则执行 else 后面的语句。一般格式为:

```
if(条件){
程序块 1
    }
    else{
    程序块 2
  }
```

其执行流程是，当"条件"成立时(值为 true)执行"程序块 1"，否则(值为 false)执行"程序块 2"。

例如，在下列代码(添加在关键帧即可)中，判断影片剪辑实例"ball"的 X 坐标值，当 X 坐标值小于等于 200 时，继续往右移动，当 X 坐标值大于 200 时，则将其 X 坐标值设置为 0。

```
if (ball._x <= 200){
    ball._x += 1;}
else{
    ball._x = 0;
}
```

详见文件：资源包/Ch08/效果/其他实例/if-else 实例.fla。

if 语句也可以没有 else 部分单独使用，例如：

```
if(ball._y>300) {
    ball._y=80;
}
```

此外，If 语句还可以嵌套使用，如下：

```
if (ball._y >= 0){
    if (ball._y = 0)    {
        trace("y 坐标值为 0! ");
    }   else    {
        trace("y 坐标值大于 0! ");
    }
}
```

2．if...else if语句

if...else if 语句可以解决多分支的问题，一般形式如下。

```
if(条件 1){
    程序块 1
} else if(条件 2){
    程序块 2
}
  ……
    else{
    程序块 n
  }
```

注意，else 和 if 之间是有空格隔开的。该语句的执行步骤是先判断"条件 1"，如果满足则执行"程序块 1"，如果不满足则继续判断"条件 2"，如果"条件 2"满足则执行"程序块 2"，否则继续下一个条件的判断。如果所有的条件都不满足，则执行最后一个 else 后面的"程序 n"。

```
a=ball._x+ball._width;
if (a < 0){
    trace("小球在舞台外面的左边");
}else if (a == 0){
    trace("小球在舞台左边，还没进来");
}else{
    trace("小球进舞台了");
}
```

3. switch语句

switch 语句是多分支选择语句。如果一个判定条件可能有多个结果，则可以使用 switch 语句。它能根据输入的参数动态选择要执行的程序代码块，功能大致相当于一系列 if...else if 语句，但是它更便于阅读。书写格式为：

```
switch(条件){
    case 常量表达式 1;//如果"条件"与"常量表达式 1"相等，则执行程序块 1
    程序块 1
    break; //跳出本 switch 语句
    case 常量表达式 2; //上面不满足,则判断"条件"与"常量表达式 2"是否相等
    程序块 2//相等执行程序块 2
    break; //跳出本 switch 语句
    ……
    default:      //如果"条件"没有匹配的上面常量表达式的值，则执行程序块 n
    程序块 n
    }
```

其中"条件"是能计算出具体值的表达式。将计算的结果和"case"子句的常量表达式相比较，以确定要执行哪个代码块。代码块以"case"语句开头，以"break"语句结尾。如果不使用"break"语句，则执行完满足条件的 case 后，程序会继续把 switch 中余下的语句全部执行一遍。

例如，在如下代码中，根据条件"n"来确定在"输出"面板中显示的结果。

```
n = random(7);//random 函数得到 0 到 6 之间的整数值
switch (n){
    case 0 :
        trace("Today is Sunday");
        break;
    case 1 :
        trace("Today is Monday");
        break;
    case 2 :
        trace("Today is Tuesday");
```

```
        break;
    case 3 :
        trace("Today is Wednesday");
        break;
    case 4 :
        trace("Today is Thursday");
        break;
    case 5 :
        trace("Today is Friday");
        break;
    case 6 :
        trace("Today is Saturday");
        break;
    default :
        trace("Out of range");
}
```

详见文件：资源包/Ch08/效果/其他实例/switch 实例.fla。

8.2.4　循环结构

循环结构是只要满足某个条件就不断地重复执行循环体中的语句，直到不满足条件为止。一个循环结构要避免构成"死循环"必须满足三个条件：循环开始条件、循环结束条件和循环从开始到结束的递增条件。ActionScript 提供了专门的语句来实现循环结构，常用的循环语句有 for 语句、do...while 语句和 while 语句。

1. for语句

for 语句可以在满足条件的情况下，让指定程序块循环执行，直到条件不满足为止。一般形式如下。

```
for(循环开始条件;循环结束条件;循环从开始到结束的递增条件)
{
    循环体
}
```

for 语句的执行步骤如下。

(1) 先执行参数"循环开始条件"，该参数一般可以用来给循环变量赋初值，该参数可以放在 for 语句的前面作为一条独立语句。

(2) 判断参数"循环结束条件"中定义的判断条件是否满足，如果条件满足，就执行"循环体"，执行完循环体就执行第(3)步骤，如果条件不满足则跳出该循环。

(3) 执行"循环从开始到结束的递增条件"，再回到第(2)步判断执行。

例如，在下列代码中，根据条件，将执行循环体语句 200 次。

```
for(i=1;i<=200;i++){
    duplicateMovieClip(" _root.snow" ," snow" +i,i);
    setProperty(" snow" +i,_x,random(550));//this["snow"+i]._x=random(550);
```

```
        setProperty("snow"+i,_y,random(400));
        setProperty("snow"+i,_alpha,random(100));
        setProperty("snow"+i,_xscale,random(100));
        setProperty("snow"+i,_yscale,random(100));
    }
```

2. while语句

while 语句可以实现程序按条件循环执行效果。书写格式为：

```
while(循环结束条件){
    循环体
    }
```

其中，"循环开始条件"一般置于 while 语句的前面，循环体中必须包含"循环从开始到结束的递增条件"。for 语句和 while 语句都可用来实现循环，语句可互换。下列代码段的功能和前面 for 语句实现的功能相同。

```
i=1;//循环开始条件
while(i<=200){//循环结束条件
    duplicateMovieClip("_root.snow","snow"+i,i);
    setProperty("snow"+i,_x,random(550));
    setProperty("snow"+i,_y,random(400));
    setProperty("snow"+i,_alpha,random(100));
    setProperty("snow"+i,_xscale,random(100));
    setProperty("snow"+i,_yscale,random(100));
    i++;//循环从开始到结束的递增条件
}
```

3. do...while语句

do...while 语句也可以实现程序按条件循环执行。书写格式为：

```
do{
    循环体
} while(循环结束条件)
```

其中，"循环开始条件"一般置于 do...while 语句的前面，循环体中必须包含"循环从开始到结束的递增条件"。do...while 语句和 while 语句结构基本相同，但 do...while 语句先执行循环体，再判断，如果判断结果为"true"，则返回继续执行循环体语句；而 while 语句先判断，当判断结果为"true"时才执行循环体语句。当第一次判断条件的结果为"false"时，while 语句的循环体一次都不执行，而 do...while 语句至少执行循环体一次。如果第一次判断条件的结果为"true"，则两者计算结果相同。

把上述的 while 语句改成 do...while 语句，具体程序如下。

```
i=1;//循环开始条件
do{
```

```
duplicateMovieClip(" _root.snow" ," snow" +i,i);
setProperty(" snow" +i,_x,random(550));
setProperty(" snow" +i,_y,random(400));
setProperty(" snow" +i,_alpha,random(100));
setProperty(" snow" +i,_xscale,random(100));
setProperty(" snow" +i,_yscale,random(100));
i++;//循环从开始到结束的递增条件
} while(i<=200); //循环结束条件
```

4. break语句和continue语句

使用 break 语句和 continue 语句可以跳出循环。

使用 break 语句可以跳出一个循环语句，即直接从整个循环中跳出来，转去执行循环结构后面的其他语句。

每个循环语句一般都包含多次循环，使用 continue 语句可以跳出一次循环，即不再执行本次循环中剩下的其他语句，而跳转去继续执行下一次的循环。

8.3 影片剪辑的路径和属性

8.3.1 引入案例——小鱼吹泡泡

【案例学习目标】控制不同路径下的影片剪辑实例，通过属性控制，改变影片剪辑实例的效果。

【案例知识要点】绝对路径和相对路径，影片剪辑的常用属性控制。效果如图 8-18 所示。

【效果所在位置】资源包/Ch08/效果/小鱼吹泡泡.swf。

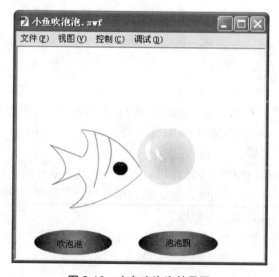

图 8-18 小鱼吹泡泡效果图

【制作步骤】

(1) 新建及保存文件。选择"文件"→"新建"菜单命令，在弹出的"新建文档"对话框中选择"ActionScript 2.0"，单击"确定"按钮即可新建一个 Flash 文档，设置文档大小为 350 像素×300 像素。将文件保存为"小鱼吹泡泡.fla"。

(2) 制作小鱼。选择"文件"→"导入"→"导入到库"菜单命令，将"Ch02/效果"路径下的"线条工具绘制海鱼.swf"影片剪辑导入到库中供使用。

(3) 制作"泡泡"元件。新建影片剪辑元件，并将其名称设为"泡泡"，选中椭圆工具，设置无笔触，然后打开"颜色"面板，设置填充颜色为从#CCCCCC 到#EEEEEE 的径向渐变色，最后按住 Shift 键的同时在元件工作区上绘制一个小圆，设置十字中心点在小圆的左下角。再使用工具为泡泡添加一些白色高光。

(4) 制作"小鱼吹泡泡"元件。新建"小鱼吹泡泡"影片剪辑元件，将前面导入到库中的"线条工具绘制海鱼.swf"影片剪辑拖入元件舞台，并使用任意变形工具将小鱼翻转。然后将"泡泡"元件拖放至小鱼的嘴边适当的位置，并设置"泡泡"元件的实例名为 mc_pao。双击回到"场景 1"，将刚制作好的"小鱼吹泡泡"元件拖入场景舞台上适当的位置创建其实例，并在其"属性"面板上将该实例命名为 mc_chuipao。

(5) 制作按钮。使用椭圆工具绘制如图 8-18 所示的椭圆，并复制一份，然后使用文本工具分别添加"吹泡泡"和"泡泡飘"文本，最后分别转换为影片剪辑元件。

(6) 为两个影片剪辑类型的按钮添加代码。

为"吹泡泡"按钮添加如下代码。

```
on (rollOver) {//鼠标滑过时触发
    _root.mc_chuipao.mc_pao._xscale += 15;//使用绝对路径
    _parent.mc_chuipao.mc_pao._yscale += 15;//使用相对路径
}
```

为"泡泡飘"按钮添加如下代码。

```
on (release) {
    a = _parent.mc_chuipao.mc_pao;//将目标影片剪辑赋值给变量a
    a._x += 2;//设置 X 轴坐标值
    a._y -= 5;//设置 Y 轴坐标值
    a._alpha = 60 + random(20);//设置影片剪辑透明度值
}
```

至此，小鱼吹泡泡实例制作完毕。测试影片，当鼠标指针不断滑过"吹泡泡"按钮时，小鱼嘴边的泡泡越吹越大，每次点击"泡泡飘"按钮时，泡泡向右上方飘飞指定的距离，其透明度也会有一些细小的变化。

8.3.2 影片剪辑的路径

对象就是制作动画过程中要操作控制的东西，想要在编程过程中使 Flash 能找到要控制的对象，首先就要知道这个对象的路径。但是 Flash 对象的路径跟之前了解的文件和文件夹的路径又有区别，文件路径指的是文件在磁盘或互联网上所处的位置，而 Flash 动画中对象的路径一般指明的是对象之间与时间轴的关系。

在 Flash 中，路径分为相对路径、绝对路径和动态路径三类。常用的是相对路径和绝对路径。选中要查看或插入路径的对象，打开"动作"面板，单击上面的"插入目标路径"图标按钮 ⊕ ，即会弹出"插入目标路径"对话框，在对话框中即可查看对象的路径。

1．相对路径

相对路径就是以自己在影片中所处的路径为起点去调用其他影片剪辑及其变量。如图 8-19 所示，这种一个影片剪辑嵌套在另一个影片剪辑中的关系称为父子关系。

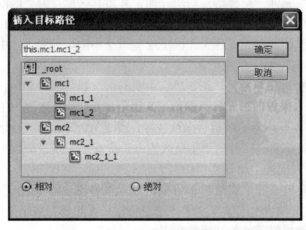

图 8-19　影片嵌套

如图 8-19 所示，_root 指的是最高级的主时间轴，它是 mc1 和 mc2 的父辈，且它只有子辈没有父辈。mc1 是 mc1_1 和 mc1_2 的父辈，也就是说，mc1_1 和 mc1_2 都是 mc1 的子辈。而 mc2_1 既是 mc2 的子辈，又是 mc2_1_1 的父辈。如果当前选中的是舞台中的 mc2，那么它的相对路径就是"this"，如图 8-20 所示。此时其子级 mc2_1 的相对路径就是"this.mc2_1"，如图 8-21 所示。 mc2_1_1 的相对路径就是"this.mc2_1.mc2_1_1"，如图 8-22 所示。_root 是 mc2 的父级，父级的相对路径使用"_parent"表示，所以其父级的相对路径就是 this._parent(或 Object(this._parent))，如图 8-23 所示。所以 mc1 的相对路径就是 this._parent.mc1(或 Object(this._parent).mc1)，如图 8-24 所示，mc1_1 的相对路径就是 this._parent.mc1.mc1_1(或 Object(this._parent).mc1.mc1_1)，如图 8-25 所示。

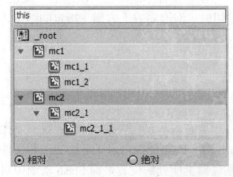

图 8-20　当前选中 mc2 的相对路径

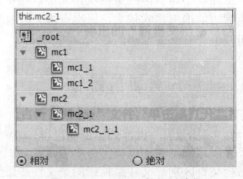

图 8-21　　mc2_1 的相对路径

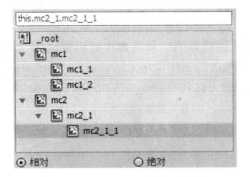

图 8-22　mc2_1_1 的相对路径

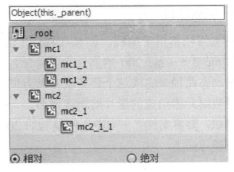

图 8-23　_root 的相对路径

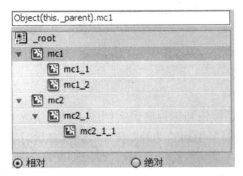

图 8-24　mc1 的相对路径

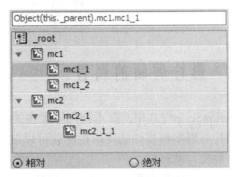

图 8-25　mc1_1 的相对路径

相对路径是 Flash 动画设计默认的路径形式，因为这种路径的表示方法具有较好的可移植性，容易根据需要进行变动。虽然较难理解和掌握，但是在动画设计过程中提倡使用这种路径表示方法。使用时，经常可以省略代表其本身的"this"。

2．绝对路径

绝对路径就是读取或调用任何变量及影片剪辑时，以主时间轴(_root)为起点，从外到内逐级用点语法写下的路径。

例如，要将上面实例 mc2_1_1 的宽度(_width)属性设置为 200，使用绝对路径表示如下：

```
_root.mc2.mc2_1.mc2_1_1._width=200;
```

绝对路径的好处是对于路径可以"一看到底"，简单易懂，但是它的不可变动性是它最大的缺点。

例如，上面实例 mc1_2 的绝对路径是：

```
_root.mc1.mc1_2
```

如果将 mc1_2 移动到 mc2 下作为 mc2 的子级，则原来的路径将全部失效，新的路径要修改为：

```
_root.mc2.mc1_2
```

3．动态路径

动态路径常用于编程，如果在程序中要设置创建好的一系列影片剪辑实例如 mc_1、mc_2、mc_3……mc_200 的属性为不可见，手动修改的工作量是无法估量的，而使用 Flash 提供的动态路径来完成这个任务就非常方便。Flash 可以利用数组来访问运算符和由字符串、变量及数组元素组成的影片剪辑实例名。

例如，要将案例"下雪啦"中复制的 200 个影片剪辑实例的属性设置为不可见，输入以下代码即可：

```
for(i=0;i<200;i++)  {
    this["snow"+i]._visible=0;
}
```

8.3.3 影片剪辑的属性

ActionScript 2.0 中，脚本代码添加在关键帧、按钮和影片剪辑实例中，很多情况下，通过对影片剪辑实例属性的灵活控制就可以制作出很多生动的动画效果。本节就来学习下面这些常用的影片剪辑属性。

- _x：影片剪辑的 X 坐标值属性。
- _y：影片剪辑的 Y 坐标值属性。
- _visible：影片剪辑的可见性属性。
- _alpha：影片剪辑的透明度属性。
- _width：影片剪辑的宽度值属性。
- _height：影片剪辑的高度值属性。
- _xscale：影片剪辑的横向缩放属性。
- _yscale：影片剪辑的纵向缩放属性。
- _xmouse：鼠标的 X 坐标值属性。
- _ymouse：鼠标的 Y 坐标值属性。

1．坐标属性(_x、_y)

Flash 场景中的每个对象都有它的坐标，坐标值以像素为单位。Flash 场景的左上角为坐标原点，它的坐标位置为(0,0)，前一个 0 表示水平坐标，后一个 0 表示垂直坐标。Flash 默认的场景大小为 550 像素×400 像素，即场景右下角的坐标为(550,400)，它表示距坐标原点的水平距离为 550 像素，垂直距离为 400 像素。

在 Flash 中，分别用"_x"和"_y"表示 X 坐标值属性和 Y 坐标值属性。例如，要在主时间轴上表示场景中的影片剪辑实例 snow 的位置属性，可以使用下面的方法。

```
snow._x
snow._y
```

如果是在 snow 自身的脚本中表示它的坐标，可以使用如下的方法。

```
_x;
_y;
```

或者

```
this._x;
this._y;
```

通过更改_x 和_y 属性可以在影片播放时改变影片剪辑的位置。如可以为影片剪辑编写如下的事件处理函数：

```
onClipEvent (enterFrame) {
    _x += 5;
    _y += 5;
}
```

该事件处理函数使影片剪辑在每次 enterFrame 事件中向右和向下移动 5 像素的位置。详见文件：资源包/Ch08/效果/其他实例/坐标属性实例.fla。

如果想要使影片剪辑实例(mc)位于舞台中心，则可以在关键帧中使用下列赋值语句。

```
mc._x=(舞台宽度-mc._width)/2;
mc._y=(舞台高度-mc._height)/2;
```

2. 可见性(_visible)

影片剪辑使用_visible 属性来设置其可见性。_visible 属性使用布尔值，为 true(或 1)时表示影片剪辑可见，即显示影片剪辑；为 false(或 0)时表示影片剪辑不可见，隐藏影片剪辑。

例如要隐藏影片剪辑 snow：

```
snow._visible = false;//或 snow._visible=0;
```

3. 旋转角度属性(_rotation)

Flash 中使用_rotation 属性表示影片剪辑的旋转角度，它的取值介于−180°~180°之间，可以是整数和浮点数。如果将它的值设置在这个范围之外，系统会自动将其转换为这个范围之间的值。例如，将_rotation 的值设置为 181°，系统会将它转换为−179°；将_rotation 的值设置为−181°，系统会将它转换为 179°。影片剪辑的旋转是围绕其中心点进行的，所以可以通过改变中心点在影片剪辑中的位置来调整其旋转效果。

例如，使用下面的语句实现影片剪辑的自动连续转动。

```
onClipEvent (enterFrame) {
    _rotation += 15;
}
```

详见文件：资源包/Ch08/效果/其他实例/旋转角度实例.fla。

4．宽和高(_width、_height)

_width：该属性用来设置影片剪辑的宽度。

_height：该属性用来设置影片剪辑的高度。

例如，使用下面的语句实现影片剪辑实例的宽度值和高度值自动增加 2 像素。

```
onClipEvent (enterFrame) {
    _width += 2;
    _height += 2;
}
```

详见文件：资源包/Ch08/效果/其他实例/宽度和高度属性实例.fla。

5．透明度(_alpha)

_alpha 属性决定了影片剪辑的透明程度，它的范围在 0～100 之间，0 表示完全透明，100 表示不透明。例如要将影片剪辑实例 snow 的透明度设为 75%，可使用下面语句。

```
snow._alpha = 75;
```

_alpha 属性代表了第四种颜色通道，即所谓的 alpha 通道。前三种颜色通道分别为 red(红)、green(绿)、blue(蓝)，也就是我们说的三原色通道，通常也简称 R、G、B 通道。前三种颜色通道决定像素的颜色成分，alpha 通道决定像素的透明程度。

也可以在脚本中设置按钮的_alpha 属性。特别指出，将按钮的_alpha 属性设置为 0，虽然按钮不可见，但是它的热区同样存在，仍然可以对它进行单击等操作；如果要将按钮变为不可用，可以将其_visible 属性设置为 false。

例如，使用下面的语句实现影片剪辑实例随着鼠标移动而越来越透明，直至完全透明。

```
onClipEvent (mouseMove) {
    _alpha -= 1;
}
```

详见文件：资源包/Ch08/效果/其他实例/透明度属性实例.fla。

6．缩放属性(_xscale、_yscale)

_xscale：相对于库中原影片剪辑元件的横向尺寸_width 的缩放属性。

_yscale：相对于库中原影片剪辑元件的纵向尺寸_height 的缩放属性。

注意这两个属性的缩放都是相对于库中影片剪辑元件的尺寸的缩放，与场景中影片剪辑实例的尺寸无关。如库中影片剪辑元件的横向宽度为 300 像素，在场景中将它的实例宽度调整为 200 像素，在脚本中将_xscale 设置为 60，则它在影片播放时显示的横向宽度将是 300 像素的 60%，即 180 像素，而不是 60 像素或 200 像素的 60%。

当_xscale 和_yscale 的取值在 0～100 之间时，缩小原影片剪辑实例；当_xscale 和_yscale 的取值大于 100 时，放大原影片剪辑实例；当_xscale 或_yscale 为负时，将在缩放的基础上水平或垂直翻转原影片剪辑。影片剪辑实例的缩放效果与其中心点十字也有很大关系，读者可以自己体会一下。

可以使用下面的语句实现当鼠标移动时影片剪辑实例的大小变为库中元件大小的 80%：

```
onClipEvent(mouseMove){
    _xscale=80;
    _yscale=80;
    }
```

详见文件：资源包/Ch08/效果/其他实例/缩放属性实例.fla。

7. 鼠标位置属性(_xmouse、_ymouse)

_xmouse：代表鼠标的水平坐标位置。

_ymouse：代表鼠标的垂直坐标位置。

鼠标的位置属性在影片剪辑控制中经常使用到，所以放在影片剪辑属性这一节介绍。需要说明的是，如果这两个属性用在主时间轴中，则它们表示鼠标光标相对于主场景的坐标位置；如果这两个属性用在影片剪辑中，则表示鼠标光标相对于该影片剪辑的坐标位置。_xmouse 和_ymouse 属性都是从对象的坐标原点开始计算的，即在主时间轴中代表光标与左上角之间的距离；在影片剪辑中代表光标与影片剪辑中心点十字之间的距离。

多数情况下，要获得主场景中光标的位置，使用_root._xmouse 和_root._ymouse 语句。

可以为影片剪辑实例添加下面的代码，使影片剪辑保持与鼠标位置相同的坐标值，效果是鼠标移动到哪里，影片剪辑也跟随移动到哪里。

```
onClipEvent (enterFrame) {
    _x = _root._xmouse;
    _y = _root._ymouse;
}
```

详见文件：资源包/Ch08/效果/其他实例/鼠标位置实例.fla。

提示：上面介绍的影片剪辑的属性，对于按钮实例和文本框同样适用。

8. 影片剪辑的其他属性

除了上述常用属性，MovieClip 类还有一些其他属性。

- _name：影片剪辑的名称属性。
- enabled：影片剪辑是否处于启用状态，true 为启用，false 为禁用。
- _currentframe：该属性获得影片剪辑实例中播放头当前所处的帧的编号。
- _totalframes：该属性获得影片剪辑实例中的总帧数。

例如，下列代码设置：如果影片剪辑实例 mc1 中播放头所处的帧的编号等于总帧数(即播放完毕)，则停止播放该影片剪辑，并设置该影片剪辑实例为禁用状态。

```
if (mc1._currentframe == mc1._totalframes){
    mc1.stop();
    mc1.enabled = false;
}
```

8.4 函 数

8.4.1 引入案例——电子相册

【案例学习目标】使用按钮，应用简单的时间轴控制函数查看电子相册各个页面。

【案例知识要点】设计动画界面，插入图像，为按钮添加时间轴控制代码，控制电子相册的翻页查看，完成效果如图 8-26 所示。

图 8-26 电子相册

【效果所在位置】资源包/Ch08/效果/电子相册.swf。

【制作步骤】

(1) 新建及保存文件。选择"文件"→"新建"菜单命令新建一个文档，设置文档背景颜色为"#FFCC99"，文档大小为 400 像素×420 像素。选择"文件"→"保存"命令，将文件保存为"电子相册.fla"。将当前层重命名为"相册"，新建一个图层，命名为"as"，并在"as"层第 1 帧的"动作"面板中输入如下代码(使播放时停止在第 1 帧)。

```
stop();
```

(2) 制作相册封面。在"相册"层第 1 帧输入文本"凤凰美景欣赏""制作人：小 K"，格式按自己喜好设置。打开公用库，在库中找到一个合适的按钮，拖放至舞台中适当的位置，并将按钮上的文字修改为"Play"。

选中"Play"按钮，在"动作"面板添加如图 8-27 所示的代码。

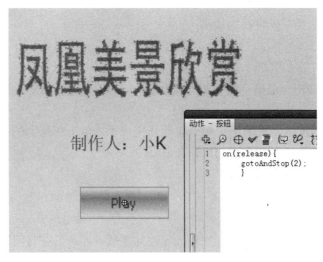

图 8-27　封面及"Play"按钮的代码

(3) 为相册添加图像。分别在"相册"层的第 2、3、4 帧插入空白关键帧，然后导入"Ch08/素材"文件夹中的图像"1.jpg"、"2.jpg"、"3.jpg"到库中，将三张图像分别拖放至三个空白关键帧舞台中适当的位置。

(4) 制作控制按钮。分别设计如图 8-28 所示的四个按钮(外观可以根据需要设计)，并分别拖入"相册"图层的第 2、3、4 帧舞台中图像的下方。注意：第 2 帧中的图像没有"上一页"按钮，最后 1 帧中的图像没有"下一页"和"末页"按钮。

图 8-28　控制按钮

(5) 为按钮添加控制代码。

为所有的"首页"按钮添加代码：

```
on(release){
    gotoAndStop(1);
    }
```

为所有的"末页"按钮添加代码：

```
on(release){
    gotoAndStop(4);
    }
```

为所有的"上一页"按钮添加代码：

```
on (release) {
    prevFrame();}
```

为所有的"下一页"按钮添加代码：

```
on (release) {
   nextFrame();}
```

(6)为相册添加修饰。根据喜好为相片添加修饰，本例中使用 Deco 工具中"树刷子"的"藤"对相册进行了装饰。

至此，欣赏湘西凤凰美景的电子相册就制作完成了。单击相册上的按钮，就可以像平时翻看纸制相册那样欣赏电子相册上的各张图片了。

8.4.2 时间轴控制函数

时间轴控制函数是对时间轴进行控制的，例如播放、停止、在时间轴上跳转等，常用的有以下一些函数。

- play()：使影片从当前帧开始继续播放。
- stop()：使影片停止在当前时间轴的当前帧。
- gotoAndPlay()：跳转到用帧标签或帧编号指定的某一特定帧并继续播放。
- gotoAndStop()：跳转到用帧标签或帧编号指定的某一特定帧并停止。
- nextFrame()：使影片跳转到下一帧并停止。
- prevFrame()：使影片跳转到上一帧并停止。
- nextScene()：使影片跳转到下一个场景并停在该场景的第 1 帧。
- prevScene()：使影片跳转到上一个场景并停在该场景的第 1 帧。
- stopAllSounds()：停止所有声音的播放。

下面分别对常用的时间轴控制函数进行介绍。

1．play()函数

play()函数使影片从它的当前位置开始播放。如果影片由于 stop 动作或 gotoAndStop 动作而停止，那么用户可以使用 play 函数启动，使影片继续播放。

play()函数的书写形式为：

```
play();
```

该函数的括号中没有参数。以下脚本展示了一个鼠标事件，当单击按钮实例时，影片在当前位置开始播放。

```
on(release){
     play();
}
```

2．stop()函数

stop 函数使影片停止播放。

stop 函数的书写形式为：

```
stop();
```

该函数和 play()函数一样，不带参数，但括号不能省略。

以下脚本展示了一个鼠标事件，当单击按钮实例时，当前影片停止播放。

```
on(release){
      stop();
}
```

3．gotoAndPlay()函数

gotoAndPlay()函数的功能是跳转到用帧标签或帧编号指定的某一特定帧并继续播放。

该函数的一般书写形式为：

```
gotoAndPlay(帧);
```

或

```
gotoAndPlay("场景",帧);
```

以下脚本展示了一个鼠标事件，当单击按钮时，跳转到当前时间轴的第 5 帧并播放。

```
on(release){
      gotoAndPlay(5);
}
```

如果为第 5 帧设置了帧标签名称"five"，也可以使用"gotoAndPlay("five");"来替代。

以下脚本展示了一个鼠标事件，当单击按钮时，跳转到场景"scene3"的第 2 帧并播放。

```
on(release){
      gotoAndPlay("scene3",2);
}
```

4．gotoAndStop()函数

gotoAndStop()函数的功能是跳转到用帧标签或帧编号指定的某一特定帧并停止,用法与 gotoAndStop()函数相似。

一般书写形式如下。

```
gotoAndStop(帧);
```

或

```
gotoAndStop("场景",帧);
```

以下脚本展示了一个鼠标事件，当单击按钮(释放鼠标时)时，跳转到当前时间轴的第 3

帧并停止。

```
on(release){
      gotoAndStop(3);
}
```

如果为第 3 帧设置了帧标签名称 "three"，也可以使用 "gotoAndStop("three");" 来替代。

以下脚本展示了一个鼠标事件，当单击按钮(释放鼠标时)时，跳转到场景 "myScene" 的第 5 帧并停止播放。

```
on(release){
      gotoAndStop("myScene",5);
}
```

5．其他时间轴控制函数

nextFrame()函数使影片跳转到下一帧并停止，prevFrame()函数使影片跳转到上一帧并停止。nextScene()函数使影片跳转到下一个场景并停在该场景的第 1 帧，prevScene()函数使影片跳转到上一个场景并停在该场景的第 1 帧。stopAllSounds()函数可以设置将正在播放的所有声音都停止播放。这几个函数的括号中都是没有参数的。

8.4.3 影片剪辑控制函数

影片剪辑控制函数是 Flash 针对影片剪辑进行操作的动作集合。在 Flash CS5 中经常用到的影片剪辑控制函数主要有如下几种。

1．duplicateMovieClip()函数

duplicateMovieClip()函数用于动态复制影片剪辑实例。其一般格式如下。

```
duplicateMovieClip(目标, 新名称="",深度);
```

如前面 "下雪啦" 实例中：duplicateMovieClip("_root.snow","snow"+i,i);

各参数含义介绍如下：

● 目标：要复制的 "影片剪辑" 实例的目标路径。

● 新名称：复制的 "影片剪辑" 实例的名称。只需输入名称，而无须输入路径。复制的 "影片剪辑" 实例保持原 "影片剪辑" 实例的相对路径。

● 深度：就是前面介绍的 "级别"，用来设置复制的影片剪辑实例的叠放次序，取值越大，叠放的位置越靠上，不同的影片剪辑应该取不同的深度值。

此函数的用法参考实例 "下雪啦"。

2．setProperty()函数

setProperty()函数用于更改影片剪辑的属性值。其一般格式如下。

```
setProperty(目标, 属性, 值);
```

各参数含义如下。

● 目标：指定要设置属性的影片剪辑实例名称，注意包括影片剪辑的路径。

● 属性：指定要设置的属性，如透明度、可见性等。

● 值：指定新的属性值，包括数值和布尔值等。

例如：

```
setProperty("_root.myMc.mc1",_visible,false);
```

又例如，下列语句复制 50 个 star 的影片剪辑实例，并对新复制的对象更改其 *X* 坐标、*Y* 坐标和 alpha 透明度值。

```
for (i = 1; i < 50; i++){
    duplicateMovieClip("_root.star", "star" + i, i);
    setProperty("star" + i, _x, random(550));
    setProperty("star" + i, _y, random(400));
    setProperty("star" + i, _alpha, random(100));
}
```

详见文件：资源包/Ch08/效果/其他实例/setProperty 实例.fla。

3．getProperty()函数

getProperty 函数用于获取影片剪辑实例的指定属性。其一般格式如下。

```
getProperty(目标，属性);
```

各参数含义如下。

● 目标：要获取属性的影片剪辑实例的名称。

● 属性：要获取的影片剪辑实例的某种属性。

该函数将返回"影片剪辑"实例的指定属性的值。例如，要获得"下雪啦"案例中的 snow 影片剪辑实例的宽度值和透明度值，可使用如下语句。

```
getProperty(" snow" ,_width);//获取 snow 影片剪辑实例的宽度值
getProperty(" snow" ,_alpha);//获取 snow 影片剪辑实例的透明度值
```

4．on()函数

on()函数用于触发动作的鼠标事件或按键事件。既可以使用在按钮实例上，又可以使用在影片剪辑实例上。

on()函数可以捕获当前按钮(button)或影片剪辑(MovieClip)中的指定事件，并执行相应的程序块(statements)。其一般格式如下。

```
on(参数){
    程序块; //触发事件后执行的程序块
}
```

其中"参数"指定了要捕获的事件，具体事件如下。

- press：当按钮被按下时触发该事件。
- release：当按钮按下后被释放时触发该事件。
- releaseOutside：当按钮被按住后鼠标移动到按钮范围外并释放时触发该事件。
- rollOut：当鼠标滑出按钮范围时触发该事件。
- rollOver：当鼠标滑入按钮范围时触发该事件。
- dragOut：当按钮被鼠标按下并拖曳出按钮范围时触发该事件。
- dragOver：当按钮被鼠标按下并拖曳入按钮范围时触发该事件。
- keyPress("key")：当参数"key"指定的键盘按键被按下时触发该事件。

为影片剪辑实例添加下面代码，实现单击影片剪辑实例时隐藏或显示 star 实例(如 star 处于显示状态，单击则隐藏；如果处于隐藏状态，单击则显示)：

```
on (release) {
    if (_parent.star._visible == 1){
        _parent.star._visible = 0;
    }else{
        _parent.star._visible = 1;
    }
}
```

详见文件：资源包/Ch08/效果/其他实例/on 函数实例.fla。

这段动作是写在影片剪辑上的，所以要加_parent，如果是写在按钮上的，则就直接使用 star._visible。当 on()函数使用在按钮实例上时，可以直接控制当前时间轴中的实例，而当 on() 函数添加在影片剪辑实例上时，则只能控制该影片剪辑内部的时间轴中的实例，二者路径基点是完全不一样的。换句话说，如果要在影片剪辑上用 on()处理函数控制当前时间轴中的实例或触发当前时间轴的动作，则需要在路径前加 _parent。

提示：如果函数既可以使用在按钮实例上，又可以使用在影片剪辑实例上，使用原理都与 on()函数相同，要注意区分二者路径。

5. onClipEvent()函数

onClipEvent()函数用于触发特定影片剪辑实例定义的动作。其一般格式如下。

```
onClipEvent(参数){
    程序块; //触发事件后执行的程序块
}
```

其中"参数"是一个称为事件的触发器。当事件发生时，执行事件后面大括号中的程序块。现将常用的参数介绍如下。

- load：影片剪辑实例一旦被实例化并出现在时间轴中时，即触发该事件。
- unload：从时间轴中删除影片剪辑后，此事件在第 1 帧中启动。在向受影响的帧附加任何动作之前，先处理与 unload 影片剪辑事件关联的动作。
- enterFrame：每进入一个帧时就触发该事件，也就是以影片剪辑帧频不断触发此事件。首先处理与 enterFrame 剪辑事件关联的动作，然后才处理附加到受影响帧的所有帧动作。enterFrame 事件其实是一个不断执行的动作，执行的速度取决于帧频。

- mouseMove：每次移动鼠标时触发该事件。可以使用_xmouse 和_ymouse 属性获得鼠标当前的坐标值。
- mouseDown：当按下鼠标左键时触发该事件。
- mouseUp：当鼠标左键弹起时触发该事件。
- keyDown：当按下某个键时触发该事件。可以使用 key.getCode()获取有关最后按下的键的信息。
- keyUp：当某个按下的键弹起时触发该事件。使用 key.getCode()获取有关最后按下的键的信息。
- data: 当在 loadVariables()或 loadMovie()动作中接收数据时触发该事件。当与 loadVariables()动作一起指定时，data 事件只在加载最后一个变量时发生一次；当与 loadMovie()动作一起指定时，获取数据的每一部分时，data 事件都重复发生。

例如，在下面脚本(应用在影片剪辑实例上)中，当按下键盘上向右的方向键时，影片转到下一帧并停止，当按下键盘上向左的方向键时，影片转到前一帧并停止。

```
onClipEvent (keyDown) {
    if (key.getCode() == Key.RIGHT){//按下的是向右的方向键
        _parent.nextFrame();//如该代码用在按钮实例上,则直接使用 nextFrame();就可
    }
    else if (Key.getCode() == Key.LEFT){//按下的是向左的方向键
        _parent.prevFrame();
    }
}
```

详见文件：资源包/Ch08/效果/其他实例/onClipEvent 函数实例.fla。

6. removeMovieClip()函数

removeMovieClip()函数用于删除指定的影片剪辑。其一般格式如下。

```
removeMovieClip(目标);
```

函数参数介绍如下。

- 目标：主要是指用 duplicateMovieClip()创建的影片剪辑实例，或者用 MovieClip.attachMovie()或 MovieClip.duplicateMovieClip()创建的影片剪辑实例。

例如，在下列语句中，单击按钮时，删除使用 duplicateMovieClip()复制的影片剪辑实例 star1。

```
on (release) {  //如此动作如果是应用在影片剪辑实例上，则要使用_parent.star
removeMovieClip("star1");}
```

详见文件：资源包/Ch08/效果/其他实例/removeMovieClip 函数实例.fla

7．startDrag()函数

startDrag()函数用于使指定的影片剪辑实例在影片播放过程中可拖动。其一般格式如下。

```
startDrag(目标, 固定, 左, 顶部, 右, 底部);
```

各参数含义如下。

● 目标：指定要拖动的影片剪辑实例的目标路径。

● 固定：一个布尔值，如取值为 true，则指定可拖动影片剪辑锁定到鼠标位置中央；
如取值为 false，则锁定到用户首次单击该影片剪辑的位置上。此参数是可选的。

其他四个参数"左"、"顶部"、"右"、"底部"都是相对于影片剪辑父级坐标的值，这些坐标指定该影片剪辑的约束矩形。这些参数都是可选的。

8．stopDrag()函数

stopDrag()函数用于停止当前影片剪辑实例的拖动操作。其一般格式如下。

```
stopDrag();
```

startDrag()函数括号中没有参数，作用是使"目标"影片剪辑实例在影片播放过程中可拖动，而一次只能拖动一个影片剪辑。执行 startDrag()函数后，影片剪辑实例保持可拖动状态，直到被 stopDrag 动作明确停止为止，所以这两个函数通常是结合在一起使用的。

例如，在如下的代码中，利用 startDrag()拖动影片剪辑实例"fatherChristmas"，然后用 stopDrag()停止"fatherChristmas"的拖动。

```
on (press) {
    startDrag("_parent.fatherChristmas");
                        //如拖动按钮，则使用语句 startDrag("fatherChristmas");
}
on (release) {
    stopDrag();
}
```

详见文件：资源包/Ch08/效果/其他实例/startDrag 和 stopDrag 函数实例.fla

✎ 提示：为遵循鼠标使用的习惯，使用 startDrag()拖动影片剪辑实例时一般使用"press"按下的鼠标事件，使用 stopDrag()停止拖动时则一般使用 "release" 释放的鼠标事件，即"按下"鼠标左键时可拖动，当"释放"左键时停止拖动。

上面的这些函数，单独使用一般就称为函数，如果与影片剪辑一起使用来控制影片剪辑实例，则同时又可以作为该影片剪辑的方法来使用。例如：

```
mc_star.play();//play()函数此时作为影片剪辑 mc_star 的方法
```

8.4.4 事件处理函数

On()函数和 onClipEvent()函数是直接应用于对象(按钮实例或影片剪辑实例)上的事件处

理方式，因为直接在对象上编写相应代码，所以很容易被初学者理解。但是，程序被分散在不同的对象上，这给代码的集中管理和编辑带来了不便。

利用事件处理函数，可以将所有的事件处理程序都添加在关键帧上，为代码的集中管理和编辑带来很大的方便。

按钮(Button)类的事件处理函数的名称大多是和 on()函数的事件参数名称相对应的。例如，onPress 对应 on(press)，onRelease 对应 on(release)等。同样，影片剪辑(MovieClip)类的事件处理函数的名称大多与 onClipEvent()函数的事件参数名称相对应，例如，onEnterFrame 对应 onClipEvent(enterFrame)，onLoad 对应 onClipEvent(load)等。

事件处理函数由三部分组成：事件所应用的对象、事件处理函数的名称和分配给事件处理函数执行的动作(放在函数体中)。事件处理函数的基本结构如下。

```
对象.事件处理函数的名称=function(){
    函数体
}
```

其中，函数体是用户编写的程序代码，对事件作出响应。

例如，舞台上的按钮实例名为"anniu"，单击该按钮要控制舞台上的影片剪辑实例"mc_1"停止播放，则可以在主时间轴的第 1 帧添加如下代码。

```
anniu.onRelease=function(){
    mc_1.stop();
}
```

又如，要在进入帧的时候使舞台上的影片剪辑实例"mc_1"顺时针旋转 45°，可以在主时间轴第 1 帧上添加如下事件处理函数代码。

```
_root.onEnterFrame = function(){
    mc1._rotation += 45;
};
```

读者可以试着打开前面制作好的案例，将案例中分散在各按钮实例和影片剪辑实例"动作"面板上的代码修改成事件处理函数，并统一放置到关键帧的"动作"面板中。

8.4.5　浏览器/网络函数

在"动作"面板的动作工具箱中，"全局函数"类别下有一个"浏览器/网络"类别，其中包括用来控制 Web 浏览器和网络播放等动作效果的函数。通过这部分的动作脚本，可以实现影片与浏览器及网络程序的交互操作。现将常用的"浏览器/网络"函数介绍如下。

1. fscommand()函数

fscommand()函数可以实现对影片浏览器(Flash Player)的控制，还可以通过使用 fscommand 动作将消息传递给 Macromedia Director。另外，配合 JavaScript 脚本语言，

fscommand()函数成为 Flash 和外界沟通的桥梁。fscommand()函数的一般格式如下。

```
fscommand(命令, 参数);
```

各参数含义如下。

● 命令：一个可执行的命令，可以是传递给外部应用程序使用的字符串，或者是一个传递给 Flash Player 的命令。

● 参数：一个执行命令的参数，可以是一个传递给外部应用程序用于任何用途的字符串，或者是传递给 Flash Player 的一个变量值。

fscommand()函数有多种用法，具体如下。

表 8-8 显示了 fscommand()函数可执行的命令和参数，这些值用于控制在 Flash Player 中播放的.swf 文件。

表 8-8　fscommand()函数预定义的命令和参数

命　　令	参　　数	目　　的
quit	无	关闭影片播放器
fullscreen	true 或 false	指定 true，则将 Flash Player 设置为全屏播放；指定 false，播放器返回到常规菜单视图
allowscale	true 或 false	指定 true，则强制 SWF 文件缩放到播放器的 100%；指定 false，播放器使用按 SWF 文件的原始大小播放而不进行缩放
showmenu	true 或 false	指定 true，则启用整个上下文菜单项集合；指定 false，则只显示一条有关播放器信息的菜单
xec	应用程序的路径	在播放器中执行应用程序
trapallkeys	true 或 false	用于控制是否让播放器锁定键盘的输入，true 为是，false 为不是。这个命令通常用在 Flash 以全屏播放的时候，避免用户按 ESC 键解除全屏播放

需要注意的是，表 8-8 描述的命令在 Web 播放器中一般都不可用。所有这些命令在独立的应用程序(例如放映文件)中都可用。例如，将影片发布为"Win 放映文件"，则都可以实现。例如，通过如下语句，在放映文件中可实现单击按钮，影片会全屏播放。

```
on(release){
    fscommand(" fullscreen" ,true);
    }
```

2. getURL()函数

getURL()函数将来自特定"URL"的文档加载到窗口中，或将变量传递到位于所定义"URL"的另一个应用程序。若要测试此动作，先要确保要加载的文件位于指定的位置。若要使用绝对"URL"(例如：http://www.baidu.com)，则需要网络连接。书写格式如下。

```
getURL(url, 窗口, 方法);
```

各参数含义如下。

- url：从该处获取文档的 URL。
- 窗口：可选参数，指定文档应加载到其中的窗口或 HTML 框架。可输入特定窗口的名称，或从下面的保留目标名称中选择。

   _self：在当前窗口中的当前框架打开。

   _blank：在新窗口打开。

   _parent：在当前框架的父级框架打开。

   _top：在当前窗口中的顶级框架打开。

- 方法：选择发送变量的方法，有 GET 和 POST 两种方法。如果没有变量，则省略此参数。GET 方法将变量追加到 URL 的末尾，该方法用于发送少量变量。POST 方法将变量打包在单独的 HTTP 标头中发送变量，所以一般用于发送长的变量字符串和需要保密的一些信息。

例如，单击按钮时要在新窗口中打开百度网站首页，就加入如下代码。

```
on(release){
    getURL("http://www.baidu.com", "_blank");
}
```

如果要附加电子邮件链接(例如 xabc@126.com)，可用如下代码。

```
on(release){
    getURL("mailto:xabc@126.com");
}
```

如果 SWF 文件与要打开的资源属于同一目录下，可直接书写要打开的文件名及后缀。

```
on(release){
    getURL("onClipEvent 函数实例.swf");
}
```

如果要打开的资源位于下一级目录，则以"/"开头。

如链接到"我的电脑"，可为 Flash 的按钮添加如下代码。

```
on (release) {
    getURL("::{20D04FE0-3AEA-1069-A2D8-08002B30309D}");
}
```

链接到"我的文档"，使用如下代码。

```
on (release) {
    getURL("::{450D8FBA-AD25-11D0-98A8-0800361B1103");
}
```

详见文件：资源包/Ch08/效果/其他实例/getURL 函数实例.fla。

3. loadMovie()和loadMovieNum()函数

loadMovie()函数用于加载一个影片或图像到一个目标(如场景中一个空的影片剪辑实例)中。使用此函数需要专门指定一个有命名的影片剪辑实例用来显示加载的影片和图像。该函数的书写格式为：

```
loadMovie(url,目标,方法);
```

各参数含义如下。
- url：要加载的.swf 文件或.jpeg 文件的绝对或相对 URL。
- 目标：指向用来显示影片和图像的目标影片剪辑实例的名称(包括路径)。目标影片剪辑将被加载的.swf 文件或图像替换。
- 方法：可选参数，GET 或 POST。如果没有要发送的变量，则省略此参数。

例如下列代码表示单击按钮时将外部做好的影片 onClipEvent 函数实例.swf 加载到名称为 mc_show 的影片剪辑实例中，并替换 mc_show 实例。

```
on (release) {
    loadMovie("onClipEvent 函数实例.swf", mc_show);
}
```

加载图像则使用语句：loadMovie("pic/1.jpg", mc_show);

提示：在浏览器内嵌的 Flash 播放器内使用 "loadMovie" 语句装载动画时，会受到浏览器的安全限制，所以只能装载同一服务器上的.swf 文件。

loadMovieNum()函数可用于加载影片剪辑或图像。它能将影片剪辑或图像加载到当前舞台上，其一般形式为：

```
loadMovieNum(url,级别,方法);
```

其中 "url" 用来设置要加载的文件的路径，而 "级别" 是用来设置叠放次序的。如下面代码加载 F 盘中根目录下的影片 "行走.swf"，并将其置于 "2" 级别上。

```
loadMovieNum("F:/行走.swf",2);
```

4. unloadMovie()函数

unloadMovie()函数是从 Flash Player 中删除影片剪辑实例。其书写格式为：

```
unloadMovie(目标);
```

- 目标：要删除的影片剪辑的目标路径。

例如，单击按钮卸载刚才使用 loadMovie()函数加载进来的影片剪辑或图像，代码如下。

```
on (release) {
    unloadMovie(mc_show);
}
```

详见文件：资源包/Ch08/效果/其他实例/loadMovie 和 unloadMovie 函数实例.fla。

8.4.6 其他常用普通函数

1．trace()函数

trace()函数能在测试模式下，计算表达式并在"输出"面板中显示结果。其书写格式为：

```
trace(参数);
```

"参数"一般为表达式，测试 SWF 文件时，在"输出"面板显示表达式的值。
例如：

```
trace(a);//输出变量a的值
trace("I'm "+12+"years old.");//输出字符串："I'm 12 years old."
```

2．setMask()函数

setMask()函数用于实现遮罩效果。其书写格式为：

```
被遮罩的影片剪辑实例名.setMask(当做遮罩层的影片剪辑实例名);
```

例如，设计两个影片剪辑元件(其实例名分别为 mc_beizz 和 mc_zz)，在时间轴的关键帧中添加如下代码，即可让 mc_zz 去遮罩实例 mc_beizz。

```
mc_beizz.setMask(mc_zz);
```

详见文件：资源包/Ch08/效果/其他实例/setMask 函数实例.fla。

3．getTimer()函数

getTimer()函数能获取从影片开始播放到现在的总播放时间，计时单位是毫秒。
如可以使用下面代码输出影片已经播放的时间(毫秒数)。

```
trace(getTimer());
```

4．isFinite()函数

isFinite()函数用于测试数值是否为有限数。其书写格式为：

```
isFinite(表达式);
```

使用 isFinite()函数，可以检测参数"表达式"中算术表达式的计算结果是否是一个有限数。如果是则返回"true"，如果不是则返回"false"。

5．isNaN()函数

isNaN()函数用于测试括号中的参数是否为数值。其书写格式为：

```
isNaN(表达式);
```

使用 isNaN() 函数，可以检测参数"表达式"中算术表达式的计算结果是否是一个数值。如果不是数值则返回"true"，如果是数值则返回"false"。

例如：

```
trace(isNaN(3));//输出 false
trace(isNaN("3"));//输出 false，双引号中是数字
trace(isNaN("a"));//输出 true
```

6. parseFloat() 函数

parseFloat() 函数用于将字符串转换成浮点数，其书写格式为：

```
parseFloat(字符串);
```

parseFloat() 函数是一个转换函数，使用该函数可以解析指定字符串中表示的浮点型数字值。参数"字符串"指定要解析成浮点型数字值的字符串。返回的数字值，表示转换后的结果。如果返回 NaN，则表示要解析的字符串值不能被合理地解析为浮点型数字值。

7. parseInt() 函数

parseInt() 函数用于将字符串转换为整数。其书写格式为：

```
parseInt(字符串,基数);
```

parseInt() 函数是一个转换函数，使用该函数可以解析指定字符串中表示的整型数字值。参数"字符串"是指定要解析成整型数字值的字符串。参数"基数"指定解析时使用的数字进制标准。返回的数字值，表示转换后的结果。如果返回 NaN，则表示要解析的字符串不能被合理地解析为整型数字。

8. Array() 函数

Array() 函数用于创建新的空数组，或者将指定元素转换为数组。其书写格式为：

```
Array();
```
或
```
Array(参数);
```

Array 对象就是一组数据的集合，也就是数组。可以把一些常用的数据或者需要进行处理的数据存放到一个数组当中。使用数组是为了简化代码、方便数据管理。

9. Boolean() 函数

Boolean() 函数用于将参数转换为布尔类型。其书写格式为：

```
Boolean(表达式);
```

使用 Boolean()函数，可以对指定数据表达式进行运算求值，并把结果强制转换为逻辑值。参数"表达式"表示要转换的数据表达式。返回的逻辑值，表示获取强制转换为逻辑值后的数据表达式结果。该语句经常在对某些变量进行逻辑求值时使用。

10．Number()函数

Number()函数用于将参数转换为数字类型。其书写格式为：

```
Number(表达式);
```

使用 Number()函数，可以对指定数据类型表达式进行运算求值，并把结果强制转换为数字值。参数"表达式"指定要转换的数据表达式。如果参数"表达式"是一个字符串值，则返回经过分析后的数字结果；如果该字符串不能被转换为数字，则返回 NaN。如果参数"表达式"是一个逻辑值，当逻辑值为"true"时返回 1，为"false"时返回 0；如果参数"表达式"是未定义(undefined)值，返回 0。

11．Object()函数

Object()函数用于将参数转换为相应的对象类型。其书写格式为：

```
Object(值);
```

Object 对象是 Flash 提供的自定义数据对象。自定义数据对象，就是将各种类型的数据，以属性的方式存储在一个 Object 对象中。用户可以通过访问对象属性的方式，访问存放在对象里的数据。在 Flash 中有很多对象方法，需要使用自定义数据对象来提供参数。

12．String()函数

String()函数用于将参数转换为字符串类型。其书写格式为：

```
String(表达式);
```

使用 String()函数，可以将指定数据表达式的计算结果转换为字符串值。参数"表达式"指定要转换的数据表达式。返回的字符串值，表示数据转换后的字符串值。

13．random()随机函数

random()函数可以获取一个近似的随机整数，函数的括号里面有一个参数。如 random(10)随机返回 0~9 这 10 个整数中的一个。现在一般使用 Math 类的 random()方法来求随机数，即 Math.random()。该方法返回一个大于等于 0 并且小于 1 的随机浮点数，如 Math.random(10)，返回 0 到 10(不包括 10)之间的任意随机浮点数，也可以表示为 Math.random()*10。

14．attachMovie()函数

attachMovie()函数的作用是对"库"面板中的元件进行复制，其一般格式如下。

```
attachMovie(id名称, 新名称, 深度);
```

各参数含义介绍如下。

　　id 名称：是库中要复制到舞台上的影片剪辑元件的"AS 链接"名称。这是右击"库"面板中的元件，在弹出的"元件属性"对话框中的"标识符"文本框中输入的名称。

　　新名称：复制的影片剪辑实例的名称。

　　深度：一个整数，指定了复制的影片剪辑实例所放位置的级别或称叠放次序。

　　例如，打开本章的第一个引入案例"下雪啦"，右击"库"面板里面的"雪花飘飞"元件，在弹出的快捷菜单中选择"属性"命令，弹出"元件属性"对话框，单击 高级 ▶ 按钮，将展开面板的高级属性设置。在"ActionScript 链接"选项区域中勾选"为 ActionScript 导出"复选框，此时系统自动勾选"在第 1 帧中导出"复选框，然后在"标识符"文本框中输入的标识符的名称"snowFlying"，单击"确定"按钮即可使用 attachMovie 函数来实现。现将第 2 帧代码修改如下。

```
if (i < 200){
    attachMovie("snowFlying", "snow" + i, i);
    setProperty("snow" + i, _x, random(550));
    setProperty("snow" + i, _y, random(400));
    i++;
}else{
    gotoAndPlay(1);
}
```

　　详见文件：资源包/Ch08/效果/其他实例/使用 attachMovie 函数制作的下雪效果.fla。

8.4.7　自定义函数

　　前面介绍的各种函数都是系统提供的，用户只需直接调用即可。很多时候，我们都需要将实现某种功能的代码重复使用，这个时候，就可以将此段代码定义成自定义函数。自定义函数需要先定义，然后才能进行调用。

1．函数的分类

　　函数按照其使用分为系统函数和用户自定义函数，前面介绍的都是系统函数，直接使用即可。用户为满足某种需求而定义的函数，称为用户自定义函数。

　　按照函数名后面的括号中有没有参数来划分，函数可以分为有参函数和无参函数。如 play()函数的括号中无须参数，就是无参函数；而 loadMovie()函数的括号中需要参数，就是有参函数。

2．函数的定义

　　函数必须先定义，然后才能调用。系统函数是系统已经定义好的，所以可以直接调用，而对于用户自定义的函数，就必须先定义函数，然后才能调用。函数使用关键字 function 进行定义，在 function 后面跟着函数的名称，函数名称满足标识符命名规则，名称后面一定跟着一对圆括号"()"。

　　函数定义的一般格式如下：

　　有参函数：

```
function 函数名(参数1,参数2,…){
程序块
}
```

无参函数：

```
function 函数名(){
程序块
}
```

例如，下列代码定义一个有参函数，函数的功能是求出三个数值的平均值。

```
function aver(a, b, c){
    var sum = a + b + c;
    var avrage = sum / 3;
    return avrage;
}
```

又例如，下列代码定义一个无参函数，函数的功能是输出一行字符。

```
function printChar(){
    trace("Flash CS5 动画设计。");
}
```

3．函数的调用形式

函数定义好后，就可以调用了，如上面定义好的 aver()函数，可以在关键帧的"动作"面板中添加如下函数调用语句，求出 12、67 和 99 三个数的平均值并输出。

```
trace(aver(12,67,99));
```

或在按钮的"动作"面板中输入如下代码。

```
On(release){
 trace(aver(12,67,99)); //函数做参数的形式
}
```

以上是函数做参数形式，除此以外，函数还可以是函数语句和函数表达式的形式，如：

```
printChar(); //函数语句的形式
a=aver(12,67,99)+128; //函数在表达式中参与运算的形式
```

4．函数的返回值

函数可以有返回值，一般使用 return 语句求返回值，其一般形式如下。

```
return 函数返回值;
```

如上面求平均值的例子中：return avrage;

8.5 综 合 案 例

8.5.1 综合案例 1——齿轮旋转效果

【案例学习目标】使用简单的影片剪辑函数控制影片剪辑的属性，得到齿轮旋转效果。

【案例知识要点】使用"多角星形工具"绘制一个多角星，然后复制出另一个多角星，并将它们都转换为影片剪辑元件，最后添加代码控制两个实例的旋转即可，如图 8-29 所示。

【效果所在位置】资源包/Ch08/效果/齿轮旋转效果.swf。

【制作步骤】

(1) 新建及保存文件。新建一个 ActionScript 2.0 文档，将文件保存为"齿轮旋转效果.fla"。

(2) 绘制齿轮。选择"多角星形工具"，打开其"属性"面板，单击"选项"按钮，在弹出的"工具设置"对话框中按图 8-30 所示设置。单击"确定"按钮后在舞台上绘制一个多角星作为齿轮。将刚绘制的齿轮复制一份，作为另一个齿轮，调整两个齿轮的大小和颜色。

图 8-29　齿轮旋转效果　　　　图 8-30　"工具设置"对话框

(3) 将齿轮转换为元件。分别将两个齿轮转换为影片剪辑元件，选中齿轮并打开其"属性"面板，分别将两个影片剪辑实例命名为"mc_1"和"mc_2"。然后从"库"面板中分别双击打开两个元件，设置元件的对齐方式为：相对于舞台垂直居中和水平居中。回到场景舞台。

提示：设置居中这个步骤很重要，这决定了影片剪辑实例旋转的中心点，实例总是围绕其上面的十字中心点旋转的。

(4) 为影片剪辑添加代码。第一种方法，选中"mc_1"，在其"动作"面板中添加以下代码。

```
onClipEvent (enterFrame) {
    _rotation += 5;
}
```

同样选中"mc_2",在其"动作"面板中添加以下代码。

```
onClipEvent (enterFrame) {
    _rotation -= 5;
}
```

也可以使用第二种方法来实现效果,使用事件处理函数在第 1 帧添加如下代码。

```
_root.onEnterFrame = function(){
    mc_1._rotation += 5;
    mc_2._rotation -= 5;}
```

(5) 制作完毕,保存并测试影片即可。

8.5.2　综合案例 2——"福"到

【案例学习目标】将部分代码定义成用户自定义函数,通过对按钮使用 on()函数或使用事件处理函数的方式,控制影片剪辑的属性,让案例中的"福"影片剪辑在用户的控制下呈现不同的状态和运动轨迹。

【案例知识要点】制作"福"字和各种控制按钮,最后为第 1 帧和所有的按钮添加相关的控制代码,如图 8-31 所示。

【效果所在位置】资源包/Ch08/效果/福到.swf。

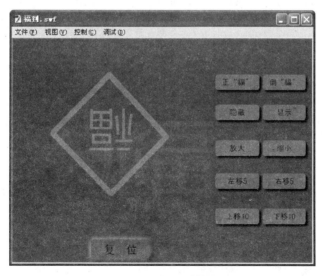

图 8-31　"福"到效果图

【制作步骤】

(1) 新建及保存文件。新建一个 ActionScript 2.0 文档，设置背景颜色为红色，将文件保存为"福到.fla"。

(2) 制作"福"。新建影片剪辑元件，使用文本工具(文本颜色设置为绿色)输入"福"字，使用线条工具(笔触颜色设置为绿色，笔触 10)按住 Shift 键的同时绘制包围"福"字的外框，然后使用任意变形工具将有框的"福"字旋转 180°。将文本和线框打散为形状，并设置相对于舞台水平居中和垂直居中。然后在第 30 帧插入关键帧，设置形状的透明度为 50%，并创建补间形状。

(3) 制作按钮。双击回到场景，使用基本矩形工具绘制如图 8-31 所示的形状，调整好大小后通过复制粘贴再制作 9 个，并按图 8-31 所示的位置摆放，然后使用文本工具为形状添加相应的文本。然后绘制"复位"按钮。最后将所有形状都分别转换为按钮元件，并为所有的按钮添加投影滤镜。

(4) 为舞台上元件的实例命名。带框"福"字命名为 mc_fu，其他按钮的名称均为"btn_"加上按钮上文字的拼音。如 btn_zhengfu、btn_daofu、btn_yincang、btn_xianshi、btn_fangda、btn_suoxiao、btn_zuoyi、btn_youyi、btn_shangyi、btn_xiayi 和 btn_fuwei。

(5) 添加代码。

① 因为有"复位"按钮，所以在动画运行时有必要先保存影片剪辑实例 mc_fu 的原始属性。单击第 1 帧关键帧，在"动作"面板上添加如下代码。

```
fuX = mc_fu._x;//保存影片剪辑原始的 x 坐标值
fuY = mc_fu._y;//保存影片剪辑原始的 y 坐标值
fuVisible = mc_fu._visible;//保存影片剪辑原始的可见性值
fuAlpha = mc_fu._alpha;//保存影片剪辑原始的透明度值
fuXscal = mc_fu._xscale;//保存影片剪辑原始的 x 缩放值
fuYscal = mc_fu._yscale;//保存影片剪辑原始的 y 缩放值
fuRotation = mc_fu._rotation;//保存影片剪辑原始的旋转角度值
```

② 在第 1 帧的"动作"面板上已有的代码后面添加如下代码，定义两个自定义的函数 xianshi()和 fuwei()，便于后面的"显示"按钮和"复位"按钮的事件处理函数调用。

```
//定义函数 xianshi()，设置"福"字为可见状态并且所有按钮都可用
function xianshi(){
    mc_fu._visible = true;
    btn_zhengfu.enabled = true;
    btn_daofu.enabled = true;
    btn_fangda.enabled = true;
    btn_suoxiao.enabled = true;
    btn_zuoyi.enabled = true;
    btn_youyi.enabled = true;
    btn_shangyi.enabled = true;
    btn_xiayi.enabled = true;
}
//定义函数 fuwei()，设置"福"字还原到初始状态
function fuwei(){
```

```
    mc_fu._x = fuX;
    mc_fu._y = fuY;
    mc_fu._visible = fuVisible;
    mc_fu._alpha = fuAlpha;
    mc_fu._xscale = fuXscal;
    mc_fu._yscale = fuYscal;
    mc_fu._rotation = fuRotation;
}
```

③ 在第 1 帧已有的代码后面继续添加如下代码，为"显示"按钮和"复位"按钮添加事件处理函数，这两个函数都要调用上一步骤中定义好的自定义函数。

```
// "显示"按钮的单击事件使用事件处理函数的方法，调用了 xianshi()函数
btn_xianshi.onRelease = function(){
    xianshi();//调用 xianshi()函数
};
// "复位"按钮使用事件处理函数方法解决问题，调用了 xianshi()函数和 fuwei()函数
btn_fuwei.onRelease = function(){
    xianshi();//调用 xianshi()函数
    fuwei();//调用 fuwei()函数
};
```

④ 为按钮添加代码，选中"正'福'"按钮，在其"动作"面板上添加如下代码。

```
on (release) {
    mc_fu._rotation = 180;
}
```

⑤ 选中"倒'福'"按钮，在其"动作"面板上添加如下代码。

```
on (release) {
    mc_fu._rotation = 0;
}
```

⑥ 选中"隐藏"按钮，注意单击该按钮隐藏后，其他几个按钮都设置了不可用的属性，在其"动作"面板上添加如下代码。

```
on (release) {
    mc_fu._visible = false;
    btn_zhengfu.enabled = false;
    btn_daofu.enabled = false;
    btn_fangda.enabled = false;
    btn_suoxiao.enabled = false;
    btn_zuoyi.enabled = false;
    btn_youyi.enabled = false;
    btn_shangyi.enabled = false;
    btn_xiayi.enabled = false;
}
```

⑦ 选中"放大"按钮，每次单击该按钮都可将"福"字放大 10%。在其"动作"面板

上添加如下代码。

```
on (release) {
    mc_fu._xscale += 10;
    mc_fu._yscale += 10;
}
```

⑧ 选中"缩小"按钮，每次单击该按钮都可将"福"字缩小 10%。在其"动作"面板上添加如下代码。

```
on (release) {
    mc_fu._xscale -= 10;
    mc_fu._yscale -= 10;
}
```

⑨ 选中"左移 5"按钮，每次单击该按钮，"福"字都左移 5 个像素。在其"动作"面板上添加如下代码。

```
on (release) {
    mc_fu._x-= 5;
}
```

⑩ 选中"右移 5"按钮，每次单击该按钮，"福"字都右移 5 个像素。在其"动作"面板上添加如下代码。

```
on (release) {
    mc_fu._x+= 5;
}
```

⑪ 选中"上移 10"按钮，每次单击该按钮，"福"字上移 10 个像素。在其"动作"面板上添加如下代码。

```
on (release) {
    mc_fu._y-= 10;
}
```

⑫ 选中"下移 10"按钮，每次单击该按钮，"福"字下移 10 个像素。在其"动作"面板上添加如下代码。

```
on (release) {
    mc_fu._y+= 10;
}
```

(6) 制作完毕，保存并测试影片即可。

课 后 实 训

1. 课件设计：求10！。

【练习要点】设计一个简单课件，分别使用 for 语句、while 语句和 do...while 语句求 10 的阶乘(10！)并显示代码。要求设计三个按钮，分别使用三种循环语句，如图 8-32 所示，当鼠标滑过按钮时使用 trace()函数输出 10！值，当单击按钮时，在文本框中显示使用的代码。

【效果所在位置】资源包/Ch08/效果/课件设计：求 10！.fla。

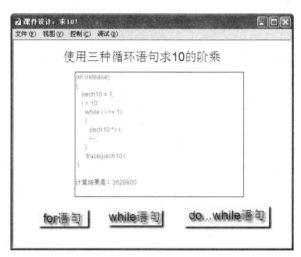

图 8-32 课件设计：求 10！

2. 制作动画：星星之舞。

【练习要点】通过改变影片剪辑的属性(高度、宽度和透明度)和颜色，制作出星星跳舞的效果，如图 8-33 所示。

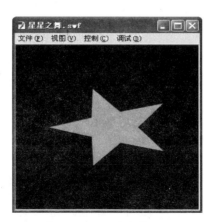

图 8-33 星星之舞效果图

【效果所在位置】资源包/Ch08/效果/星星之舞.fla。

【制作提示】

使用多角星形工具绘制一个五角星，然后将其转换为影片剪辑元件，设置其名称为"mc_star"。在主时间轴的第 1 帧输入以下代码：

```
mc_star._width+=random(300);
mc_star._height+=random(300);
mc_star._alpha=random(100);
var myColor:Color = new Color(mc_star);
myColor.setRGB(random(0xFFFFFF));
```

在时间轴的第 5 帧插入一个空白关键帧，输入如下代码：

```
gotoAndPlay(1);
```

第9章 动作脚本进阶

第 8 章学习了 ActionScript 脚本的常用术语、语法、程序结构、函数及影片剪辑的常用属性和方法等，相信读者已经会使用脚本控制影片剪辑的效果和动画的播放，并设计简单的一些特效。本章再来学习动作脚本的进阶，通过本章的学习，读者将更扎实地掌握脚本功底，能更好地掌握影片的控制技巧，并能设计出更复杂的常用动画效果。

本章学习目标

◇ 掌握脚本中常用对象的使用；
◇ 熟练使用场景和帧的控制语句设计动画；
◇ 熟练使用脚本制作各种鼠标拖放效果和遮罩效果；
◇ 能使用脚本实现常用的动画效果。

9.1 脚本中常用的对象

在动作脚本中，常用的对象包括与数学计算有关的 Math 对象、与日期时间有关的 Date 对象、与颜色有关的 Color 对象及与声音有关的 Sound 对象等，掌握这几个常用对象的使用，有助于我们更加灵活地处理脚本中的常见问题，设计出更加满意的动画效果。

9.1.1 引入案例——点歌小软件

【案例学习目标】使用脚本的常用对象 Sound 对象制作可以点歌，并可以控制音乐播放和停止的小软件。

【案例知识要点】定义对象实例，加载声音，控制声音的播放和停止等。效果如图 9-1 所示。

【效果所在位置】资源包/Ch09/效果/点歌小软件.swf。

【制作步骤】

(1) 新建及保存文件。选择"文件"→"新建"菜单命令，在弹出的"新建文档"对话框中选择"ActionScript 2.0"，单击"确定"按钮即可新建一个 Flash 文档。选择"文件"→"保存"命令，将文件保存为"点歌小软件.fla"。

(2) 输入静态文本。在"工具"面板上选择文本工具，打开"属性"面板，设置"文本类型"为"静态文本"，设置好其他格式后输入如图 9-1 所示的文本"点歌台"、"请输入音乐的地址："。

图 9-1　点歌小软件效果图

(3) 设计输入框。选择文本工具，"文本类型"选择为"输入文本"，在舞台上适当的位置绘制一个输入文本框，并对文本框设置"投影"滤镜效果(参数默认)。设计好后选中该文本框，然后打开其"属性"面板，输入文本框的名称"txt_url"。

(4) 添加按钮。在菜单栏选择"窗口"→"公用库"→"按钮"命令，打开"公用库"面板，在里面选择两个合适的用于控制声音播放和停止的按钮，如图 9-1 所示。

(5) 为按钮添加代码。

为"播放"按钮添加如下动作脚本。

```
on (release) {
    mySound = new Sound();
    mySound.loadSound(txt_url.text,true);//第二个参数设置为true表示是流播放的声音
    mySound.start();
}
```

为"停止"按钮添加如下动作脚本。

```
on (release) {
    mySound.stop();
}
```

至此，点歌小软件制作完毕。测试影片，在输入框中输入音乐的地址，单击"播放"按钮即可享受美妙的音乐，单击"停止"按钮就可以停止播放音乐。

9.1.2　Math 对象

作为一门编程语言，进行数学运算是必不可少的。在数学运算中经常会使用到数学函数，如取绝对值、开方、取整、求三角函数值及求随机数等。ActionScript 将所有这些与数学有

关的方法、常数、三角函数及随机数都集中到一个对象——Math 对象——里面。

表 9-1 展示了 Math 对象的常用方法。

表 9-1　Math 对象的常用方法

方　法	作　　用	用　　法
abs()	求绝对值	Math.abs(-12)的值为 12
random()	求随机数，范围[0，1)	Math.random()*20 的值为 0 到 20(不包括 20)之间的随机浮点数(或表示成 Math.random(20))
round()	将一个浮点数四舍五入为最接近的整数	Math.round(3.4)、Math.round(3.6)、Math.round(-3.4)和 Math.round(-3.6)的值分别是 3、4、-3 和-4
max()	求两个数中较大的数	Math.max(45,12)的值为 45
min()	求两个数中较小的数	Math.min(45,12)的值为 12
ceil()	取比括号中浮点数大且最接近的整数	Math.ceil(3.5)的值为 4 Math.ceil(-3.5)的值为-3
floor()	取比括号中浮点数小且最接近的整数	Math.floor(3.5)的值为 3 Math.floor(-3.5)的值为-4
pow()	计算一个数的乘方，它包含两个参数，第一个参数是底数，第二个参数是指数	Math.pow(2,3)的值为 8，即 2^3
sqrt()	计算一个数的平方根	Math.sqrt(16)的值为 4，即 $\sqrt{16}$

除了这些常用方法，Math 对象还有 sin()、cos()、tan()、atan()、asin()和 acos()等几个三角函数，分别用来求正弦、余弦、正切、余切、反正弦和反余弦。同时 Math 对象还有一些常数，如 Math.PI 用来得到圆周率的值。

例如，某个圆的圆心位置为($x0$，$y0$)，半径为 r，可以用 y0+r*Math.sin(0)表示该圆水平直径右端点的纵坐标，用 x0+r*Math.cos(0)表示该圆水平直径右端点的横坐标。

又例如，创建一个影片剪辑实例，为在实例的"动作"面板上添加如下代码，使该影片剪辑实例绕某圆周进行运动。

```
onClipEvent (load) {
    i = 0; //设置初始值
    r = 250; //控制路径圆的半径
    x0 = this._x;
    y0 = this._y;
}
onClipEvent (enterFrame) {
    i += 15;
    this._x = x0 + r * Math.cos(i / (180 / Math.PI));
    this._y = y0 + r * Math.sin(i / (180 / Math.PI));
    this._rotation += 5;//控制影片剪辑的自转
    this._alpha=Math.random()*100;//控制影片剪辑的透明度
}
```

此时的影片剪辑是沿圆周按顺时针方向转动的，如要让它沿相反方向转动，只需将 i += 15 改写成 i -= 15 即可。

详见文件：资源包/Ch09/效果/其他实例/Math 对象案例.fla。

9.1.3　Date 对象

Date 对象可以获取相对于通用时间(格林尼治标准时间)或相对于运行 Flash Player 的操作系统的日期和时间值。Date 对象的方法不是静态的，仅应用于调用方法时指定的 Date 对象的单个实例。Date 对象以不同的方式处理夏时制，具体取决于操作系统和 Flash Player 的版本。

若要调用 Date 对象的方法，必须首先使用 Date 对象的构造函数创建一个 Date 对象的实例，该对象不需要指定任何参数，如：

```
myDate = new Date(); //创建 myDate 实例
```

创建 Date 对象的实例后，即可对该实例使用 Date 对象的各种方法。如表 9-2 所示为 Date 对象常用的方法及用法。

表 9-2　Date 对象常用的方法及用法

方　法	说　明	用　法
getYear()	获得简写年份，如 1999 年返回"99"，2015 年返回"15"	year = myDate.getYear();
getFullYear()	获得完整的 4 位数年份，如 2015 年返回"2015"	fullyear = myDate.getFullYear();
getMonth()	获得月份值，从 0 开始，如"0"表示 1 月，"8"表示 9 月，所以月份一般要加上 1	month = myDate.getMonth();
getDate()	获得日的值，如 11 月 30 日得到"30"	dates = myDate.getDate();
getHours()	获得小时数	hour = myDate.getHours();
getMinutes()	获得分钟数	minute = myDate.getMinutes();
getSeconds()	获得秒钟数	second = myDate.getSeconds();
getMilliseconds()	获得毫秒数	millisecond = myDate.getMilliseconds();
getDay()	获得星期数，星期日返回"0"，星期一返回"1"，以此类推	day = myDate.getDay();
getTime()	获得自 1970 年 1 月 1 日上午 8 时至 Date 对象所指时间的毫秒数	time = myDate.getTime();

例如，下列的程序可以在"输出"面板上即时显示当前的系统日期和时间。

```
_root.onEnterFrame = function(){
    myDate = new Date();//创建 Date 对象的实例
```

```
    nian = myDate.getFullYear();//获得系统年份
    yue = myDate.getMonth() + 1;//获得系统月份
    ri = myDate.getDate();//获得系统日数
    shi = myDate.getHours();//获得系统"时"
    fen = myDate.getMinutes();//获得系统"分"
    miao = myDate.getSeconds();//获得系统"秒"
    trace("现在的日期是: ");
    trace(nian + "年" + yue + "月" + ri + "日");//输出系统日期
    trace("现在的时间是: ");
    trace(shi + "时" + fen + "分" + miao + "秒");//输出系统时间
};
```

详见文件：资源包/Ch09/效果/其他实例/Date 对象案例.fla。

9.1.4　Color 对象

运用好色彩可以使 Flash 作品具有更强的感染力，许多好的作品在色彩搭配和控制上都做得很成功。在 ActionScript 中，使用 Color 对象来管理颜色，可以实现许多色彩特效。

与 Date 对象一样，在使用 Color 对象的各种方法之前也需要先创建 Color 对象的实例。创建 Color 对象实例的方法如下。

```
myColor = new Color(myMC);
```

其中的参数 myMC 是要改变颜色的目标影片剪辑，Color 对象的 setRGB 方法用来设置影片剪辑实例对象的 RGB 的颜色值。创建 Color 对象的实例之后即可调用 Color 对象的方法，例如：

```
myColor.setRGB(random(0xFFFFFF)); //设置影片剪辑实例的颜色为随机颜色
myColor.getRGB();//获取影片剪辑实例的颜色
```

例如，新建影片剪辑元件，实例名称为 mc，为该实例添加代码如下，效果是实例颜色闪烁变化。

```
_root.onEnterFrame = function(){
    myColor = new Color(mc);
    myColor.setRGB(random(0xffffff));
};
```

详见文件：资源包/Ch09/效果/其他实例/Color 对象案例 2.fla。

setRGB 的参数是以十六进制表示的，0x 表示十六进制，后面的 6 位数字每两位为一组，分别表示红、绿、蓝三种颜色。如 0xFF0000 表示纯红，0x00FF00 表示纯绿，0x0000FF 表示纯蓝，0xFFFF00 表示纯黄，而 0xFFFFFF 表示白色，0x000000 表示黑色。如果红、绿、蓝三种颜色值设置为相同，则可调配出不同程度的灰色。

当然，也可以用十进制的数字代替十六进制，如：

```
myColor1 = new Color(myMC1);
myColor2 = new Color(myMC2);
myColor1.setRGB(0xFF00FF);
myColor2.setRGB(255 * 256 * 256 + 255 * 256);
trace(myColor1.getRGB().toString(16));
trace(myColor2.getRGB().toString(16));
```

运行脚本，在输出窗口中输出：

```
ff00ff
ffff00
```

可见，使用十六进制比十进制要方便得多并更易于理解，所以建议大家在使用该对象时，选择使用十六进制的表示形式。

详见文件：资源包/Ch09/效果/其他实例/Color 对象案例.fla。

9.1.5 Sound 对象

在时间轴中直接嵌入声音是制作配音动画的一种通用手法，但是这种方法并不能对声音进行很好的控制。ActionScript 内置的 Sound 对象为管理和控制声音提供了一种好方法。

与 Color 对象和 Date 对象等其他内置对象一样，在使用 Sound 对象前需要创建 Sound 对象的一个实例，如：

```
mySound = new Sound();
```

实例定义好了之后，就可以使用 Sound 对象的所有方法了，常用方法如表 9-3 所示。

表 9-3 Sound 对象的常用方法

方　　法	作　　用
mySound.attachSound()	影片播放时将库中的声音元件附加到场景中，有一个参数
mySound.loadSound()	将 Flash 文件以外的 MP3 声音文件加载到影片中进行播放，有两个参数
mySound.start()	开始播放声音，无参数
mySound.stop()	停止播放声音，无参数

Sound 对象的 attachSound 方法与 MovieClip 对象的 attachMovie 方法类似，当影片播放时它将库中的声音元件附加到场景中。要使用该方法将声音附加到场景中，首先需要在库中为声音添加 AS 链接。为声音元件添加 AS 链接和为影片剪辑元件添加 AS 链接的方法类似，在库中右击要添加 AS 链接的声音元件，在弹出的快捷菜单中选择"属性"命令，弹出"声音属性"对话框，选择"ActionScript"选项卡，勾选"为 ActionScript 导出"复选框，最后在"标识符"文本框中输入标识符名称，单击"确定"按钮即可。

创建 Sound 对象实例之后即可调用库中声音元件(如设置 AS 链接为 music)，代码如下：

```
mySound.attachSound("music");
```

其中，attachSound 方法的参数即是库中为声音元件添加的"AS 链接"名称。仅仅执行以上操作还不够，必须使用下面的代码让声音开始播放。

```
mySound.start();
```

如果操作执行无误，测试影片，一首动人的音乐便开始播放了。

要停止用 Sound 对象播放的声音，可以使用如下所示的代码。

```
mySound.stop();
```

使用 attachSound 方法虽然可以动态地加载声音，但前提是需要将声音预先导入到库中，这样既不能随便播放本机上的其他声音，也不能避免文件过大的弊端。

使用 Sound 对象的 loadSound 方法可以将 Flash 文件以外的 MP3 声音文件加载到影片中进行播放，这样可以有效地解决文件过大且播放的曲目有限的缺陷，使用 loadSound 方法可以播放计算机或网络中的任何 MP3 文件。

loadSound 方法如下所示。

```
mySound.loadSound("url", isStreaming);
```

其中，"url"是指定要载入的 MP3 文件在计算机或网络中的路径；isStreaming 是一个布尔值，用于指示加载的声音是作为事件声音还是作为声音流，为 True 时表示作为声音流，为 False 时表示作为事件声音。

事件声音在完全加载后才能播放，它们由动作脚本 Sound 对象进行管理，而且响应此对象的所有方法和属性；声音流在下载的同时播放，当接收的数据足以启动解压缩程序时，播放开始。所以一般使用声音流的格式。

与 attachMovie 方法类似，使用 loadSound 方法的过程是：创建 Sound 对象，使用 loadSound 方法载入 MP3 文件，使用 start 命令播放声音，使用 Sound 对象的其他方法控制声音或使用 stop 命令停止声音。具体操作见本节的"引入案例——点歌小软件"。

9.2 场景与帧的控制语句

9.2.1 引入案例——飞翔的雄鹰

【案例学习目标】使用绘图工具绘制雄鹰，然后使用时间轴和场景控制语句，控制雄鹰影片剪辑实例的飞翔状态。

【案例知识要点】制作影片剪辑元件，使用线条工具和铅笔工具绘制雄鹰，调整线条的状态，填充颜色，使用填充工具填充颜色，使用任意变形工具调整翅膀的位置。制作按钮，对按钮添加代码以控制影片剪辑的状态，制作雄鹰拍动翅膀飞翔的效果，如图 9-2 和图 9-3 所示。

图 9-2 "飞翔的雄鹰"场景 1 效果图

图 9-3 "飞翔的雄鹰"场景 2 效果图

【效果所在位置】资源包/Ch09/效果/飞翔的雄鹰.swf。

【制作步骤】

(1) 新建及保存文件。新建"ActionScript 2.0"文件，并将文件保存为"飞翔的雄鹰.fla"。

(2) 制作雄鹰飞翔影片剪辑元件。选择"插入"→"新建元件"命令，在弹出的对话框中选择"影片剪辑"，元件名称为"eagle"。然后按照下列步骤操作。

① 绘制雄鹰轮廓。选择线条工具，设置笔触颜色为"#999999"，宽度为"1"，在舞台中间绘制如图 9-4 所示的雄鹰轮廓。使用椭圆工具绘制雄鹰的眼睛。

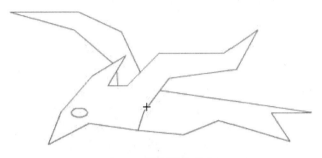

图 9-4　绘制雄鹰轮廓

② 调整雄鹰轮廓。使用选择工具调整雄鹰翅膀、身体的轮廓弧度。当鼠标靠近轮廓线条时，若鼠标出现一条短弧线，则可以改变线条的弧度；若出现一个直角，则可以改变两根线条交点的位置。去掉翅尖的线条，然后使用铅笔工具，设置"铅笔模式"为"平滑"，绘制翅尖的羽毛形状和雄鹰的喙，效果如图 9-5 所示。

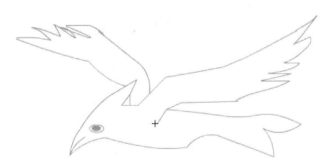

图 9-5　调整雄鹰轮廓后的效果

③ 为雄鹰填充颜色。使用颜料桶工具设置填充颜色为灰色"#666666"，对雄鹰进行填色，如图 9-6 所示。

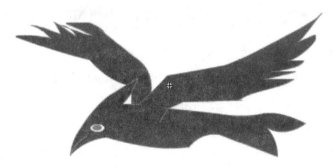

图 9-6　填充颜色后的雄鹰

④ 插入关键帧并调整雄鹰翅膀。在第 10 帧添加关键帧后，使用套索工具选择雄鹰的左翅膀，然后使用任意变形工具按顺时针方向旋转翅膀，如图 9-7 所示。旋转到适当位置后调整翅膀的位置(与翅根结合)，做出左翅膀拍打到下面的效果。同样的方法使用任意变形工具调整右边翅膀，雄鹰翅膀在下面的效果就制作好了，如图 9-8 所示。

图 9-7　调整翅膀

图 9-8　翅膀调整好的效果

⑤ 将雄鹰图形转换为元件并创建补间。单击影片剪辑第 1 帧，全选雄鹰形状，单击鼠标右键将形状转换为影片剪辑元件"翅膀上"，同样将第 10 帧雄鹰图形转换为名称为"翅膀下"的影片剪辑元件，并在第 1 帧和第 10 帧之间创建补间动画。然后在第 20 帧按下 F5 键插入帧。最后返回"场景 1"，将影片剪辑"eagle"拖入"场景 1"的舞台上，调整位置。

(3) 制作时间轴控制按钮元件。选择椭圆工具，设置无笔触颜色，填充颜色为放射性蓝黑渐变色▇，绘制椭圆作为按钮，共四份，并添加相应的文本，如图 9-9 所示。最后将按钮全部转换为影片剪辑元件，元件分别命名为"btn_stop"、"btn_start"、"btn_up"和"btn_down"。

图 9-9　控制按钮

(4) 为四个按钮添加代码。单击选中舞台上的雄鹰影片剪辑实例，打开其"属性"面板，将实例命名为"mc_eagleLeft"，然后分别为这四个按钮添加如下代码。

① "停止飞翔"按钮的代码：

```
on (release) {
    mc_eagleLeft.stop();
}
```

② "开始飞翔"按钮的代码:

```
on (release) {
    mc_eagleLeft.play();
}
```

③ "翅膀上"按钮的代码:

```
on (release) {
    mc_eagleLeft.gotoAndStop(1);
}
```

④ "翅膀下"按钮的代码:

```
on (release) {
    mc_eagleLeft.gotoAndStop(10);
}
```

(5) 设计"场景 2"。选择"插入"→"场景"菜单命令即插入了"场景 2"。打开"库"面板,将"eagle"元件拖至"场景 2"的舞台中心,并将实例命名为"mc_eagleRight",选择任意变形工具单击实例,向左拖动右边调整宽度的控制柄,将雄鹰拖动成向右飞翔的样子,并设置与"场景 1"中的实例大小一致,如图 9-10 所示。

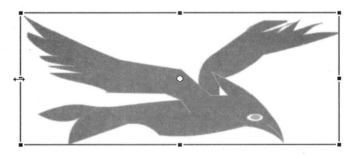

图 9-10　使用任意变形工具拖出向右飞翔的雄鹰

(6) 制作"上一场景"和"下一场景"按钮。使用线条工具绘制一个向左的箭头形状,并填充颜色"#cc9900",使用文本工具添加文字"上一场景"。复制该箭头形状,使用任意变形工具将其翻转,并添加文字"下一场景",最后将两个按钮转换为影片剪辑元件,元件命名为"btn_preScene"和"btn_nextScene",分别为两个按钮添加"投影"滤镜,效果如图 9-11 所示。最后将"上一场景"按钮放在"场景 2"中适当的位置,"下一场景"按钮放在"场景 1"中适当的位置。

图 9-11　场景控制按钮的设计

(7) 调整舞台效果。调整两个场景中对象的位置，并为所有影片剪辑实例和按钮实例添加"投影"滤镜。

(8) 添加其他代码。

① 单击"场景1"的第1帧，在其"动作"面板上添加如下代码。

```
stop();
```

② 单击"场景2"的第1帧，在其"动作"面板上添加如下代码。

```
stop();
```

③ 选中"场景1"上的"下一场景"按钮，在其"动作"面板上添加如下代码。

```
on (release) {
    gotoAndPlay("场景2", 1);
}
```

④ 选中"场景2"上的"上一场景"按钮，在其"动作"面板上添加如下代码。

```
on (release) {
    gotoAndPlay("场景1", 1);
}
```

至此，飞翔的雄鹰案例制作完毕，测试影片即可。

9.2.2 语句解析

时间轴控制函数不仅可以单独用来控制当前时间轴，还可以作为影片剪辑实例的方法来控制影片剪辑实例的时间轴。例如，有影片剪辑实例，名称为 mc_1，则以下是时间轴控制函数作为影片剪辑实例方法的介绍。

mc_1.play()：控制影片剪辑实例 mc_1 开始播放。

mc_1.stop()：控制影片剪辑实例 mc_1 停止播放。

mc_1.gotoAndPlay()：跳转到影片剪辑实例 mc_1 的某一特定帧并继续播放。

mc_1.gotoAndStop()：跳转到影片剪辑实例 mc_1 的某一特定帧并停止。

mc_1.nextFrame()：跳转到影片剪辑实例 mc_1 的下一帧并停止。

mc_1.prevFrame()：跳转到影片剪辑实例 mc_1 的上一帧并停止。

mc_1.stopAllSounds()：停止影片剪辑实例 mc_1 中所有声音的播放。

例如，将影片剪辑实例 mc_dxc 的内部播放头跳转到时间轴任意一帧并播放：

```
_root.onEnterFrame = function(){
    mc_dxc.gotoAndPlay(random(mc_dxc._totalframes));//播放影片剪辑中的任意一帧
};
```

详见文件：资源包/Ch09/效果/其他实例/影片剪辑方法实例 1.fla。

当进入帧的时候可以控制影片剪辑实例 mc_dxc 跳转至下一帧并停止：

```
_root.onEnterFrame = function(){
    mc_dxc.nextFrame();//播放影片剪辑mc_dxc中的下一帧
};
```

详见文件：资源包/Ch09/效果/其他实例/影片剪辑方法实例 2.fla。

9.3 拖动语句 startDrag 和 stopDrag

9.3.1 引入案例——拼图游戏

【案例学习目标】使用 startDrag()和 stopDrag()函数制作拼图游戏，使得拼图碎片可以在运行时随意拖放，使用按钮可以控制拼图碎片打乱或还原。

【案例知识要点】导入图像后，先将其分离成形状，然后使用套索工具将图像划分成几个拼图碎片，并将这些碎片分别转换为影片剪辑元件，最后为这些影片剪辑元件的实例添加代码以控制这些实例什么时候可以进行拖动和停止拖动，同时添加两个按钮对拼图进行打乱和重置操作，图 9-12 是打乱后的拼图，图 9-13 是拼好的拼图效果。

【效果所在位置】资源包/Ch09/效果/趣味拼图.swf。

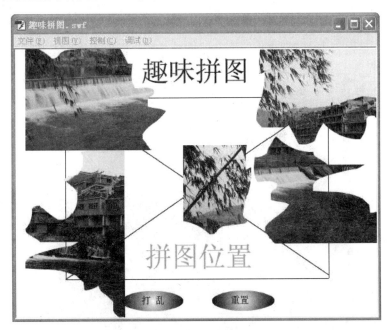

图 9-12 打乱后的拼图效果

图 9-13　拼图拼好后的效果

【制作步骤】

(1) 新建及保存文件。新建"ActionScript 2.0"文件，并将文件保存为"趣味拼图.fla"。

(2) 导入图像。选择"文件"→"导入"→"导入到库"命令，在弹出的对话框中浏览"Ch09/素材"文件夹，将里面的"沱江 1.jpg"图像导入到库中。将图像拖入舞台中心，并设置图像大小为 400 像素×270 像素。

(3) 制作拼图碎片。将图层重命名为"拼图碎片"，然后选中图像，按下快捷键 Ctrl+B 将图像分离成形状。选择套索工具，在图像形状上任意绘制，松开鼠标后可以将图像形状的一个区域选中，如图 9-14 所示。将选中区域拖放至其他位置，然后将其转换为影片剪辑元件，如图 9-15 所示。图样的方法将图像分成若干份(本实例只是举例说明拼图游戏的设计，只分成五份)，并都转换为影片剪辑元件，如图 9-16 所示。

图 9-14　使用套索工具将图像形状分成碎片

图 9-15　将碎片拖离原图并转换为影片剪辑元件

图 9-16　本实例将图像分成五份，并都转换为影片剪辑元件

　　(4) 为拼图碎片添加代码。打开"属性"面板，分别选中五个拼图碎片元件的实例，将它们分别命名为 p1、p2、p3、p4 和 p5。

　　① 选中影片剪辑实例"p1"，并在其"动作"面板上添加如下代码。

```
on (press) {
    startDrag(_root.p1);//设置按下鼠标时可以拖动影片剪辑实例 p1
}
on (release) {//设置释放鼠标时停止拖动影片剪辑实例 p1
    stopDrag();
}
```

　　② 选中影片剪辑实例"p2"，并在其"动作"面板上添加如下代码。

```
on (press) {//设置按下鼠标时可以拖动影片剪辑实例 p2
    startDrag(_root.p2);//或使用相对路径 startDrag(_parent.p2);
}
```

```
on (release) {//设置释放鼠标时停止拖动影片剪辑实例 p2
    stopDrag();
}
```

③ 其他影片剪辑实例 p3、p4、p5 的代码与影片剪辑实例 p1 的一样，只是需要将代码中的 p1 分别修改为 p3、p4 和 p5。读者自己添加代码。

(5) 制作"打乱"和"重置"按钮并添加代码。使用椭圆工具制作如图 9-13 所示的"打乱"和"重置"按钮，然后为两个按钮添加代码。

① 选中"打乱"按钮，然后在"动作"面板上添加如下代码，此段代码通过调整五个实例的坐标，设置单击"打乱"按钮时实例在指定范围的任意位置出现，出现打乱的效果。

```
on (release) {
    p1._x = random(400);
    p1._y = random(400);
    p2._x = random(400);
    p2._y = random(400);
    p3._x = random(400);
    p3._y = random(400);
    p4._x = random(400);
    p4._y = random(400);
    p5._x = random(400);
    p5._y = random(400);
}
```

② 为"重置"按钮添加代码。因为重置的作用是使所有影片剪辑实例还原到初始状态，所以有必要先将初始状态的坐标属性值进行保存。新建一个图层，命名为"as"，单击该图层的第 1 帧，打开其"动作"面板，在其上添加如下代码。

```
p1X=p1._x;//保留影片剪辑实例 p1 初始的 X 轴坐标值
p1Y=p1._y;//保留影片剪辑实例 p1 初始的 Y 轴坐标值
p2X=p2._x;
p2Y=p2._y;
p3X=p3._x;
p3Y=p3._y;
p4X=p4._x;
p4Y=p4._y;
p5X=p5._x;
p5Y=p5._y;
```

然后选中"重置"按钮，打开"动作"面板添加代码，设置当单击"重置"按钮时，将"as"层第 1 帧中代码保留下来的各初始坐标值赋给各影片剪辑实例的 X 轴和 Y 轴属性值。

```
on (release) {
    p1._x = p1X;
    p1._y = p1Y;
    p2._x = p2X;
    p2._y = p2Y;
    p3._x = p3X;
    p3._y = p3Y;
```

```
        p4._x = p4X;
        p4._y = p4Y;
        p5._x = p5X;
        p5._y = p5Y;
    }
```

(6) 创建拼图参考层。在"拼图碎片"层上面新建一个图层并命名为"参考位置"，用来给用户玩拼图时作为位置的参考。使用文本工具输入游戏标题"趣味拼图"，并设置好文本格式。使用矩形工具和线条工具绘制如图 9-17 所示的图形(用来做拼图位置的参考)，按快捷键 **Ctrl+G** 组合图形，然后调整成与拼图图像相同的大小和位置，输入文本"拼图位置"。最后将该层拖至所有图层的最下方。

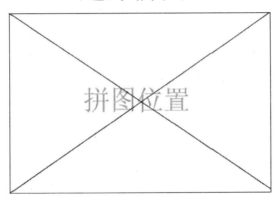

图 9-17　拼图位置的参考层

至此，拼图游戏设计完毕，测试影片即可。

9.3.2　语句解析

startDrag()函数用于使指定的影片剪辑实例在影片播放过程中可拖动。其一般用法如下。

```
    startDrag(mc_name);
或  startDrag(mc_name,true);
```

其中，第一个参数是影片剪辑的名称；第二个参数是一个布尔值，指定可拖动影片剪辑是锁定到鼠标位置中央(true)，还是锁定到用户首次单击该影片剪辑的位置上(false)。如果第二个参数设置为 true，则最好先设置影片剪辑实例的中心点十字与影片剪辑的中心点一致。

stopDrag()函数用于停止当前影片剪辑实例的拖动操作。函数的括号中没有参数，一般用法为：

```
    stopDrag();
```

startDrag()函数使影片剪辑实例在影片播放过程中可拖动，且一次只能拖动一个影片剪辑实例。执行 startDrag()函数后，影片剪辑实例保持可拖动状态，直到被 stopDrag 动作明确停止为止，所以这两个函数通常是结合在一起使用的。

为遵循鼠标使用的习惯，使用 startDrag()拖动影片剪辑实例时使用鼠标按下的事件"press"，使用 stopDrag()停止拖动时使用释放的鼠标事件"release"，即"按下"鼠标左键时可拖动，当"释放"左键时停止拖动。

前面实例的代码都是直接添加在实例上的，其实为了便于管理代码，可以将所有代码都添加到"as"层的第 1 帧，如将影片剪辑实例 p1 的代码添加到"as"层的第 1 帧已有代码的后面，如：

```
p1.onPress = function(){
    startDrag(p1);
};
p1.onRelease = function(){
    stopDrag();
};
```

读者可以试着使用事件处理函数将所有代码均添加到关键帧中。还可以尝试设计拖动拼图碎片到正确位置附近时，拼图碎片可以自动吸附到正确位置上，在错误位置释放鼠标时拼图碎片自动回到原来位置的效果。

9.4   遮罩语句 setMask

9.4.1   引入案例——放大镜看书

【案例学习目标】使用 setMask()函数设置遮罩效果，熟练使用 startDrag()函数和 stopDrag()函数设计放大镜可以通过鼠标随意拖放，模拟使用放大镜看书的效果。

【案例知识要点】将同一张图像的大图和小图分别置于不同图层，使用椭圆工具绘制放大镜，使用线条工具绘制放大镜的手柄，使用 setMask()函数设置放大镜遮罩大图(正常显示小图)，使用 startDrag()函数和 stopDrag()函数设置放大镜可以拖放。因为设置遮罩后放大镜的外观是看不到的，所以要添加一个"放大镜外观"层，将放大镜拖入该层，并设置外观层的放大镜与遮罩层放大镜的坐标保持一致。效果如图 9-18 所示。

【效果所在位置】资源包/Ch09/效果/放大镜看书.swf。

【制作步骤】

(1) 新建及保存文件。新建"ActionScript 2.0"文件，并将文件保存为"放大镜看书.fla"。

(2) 导入图像。选择"文件"→"导入"→"导入到库"命令，在弹出的对话框中浏览"Ch09/素材"文件夹，将里面的图像"wenzi.jpg"导入到库中。

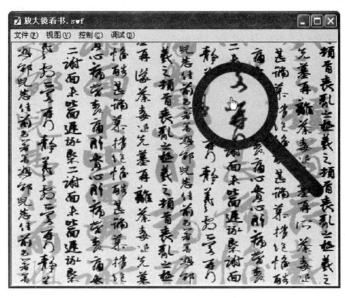

图 9-18   放大镜看书的效果图

(3) 设计"小图"和"大图"图层。将当前图层命名为"小图",然后将导入的图像拖入舞台,设置大小刚好覆盖舞台,然后将图像转换为影片剪辑元件,元件命名为"xiaotu"。在"小图"层上面新建一个图层,重命名为"大图"。将导入的图像拖入图层,并设置其大小比"小图"层中的要大一些(超出了舞台大小,决定最终放大的效果),最后将图像转换为影片剪辑元件"datu"。打开"属性"面板,将该"datu"影片剪辑元件的实例命名为"mc_bzz"。

(4) 绘制"fangdajing"影片剪辑元件。选择"插入"→"新建元件"菜单命令,设置元件类型为"影片剪辑",名称为"fangdajing"。选择椭圆工具,打开"属性"面板,设置"笔触颜色"为黑色,"笔触"为 16,"填充颜色"为"#C5DCDC"("Alpha"透明度为 15%),按住 Shift 键的同时绘制一个正圆,如图 9-19 所示。使用线条工具,设置颜色为"黑色"笔触为"24 像素",绘制放大镜的手柄,绘制好的放大镜效果如图 9-20 所示。

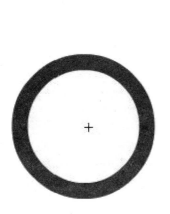

图 9-19   放大镜镜身

图 9-20   制作好的放大镜

(5) 制作"做遮罩的放大镜"图层。在所有图层上方新建一个图层并重命名为"做遮罩的放大镜"。将"fangdajing"元件拖入场景舞台中,使用任意变形工具将其旋转一定角度。打开"属性"面板,将该实例命名为"mc_zz"。

(6) 制作"放大镜外观"图层。在所有图层上方新建一个图层并重命名为"放大镜外观"。将"fangdajing"元件拖入场景舞台中,使用任意变形工具将其调整为刚好覆盖实例"mc_zz"。打开"属性"面板,将该放大镜实例命名为"mc_fangdajing"。

(7) 添加代码。新建一个"as"图层,专门用来添加代码。单击该层的第 1 帧,输入如下代码。

```
mc_bzz.setMask(mc_zz);//通过setMask()函数设置mc_bzz被mc_zz遮罩
//下列事件处理函数设置在进入帧时做外观的放大镜与做遮罩的放大镜坐标一致
_root.onEnterFrame = function(){
    mc_zz._x = mc_fangdajing._x;
    mc_zz._y = mc_fangdajing._y;
};
//下列函数设置按下鼠标时实例mc_fangdajing可拖动,且拖动时实例mc_zz的坐标保持与其一致
mc_fangdajing.onPress = function(){
    startDrag(mc_fangdajing);
    mc_zz._x = mc_fangdajing._x;
    mc_zz._y = mc_fangdajing._y;
};
//下列函数设置释放鼠标时停止拖动实例"mc_fangdajing"
mc_fangdajing.onRelease = function(){
    stopDrag();
};
```

至此,放大镜看书效果设计完毕,测试影片,单击拖动鼠标即可移动放大镜查看放大了的文字。

9.4.2　语句解析

setMask()函数是用来设置遮罩的,该函数可以在动画运行过程中动态地设置遮罩效果,既可以设置普通遮罩,也可以设置渐变遮罩效果。其一般格式是:

```
被遮罩的影片剪辑实例名称.setMask(当做遮罩层的影片剪辑实例名称);
```

如果同时要设置影片剪辑实例 a1、a2、a3 分别遮罩影片剪辑实例 b1、b2 和 b3,则可以使用三条遮罩语句:

```
b1.setMask(a1);
b2.setMask(a2);
b3.setMask(a3);
```

使用 setMask()函数是不能解决多层遮罩问题的,如果想要影片剪辑实例 a1 同时遮罩处于不同层上的影片剪辑实例 b1 和 b2,则可以先将 b1 和 b2 放到同一个影片剪辑实例 c1 中,

最后设置 a1 遮罩 c1 即可，代码如下。

```
c1.setMask(a1);
```

当然，使用函数设置遮罩时，图层同样要保持遮罩层在上、被遮罩图层在下的叠放次序。

9.5 鼠标跟随特效

9.5.1 引入案例——闪闪的星星跟我走

【案例学习目标】通过控制鼠标的坐标属性和影片剪辑的坐标属性，制作星星跟随鼠标运动的效果，同时通过透明度属性设置星星闪烁，通过旋转属性设置鼠标向左运动星星逆时针旋转，鼠标向右运动则星星顺时针旋转。

【案例知识要点】添加星空背景，制作星星影片剪辑元件，然后在关键帧添加控制星星跟随鼠标运动的效果和属性，如图 9-21 所示。

图 9-21 "闪闪的星星跟我走"效果图

【效果所在位置】资源包/Ch09/效果/闪闪的星星跟我走.swf。

【制作步骤】

(1) 新建及保存文件。新建"ActionScript 2.0"文件，将文件保存为"闪闪的星星跟我走.fla"。

(2) 导入背景图像。将当前图层重命名为"背景"。选择"文件"→"导入"→"导入到库"命令，在弹出的对话框中浏览"Ch09/素材"文件夹，将里面的图像"星空.jpg"导入到库中。然后拖放至"背景"层的舞台上，设置图像大小刚好覆盖舞台。

(3) 创建"star"影片剪辑元件。新建"star"影片剪辑元件，使用多角星形工具在元件舞台上绘制任意颜色的一颗小星星，返回场景舞台。

(4) 编辑"star"实例。在"背景"层上面新建一个"星星"图层，然后打开"库"面板，将"star"元件拖放至"星星"图层舞台上任意位置。选中星星实例，打开"属性"面板，输入实例名称为"star"，并按图 9-22 所示的参数为"star"影片剪辑实例添加发光滤镜。

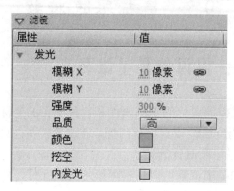

图 9-22 为"star"影片剪辑实例添加发光滤镜

(5) 在关键帧上添加代码。新建一个图层，重命名为"as"，用来添加代码。添加的代码分为两个部分：第一个部分是设置星星跟随鼠标移动；第二部分是设置星星移动时的属性改变，如旋转。

① 单击"as"层的第 1 帧，在其"动作"面板上添加以下控制星星跟随鼠标移动的代码。

```
_root.onEnterFrame = function(){
    star._alpha = random(100);//通过透明度属性设置星星的闪烁效果
    newX = this._xmouse;//把主场景鼠标的 X 坐标值赋给变量 newX
    newY = this._ymouse;//把主场景鼠标的 Y 坐标值赋给变量 newY
    //以下两条代码实现了影片剪辑跟随鼠标移动并有缓动的效果
    star._x = star._x + (newX - star._x) / 2;
    star._y = star._y + (newY - star._y) / 2;
};
```

其中，最后两条代码是用来设置鼠标跟随有缓动效果的，其中除号后面的数字主要用来控制影片剪辑实例跟随鼠标运动的速度。数值越大，跟随的速度就越慢；数值越小，跟随运动越快。如果不需要缓动效果，则使用下列代码即可，读者可以自己感受一下区别。

```
_root.onEnterFrame = function()
{
    star._alpha = random(100);
    star._x = _root._xmouse;
    star._y = _root._ymouse;
};
```

② 在上一步添加代码的基础上，继续在"as"层第 1 帧已有代码的后面添加代码，控制跟随鼠标的星星的属性，如果鼠标向右移动，则星星顺时针旋转，否则逆时针旋转。

```
starX1 = star._x;//此语句保留鼠标移动前星星的 X 坐标值
_root.onMouseMove = function(){//在主时间轴的鼠标移动事件处理函数中控制
    if (star._x >= starX1) {//如果移动后的 x 值大于移动前的值，即向右运动
        star._rotation += 5;//则星星顺时针旋转 5°
    }    else    {//否则
        star._rotation -= 5;//则逆时针旋转 5°
    }
};
```

至此，闪闪的星星跟我走的效果设计完毕，测试影片即可。

9.5.2　语句解析

Flash 里实现鼠标跟随一般有两种方法，第一种就是 9.5.1 节实例中使用的方法，其基本操作步骤如下。

(1) 创建要跟随的影片剪辑元件。

(2) 将元件拖入舞台生成一个实例，在"属性"面板里为实例命名。

(3) 选中时间轴第 1 帧，然后打开"动作"面板，输入代码(也可以直接对影片剪辑实例添加代码)。输入的代码可以参考"闪闪的星星跟我走"实例，此处不再赘述。

第二种设置鼠标跟随效果的方法是通过鼠标拖放函数来实现，其基本操作步骤如下。

(1) 创建影片剪辑元件。

(2) 将元件拖入舞台生成一个实例，并在"属性"面板对实例命名，如此处命名为"star"。

(3) 添加代码。选中影片剪辑实例"star"，打开其"动作"面板，为影片剪辑实例添加如下代码(也可以使用事件处理函数在关键帧的"动作"面板上添加代码)。

```
onClipEvent (load) {//在影片剪辑实例被加载的时候
    startDrag(_root.star, true);//舞台上的 star 实例可以被拖拽
}
```

详见文件：资源包/Ch09/效果/其他实例/鼠标跟随的第二种效果案例.fla。

以上两种方法产生的鼠标跟随效果基本上差不多，目的都是让影片剪辑跟随鼠标的移动而移动，但是使用第一种方法时实例移动得更流畅一些，用这种方法来做鼠标指针的替换比较好。

有些动画和课件中需要用到别的元件来替换鼠标指针，此时只需在上面代码的基础上加上下列代码即可。

```
Mouse.hide();
```

示例如下。

```
_root.onEnterFrame = function(){
    star._x = _root._xmouse;
    star._y = _root._ymouse;
    Mouse.hide();
};
```

详见文件：资源包/Ch09/效果/其他实例/隐藏鼠标的鼠标跟随效果.fla。

9.6 综 合 案 例

9.6.1 综合案例 1——下载进度条

【案例学习目标】如果影片所占空间较大，在互联网上下载的时候就需要等待较长时间，此时可以在影片的第 1 帧添加一个下载进度条的画面，显示即时的下载进度，使用户等待的时候也能明明白白了解自己还需要等待多长时间。此效果使用脚本就很容易实现。

【案例知识要点】使用 getBytesTotal() 函数和 getBytesLoaded() 函数，控制影片剪辑实例的 X 轴缩放比例，并实时将比例使用动态文本框显示出来，效果如图 9-23 所示。

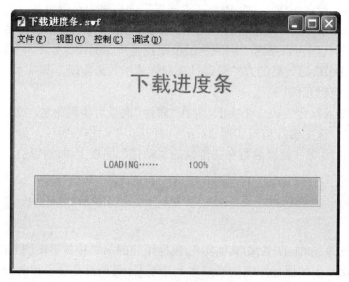

图 9-23 下载进度条效果图

【效果所在位置】资源包/Ch09/效果/下载进度条.swf。

【制作步骤】

(1) 新建及保存文件。新建"ActionScript 2.0"文件，设置好背景颜色后，将文件保存为"下载进度条.fla"。

(2) 设计界面(一)。选择文本工具，打开"属性"面板，选择"静态文本"类型，调整好文本属性后在舞台上输入文本"下载进度条"和"LOADING……"。然后选择"动态文本"

类型，在舞台上拖出一个动态文本框，如图 9-24 所示。在动态文本框"属性"面板上的"选项"区域的"变量"文本框中输入变量名"txt_load"。

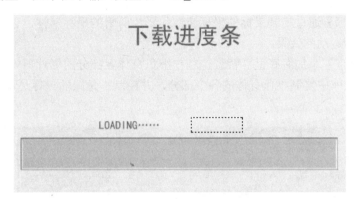

图 9-24 设计界面

(3) 设计界面(二)，设计进度条。选择"文件"→"导入"→"导入到库"命令，浏览"Ch09/素材"文件夹，将里面的图像"进度条框.jpg"导入到库中。然后拖放至"背景"层的舞台上，调整其宽为 400 像素，高为 40 像素。选择矩形工具，设置无笔触颜色，填充颜色为"#CCCCCC"，绘制一个宽 395 像素、高 35 像素的灰色矩形，将其转换为影片剪辑元件，并在"属性"面板将该影片剪辑实例命名为"mc_bar"。

(4) 添加代码。新建一个图层并命名为"as"，单击第 1 帧并打开其"动作"面板，输入如下代码。

```
_root.onLoad = function(){//启动时将影片的所有字节数放到变量 myBytesTotal 中
    myBytesTotal = _root.getBytesTotal();
};
_root.onEnterFrame = function(){
    //将已下载的字节数放在变量 myBytesLoaded 中
myBytesLoaded = _root.getBytesLoaded();
    //求出已下载的字节数百分比值，并乘 100
bar_xscale = myBytesLoaded / myBytesTotal * 100;
    percent = Math.round(bar_xscale);//四舍五入为最接近的整数
    mc_bar._xscale = bar_xscale;//作为 mc_bar 的 X 轴缩放比率
    txt_load = percent + "%";//在文本框显示下载百分值
    if (myBytesLoaded == myBytesTotal){//判断是否所有字节都已下载
        delete this.onEnterFrame;//是则删除此事件处理函数
        nextFrame();//跳转到下一帧并停止，或使用"gotoAndPlay(2)"到第 2 帧播放
    }
    else{//否则
        stop();//停止播放，继续下载
    }
};
```

(5) 继续从第 2 帧开始设计动画的其他内容。

(6) 设计完毕，测试影片即可。

9.6.2　综合案例 2——小鱼跟着鼠标游

【案例学习目标】通过控制鼠标的坐标属性和影片剪辑的坐标属性，使用相关的函数，制作小鱼跟随鼠标运动的效果。

【案例知识要点】添加海底世界背景，制作小鱼身体各部分的影片剪辑元件，然后在关键帧添加代码，从库中复制小鱼身体的各个部分，并控制小鱼跟随鼠标运动的效果和属性，如图 9-25 所示。

图 9-25　小鱼跟着鼠标游效果图

【效果所在位置】资源包/Ch09/效果/小鱼跟着鼠标游.swf。

【制作步骤】

(1) 新建及保存文件。新建"ActionScript 2.0"文件，将文件保存为"小鱼跟着鼠标游.fla"。

(2) 导入背景图像。将当前图层重命名为"背景"。选择"文件"→"导入"→"导入到库"菜单命令，在弹出的对话框中浏览"Ch09/素材"文件夹，将里面的图像"海底世界.jpg"导入到库中。然后拖放至"背景"层的舞台上，设置图像大小刚好覆盖舞台，最后在第 3 帧按下 F5 键插入帧，锁定背景层。背景图像如图 9-26 所示。

(3) 创建小鱼身体各部分的影片剪辑元件。分别创建小鱼的头部、鱼鳍和身体部分的影片剪辑元件如图 9-27、图 9-28 和图 9-29 所示。元件名称分别为"yutou"、"yuqi"和"yushen"。

(4) 设置元件的"AS 链接"。打开"库"面板，在元件"yutou"上右击，在弹出的快捷菜单中选择"属性"命令，即打开"元件属性"对话框，如图 9-30 所示。在"ActionScript 链接"选区勾选"为 ActionScript 导出(X)"和"在第 1 帧中导出"复选框，并在"标识符(D)"文本框中输入"yutou"，单击"确定"按钮。同样的方法设置"yuqi"和"yushen"元件的属性，本例中设置其标识符名称与元件名称相同。

图 9-26 实例背景效果图

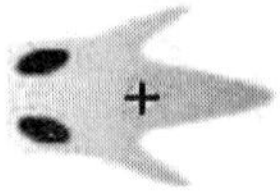

图 9-27 鱼头 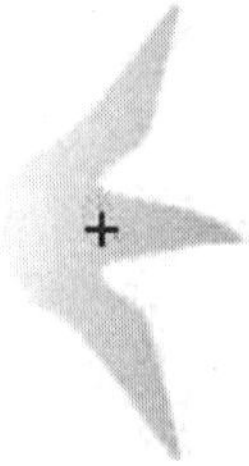   图 9-28 鱼鳍 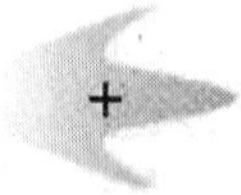   图 9-29 鱼身

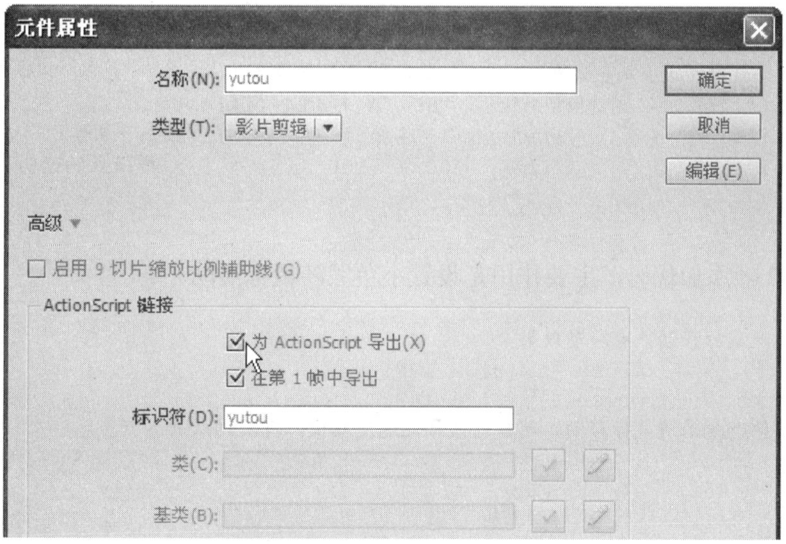

图 9-30 "元件属性"对话框

   提示: "元件属性"对话框中的"标识符"属性设置是为了在下面步骤中使用,当使用 attachMovie()函数时,该函数的第一个参数就是"标识符"文本框中设置的值。

(5) 新建 "as" 层，并分几个步骤添加如下代码。

① 为第 1 帧添加代码，主要作用是通过影片剪辑元件构造一条鱼，并设置鱼的初始状态。

```
N = 20;// 用来控制鱼身的最大长度，也就是最多有多少片
R = 12;// 鱼跟随鼠标的速度
C = 2;// 鱼身的连接速度，跟 R 也有关系
A = 2;//鱼鳍片数
// 以下两条语句定义 x 和 y 两个数组，表示坐标
var x = new Array();
var y = new Array();
// 初始化数组，意图是将鱼的所有身体部件都置于坐标原点
for (i = 0; i < N; i++){
    x[i] = 0;
    y[i] = 0;
}
// for 循环构造一条鱼
for (i = 1; i < N; i++){
    if (i == 1){//i 为 1 作为鱼头，先构造鱼头
        attachMovie("yutou","fish" + i,N + 1 - i);
    }
    else if ((i == 2) || (i == 10)){// 把两片鱼鳍放在鱼身的第 2 个和第 10 个位置
        attachMovie("yuqi","fish" + i,N + 1 - i);
    }
    else{// 剩下的位置留给鱼身
        attachMovie("yushen","fish" + i,N + 1 - i);
    }
    //下两条语句设置鱼身体各部件的 X 和 Y 坐标，下一身体部件继承上一部件的坐标
    this["fish" + i]._x = x[i - 1];
    this["fish" + i]._y = y[i - 1];
    //每个新部件减小一点体积，+前面的基数越大则鱼越大
    this["fish" + i]._xscale = 150+ A * (1 - i);
    this["fish" + i]._yscale = 150+ A * (1 - i);//减小一点体积
    this["fish" + i]._alpha = 100 - (100 / N) * i;//增强鱼的透明度
}
```

② 为第 2 帧添加代码，主要作用是设置小鱼跟随鼠标活动。

```
// 鱼头跟随鼠标移动，有缓动效果
x[0] = x[0] + (_xmouse - x[0] - 142) / R;
y[0] = y[0] + (_ymouse - y[0] - 142) / R;
// 小鱼其他部分跟随鼠标移动，越接近鼠标处速度越快，有缓动效果
for (i = 1; i < N; i++){
    x[i] = x[i] + (x[i - 1] - x[i]) / C;
    y[i] = y[i] + (y[i - 1] - y[i]) / C;
}
// 移动后的鱼的属性
for (i = 1; i < N; i++){
    // 鱼的各部分所在的新位置
    this["fish" + i]._x = 142 + (x[i - 1] + x[i]) / 2;
```

```
this["fish" + i]._y = 142 + (y[i - 1] + y[i]) / 2;
// 计算鱼的转折角度
this["fish" + i]._rotation = 57.295778 * Math.atan2((y[i] - y[i - 1]),
(x[i] - x[i - 1]));
}
```

③ 为第 3 帧添加代码，作用是返回第 2 帧继续播放。

```
gotoAndPlay(2);//返回第 2 帧，继续执行鼠标跟随操作
```

(6) 制作完毕，测试影片即可。

<h1 style="text-align:center">课 后 实 训</h1>

1. 设计渐变遮罩效果。

【练习要点】渐变遮罩效果类似于使用 Photoshop 工具设置羽化的效果。普通的遮罩层是无法实现此种效果的，而使用 setMask() 函数就可以轻松实现。渐变遮罩效果如图 9-31 所示。

【效果所在位置】资源包/Ch08/效果/渐变遮罩效果.fla。

图 9-31　渐变遮罩的效果

【制作提示】

导入图像后，将图像大小设置为刚好覆盖舞台，如图 9-32 所示，然后将图像转换为影片剪辑元件，实例名为 "mc_bzz"。新建一个影片剪辑元件，使用矩形工具在元件的舞台上绘制一个无边框、填充为 "径向渐变" 任意颜色(如图 9-33 所示，从左往右三个色标的透明

图 9-32　设置遮罩前原图

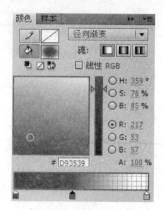

图 9-33　渐变颜色设置

度分别是 100%、100% 和 0%)的矩形。回到场景，新建一图层，将刚绘制的渐变矩形元件拖放到舞台上创建实例，实例名称为 "mc_zz"，并设置大小覆盖图像。

然后新建一 "as" 图层，在该层第 1 帧 "动作" 面板上添加如下代码。

```
mc_bzz.cacheAsBitmap=true//将实例设置缓存为位图，一定要
mc_zz.cacheAsBitmap=true//将实例设置缓存为位图，一定要
mc_bzz.setMask(mc_zz);//设置遮罩效果
```

注意，第 1 条和第 2 条代码也可以在 "属性" 面板的 "显示" 区域中的 "呈现" 下拉列表中选择 "缓存为位图"。如果遮罩效果不理想，则可以继续打开元件的编辑界面，使用渐变变形工具调整渐变颜色的效果。还可以对遮罩的矩形元件实例使用模糊滤镜等效果。

2. 制作显示时间屏保动画的手机画面。

【练习要点】创建日期对象，灵活调用其属性和方法，并使用动态文本框显示出当前的日期、时间和星期。效果如图 9-34 所示。

【效果所在位置】资源包/Ch08/效果/显示时间屏保动画的手机.fla。

图 9-34　显示时间屏保动画的手机效果

【制作提示】

导入手机的图像后，设置舞台大小和手机大小(此处为 332 像素×350 像素)，然后拖出三个动态文本框，文本框的变量分别命名为 txt_shiJian、txt_riQi 和 txt_xingQi。然后新建一个图层，在其第 1 关键帧上添加如下代码。

```
_root.onEnterFrame = function(){
   time = new Date();//创建日期对象的实例time,然后调用其方法和属性
   varShi = time.getHours();//获得系统时钟，放变量 varShi 中
   varFen = time.getMinutes();//获得系统分钟，放变量 varFen 中
   varMiao = time.getSeconds();//获得系统秒钟，放变量 varMiao 中
   if (varFen < 10){//调整分钟格式，分钟以两位数字显示
      varFen = "0" + varFen;
   }
   if (varMiao < 10){//调整秒钟格式，秒钟以两位数字显示
      varMiao = "0" + varMiao;
   }
   //在 txt_shiJian 动态文本框中显示时间
txt_shiJian = varShi + ":" + varFen + ":" + varMiao;
    //获得系统月份并放变量 varYue 中，月份从 0 开始，所以要加 1
varYue = time.getMonth() + 1;
   //在 txt_riQi 动态文本框中显示日期
txt_riQi = time.getFullYear() + "年" + varYue + "月" + time.getDate() + "日";
   //获得系统星期值放变量 varXingQi 中，默认是以 0、1、2、3、4、5、6 表示
varXingQi = time.getDay();
   switch (varXingQi)  {
     case 0 :
        txt_xingQi = "星期日";
        break;
     case 1 :
        txt_xingQi = "星期一";
        break;
     case 2 :
        txt_xingQi = "星期二";
        break;
     case 3 :
        txt_xingQi = "星期三";
        break;
     case 4 :
        txt_xingQi = "星期四";
        break;
     case 5 :
        txt_xingQi = "星期五";
        break;
     case 6 :
        txt_xingQi = "星期六";
    }//此选择结构将星期数值转换为中文表示，并在 txt_xingQi 动态文本框中输出
};
```

第10章 组件和模板

Flash 中的组件是一组在文档编辑期间已经定义参数的影片剪辑，也是一组允许用户修改参数和附加选项的方法。使用 Flash 组件可以制作各种用户控制界面，如文本框、列表框、复选框、按钮等，还可以制作复杂的数据结构、程序链接等。

Flash CS5 提供了强大的模板功能。通过系统内置的模板生成文件，可以省去许多花费在常用动画或布局文档上的精力，可以大大提高工作效率。

本章学习目标

◇ 常见组件的使用；

◇ 模板的应用。

10.1 组   件

10.1.1 引入案例——用户注册表

【案例学习目标】使用常见的组件。

【案例知识要点】使用 TextInput、RadioButton、Combox、CheckBox 等组件制作用户注册表，并设置各个组件的参数，效果如图 10-1 所示。

【效果所在位置】资源包/Ch10/效果/用户注册表.swf。

图 10-1 用户注册表效果图

【制作步骤】

(1) 选择"文件"→"新建"命令,在弹出的"新建文档"对话框中选择"ActionScript 2.0"选项,进入新建文档舞台窗口。舞台的宽设置为 600 像素,高设置为 400 像素,背景颜色设置为白色。将文件保存为"用户注册表.fla"。

(2) 选择"文件"→"导入"→"导入到舞台"命令,在弹出的"导入"对话框中选择"Ch10/素材/用户注册表/bj.jpg"文件,然后单击"打开"按钮,文件被导入到舞台窗口中。如图 10-2 所示。把当前图层名改为"背景",并锁定。

图 10-2 导入图片

(3) 新建一图层,将图层名改为"文本"。选择文本工具 **T**,选择"窗口"→"属性"命令,打开"属性"面板,在该面板中设置字体为"隶书",大小为 30 点,颜色为红色,在舞台上方输入文字"用户注册表"。接下来设置字体为"宋体",大小为 15 点,颜色为黑色,输入相应的文字,如图 10-3 所示。

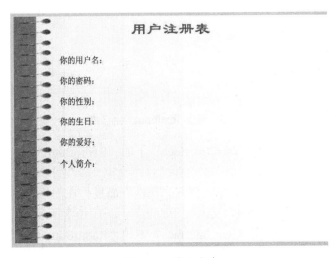

图 10-3 输入文本

(4) 新建一图层，将图层名改为"组件"。选择"窗口"→"组件"命令，打开"组件"面板，如图 10-4 所示。

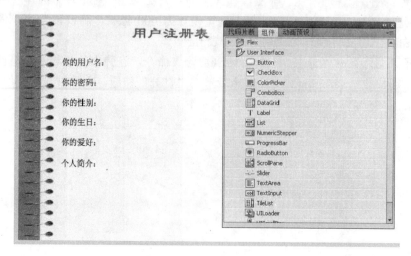

图 10-4　"组件"窗口

(5) 在"组件"面板中选择"User Interface"下的"TextInput"组件，将其拖到"你的用户名:"的右边，再拖到"你的密码:"的右边，如图 10-5 所示。

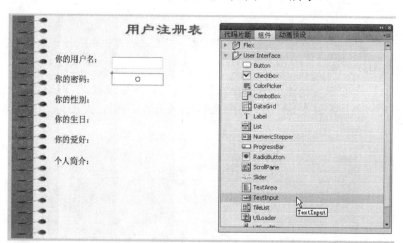

图 10-5　创建 TextInput 组件实例

(6) 在"组件"面板中选择"User Interface"下的"RadioButton"组件，将其拖到"你的性别:"的右边，如图 10-6 所示。

(7) 选择"窗口"→"属性"命令，打开"属性"面板，在面板中的"组件参数"中，将 Label 右边的文本框中的"Label"文本改为"男"，如图 10-7 所示。

(8) 在"组件"面板中选择"User Interface"下的"RadioButton"组件，将其拖到"你的性别:"的右边。打开"属性"面板，在面板中的"组件参数"中，将 Label 右边的文本框中的"Label"文本改为"女"，如图 10-8 所示。

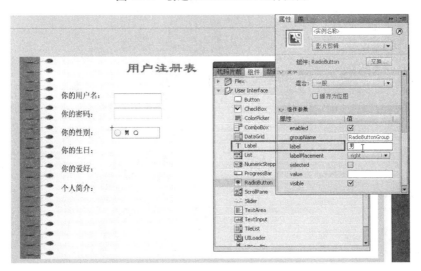

图 10-6　创建 RadioButton 组件实例

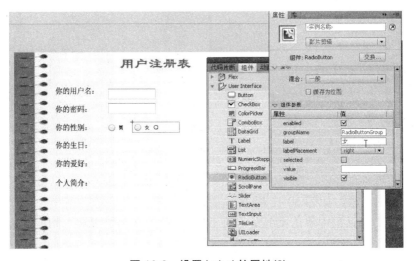

图 10-7　设置 Label 的属性(1)

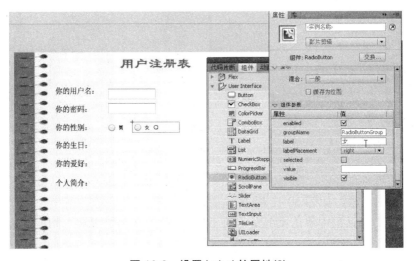

图 10-8　设置 Label 的属性(2)

(9) 在"组件"面板中选择"User Interface"下的"ComboBox"组件，将其拖到"你的生日："的右边，如图 10-9 所示。

图 10-9　创建 ComboBox 组件实例

(10) 选择"窗口"→"属性"命令，打开"属性"面板，将宽设置为 70 像素，高设置为 22 像素，如图 10-10 所示。

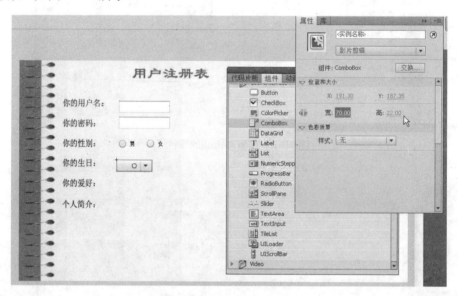

图 10-10　"属性"面板

(11) 打开"属性"面板，在面板中的"组件参数"中，单击 Dataprovider 值右边的 ✎ 按钮，弹出"值"对话框，如图 10-11 所示。

(12) 在"值"对话框中单击 ✚ 按钮，在 label 右边的文本框中输入相应的年份数字，如图 10-12 所示。

(13) 单击"确定"按钮，效果图如图 10-13 所示。

图 10-11　"值"对话框

图 10-12　输入年份数字

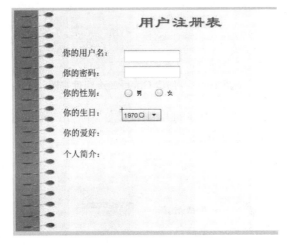

图 10-13　下拉列表效果图

(14) 按照步骤(10)至步骤(13)，依次添加"月"、"日"的下拉菜单，并在每个组件后输入对应的文本"年"、"月"、"日"，如图 10-14 所示。

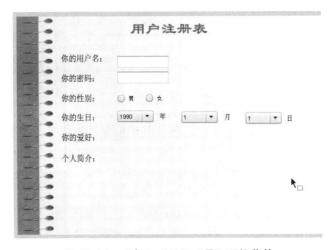

图 10-14　"年"、"月"、"日"下拉菜单

(15) 在"组件"面板中选择"User Interface"下的"CheckBox"组件,将其拖到"你的爱好:"的右边,如图 10-15 所示。

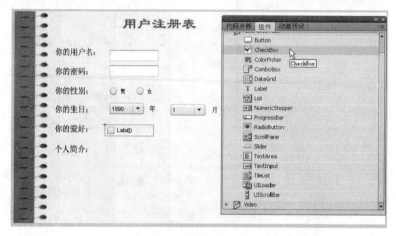

图 10-15 创建 CheckBox 组件实例

(16) 打开"属性"面板,在面板中的"组件参数"中,将 label 右边的文本框中的"label"文本改为"唱歌",如图 10-16 所示。

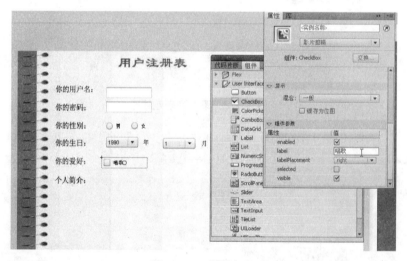

图 10-16 修改文本

(17) 按照步骤(15)和步骤(16)的方法,拖入其他的复选框组件,并设置组件属性,如图 10-17 所示。

(18) 在"组件"面板中选择"User Interface"下的"TextArea"组件,将其拖到"个人简介:"的右边,如图 10-18 所示。

(19) 打开"属性"面板,将宽设置为 400 像素,高设置为 70 像素。在"组件参数"中,在 maxChars 右边的文本框中输入"200",在 restrict 右边的文本框中输入"200",在 text 右边的文本框中输入文字"请输入你的个人简历",如图 10-19 所示。

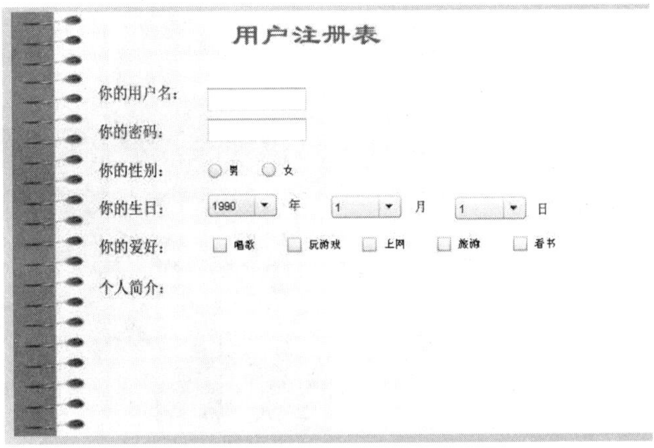

图 10-17 其他复选框

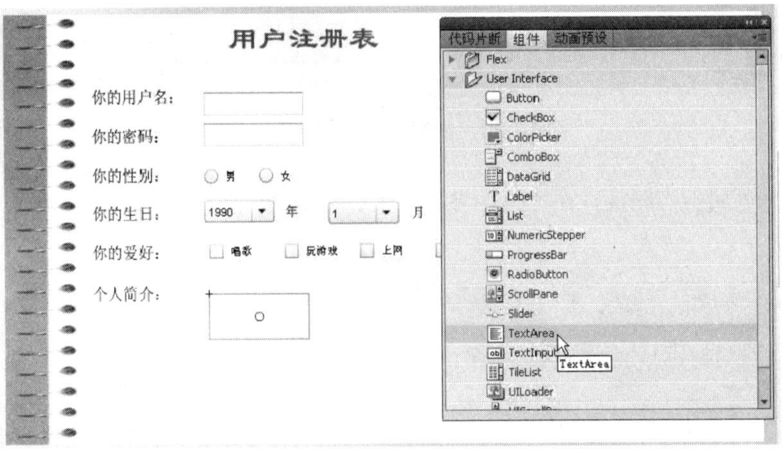

图 10-18 创建 TextArea 组件实例

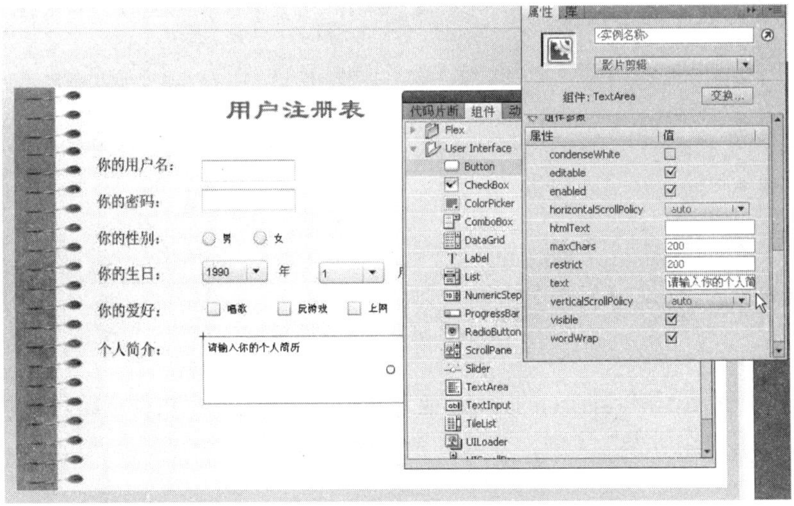

图 10-19 设置"属性"面板

(20) 在"组件"面板中选择"User Interface"下的"Button"组件，将其拖到"个人简介："文本框的下边，如图 10-20 所示。

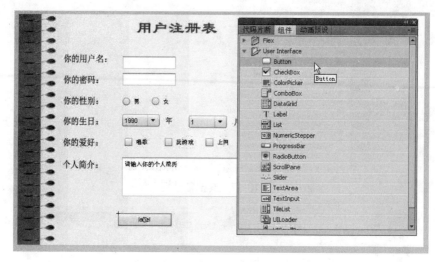

图 10-20　创建"Button"组件实例

(21) 打开"属性"面板，在"组件参数"中，在 label 右边的文本框中输入文字"提交"，如图 10-21 所示。

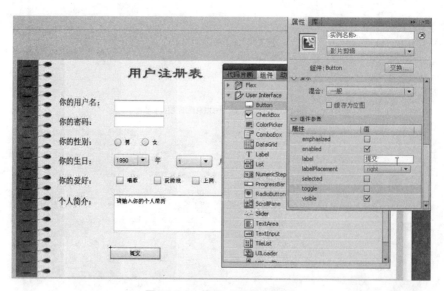

图 10-21　设置"属性"面板

(22) 按照步骤(20)和步骤(21)的方法，拖入其他的按钮组件，并设置组件属性，如图 10-22 所示，至此，"用户注册表"完成，效果如图 10-1 所示。

图 10-22　"用户注册表"效果图

10.1.2　组件及其基本操作

制作交互影片时，除了自行创建交互元件之外，还可以使用 Flash CS5 提供的组件进行创建。组件是带有参数的影片剪辑，通过这些参数可以修改组件的外观和行为。每个组件都有预定义的参数，可以在创建时设置这些参数。每个组件还有一组独特的动作脚本方法、属性和时间，可以在运行时设置参数和其他选项。一个组件可以是一个简单的用户接口，如按钮、复选框等，也可以包含一定的内容，如滚动面板。

使用组件可以创建一个复杂的 Flash 应用，即使对脚本语言没有深入的研究。向 Flash 中添加组件的步骤如下。

(1) 选择"窗口"→"组件"命令，打开"组件"面板，如图 10-23 所示。

(2) 在"组件"面板中选择相应的组件，按住鼠标左键不放将其拖到舞台中或者双击该组件，创建该组件的实例。

(3) 选择舞台上的组件实例，打开"属性"面板，在"组件参数"选项中，设置该组件的各个参数，如图 10-24 所示。

图 10-23　"组件"面板

图 10-24　"组件参数"选项

10.1.3 常见组件的应用

Flash CS5 的组件包括 Flex、User Interface 和 Video 三大类组件。User Interface 简称 UI，是使用频率最高的组件。下面通过一些简单实例来介绍 UI 组件在交互动画制作中的应用。

1. Button(按钮)组件

使用按钮组件可在 Flash 影片中添加按钮。按钮组件接受所有的标准鼠标和键盘交互操作。打开"组件"面板，在该面板中将"Button"组件拖到舞台上，创建按钮组件实例，如图 10-25 所示。选择创建的按钮组件，打开"属性"面板，通过"组件参数"选项可设置按钮的各个参数，如图 10-26 所示。

图 10-25　Label 组件　　　　　图 10-26　Label 组件"组件参数"选项

在 Button"组件参数"面板中可以设置以下参数。

● emphasized：获取或设置一个布尔值，指示当按钮处于弹起状态时，Button 组件周围是否显示边框。

● enabled：指示组件是否可以接受焦点和输入，默认值为 true。

● label：设置按钮上的标签名，默认值为 label。

● labelPlacement：确定按钮上的标签文本相对于图标的方向，默认值为 right。

● selected：如果 toggle 参数的值为 true，则该参数指定按钮是处于按下状态(true)还是释放状态(false)，默认值为 false。

● toggle：将按钮转变为切换开关。如果值为 true，则按钮在单击后保持按下状态，并在两次单击时返回弹起状态;如果值为 false，则按钮行为与一般按钮相同。默认值为 false。

● visible：指示对象是否可见，默认值为 true。

在上述参数中，label 参数是最常设置的，其他参数大多都保留默认值。

2. CheckBox(复选框)组件

复选框是一个可以选中或取消选中的方框，当需要收集多个选项时，一般使用复选框。打开"组件"面板，在该面板中将"CheckBox"组件拖入舞台，创建复选框组件实例，如

图 10-27 所示创建了一组 CheckBox 组件，其中"上网"和"听音乐"呈选中状态。选择创建的复选框组件，打开"属性"面板，通过"组件参数"面板可设置复选框的各个参数，如图 10-28 所示。

图 10-27　创建复选框组件　　　　图 10-28　CheckBox "组件参数" 面板

在 CheckBox "组件参数" 面板中可以设置以下参数。

● enabled：组件是否可以接受焦点和输入，默认值为 true。

● label：设置复选框的名称，默认状态为"label"，如图 10-28 中该参数设置为"上网"。

● labelPlacement：设置名称相对于复选框的位置，默认状态下，名称在复选框的右侧。

● selected：设置复选框的初始状态是呈选中还是未选中的状态。

● visible：对象是否可见，默认值为 true。

在上述参数中，label 参数和 selected 是最常设置的，其他参数大多保留默认值。

3. ComboBox(组合框)组件

组合框可以在 Flash 影片中添加可滚动的单选下拉列表框。ComboBox 可以是静态的，即只能被选中；可以是可编辑的，即允许用户在列表顶端的文本字段中直接输入文本。在可编辑的 ComboBox 中，只有按钮是点击区域，而文本框不是；而对于静态的 ComboBox，组件和文本框一起组成点击区域，点击区域通过打开或关闭下拉列表来做出响应。

打开"组件"面板，在该面板中将"ComboBox"组件拖入舞台，创建组合框组件实例，如图 10-29 所示。选择创建的组合框组件，打开"属性"面板，通过"组件参数"面板可设置组合框的各个参数，如图 10-30 所示。

在 ComboBox "组件参数" 面板中可以设置以下参数。

● dataProvider：数据提供。单击 ✐ 按钮，弹出"值"对话框，如图 10-31 所示。在该对话框中，单击 ✚ 按钮，在 label 右边的文本框中输入相应的文字，通过该方式来添加字段。

● editable：设置 ComboBox 组件是否允许被编辑。如果选择 true，则允许被编辑；如果选择 false，则该组件只能被选择。默认值为 false。

● enabled：组件是否可以接收焦点和输入。默认值为 true。

图 10-29　创建 ComboBox 实例

图 10-30 ComboBox "组件参数" 面板

图 10-31 "值" 对话框

- restrict：可在组合框的文本字段中输入字符串。
- rowCount：设置下拉列表中最多可以显示的项数。默认值为 5。
- visible：设置该组件是否可见。默认值为 true。

4．RadioButton(单选按钮)组件

单选按钮组件允许在相互排斥的选项之间进行选择，与复选框不同，单选按钮对于同一项目下的选择只允许选择其一，不能多选。单选按钮使用在一个项目组中，所以 RadioButton 组件必须用于至少有两个 RadioButton 实例的组。

打开"组件"面板，在该面板中将"RadioButton"组件拖入舞台，创建单选按钮组件实例，如图 10-32 所示。选择创建的单选按钮组件，打开"属性"面板，通过"组件参数"面板可设置组合框的各个参数，如图 10-33 所示。

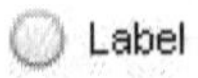

Label

图 10-32 创建 RadioButton 组件实例

图 10-33 RadioButton "组件参数" 面板

在 RadioButton "组件参数" 面板中可以设置以下参数。

- enabled：指示组件是否可以接收焦点和输入。默认值为 true。
- groupName：单选按钮组的名称，处于同一个组中的单选按钮只能选择其中的一个，默认名为 RadioButtonGroup。
- label：单选按钮的文本标签名。默认值为 Label。
- labelPlacement：确定单选按钮上标签文本的方向。默认值为 right。

- selected：设置单选按钮初始状态是否被选中。如果一个组内有多个单选按钮都被设置为 true，则会选中最后实例化的单选按钮。
- value：值，即选中该按钮时发送到数据库的值。
- visible：指示单选按钮是否可见。默认值为 true。

5．TextArea(文本域)组件

文本域组件是一个包含多行文本字段，具有边框和选择性的滚动条。

打开"组件"面板，在该面板中将"TextArea"组件拖入舞台，创建文本域组件实例，如图 10-34 所示。选择创建的文本域组件，打开"属性"面板，通过"组件参数"面板可设置文本域的各个参数，如图 10-35 所示。

图 10-34　创建 TextArea 组件实例　　图 10-35　TextArea "组件参数"面板

在 TextArea "组件参数"面板中可以设置以下参数。

- editable：设置 TextArea 组件是否可编辑。
- Html Text：设置文本是否采用 html 格式显示。
- text：设置 TextArea 组件内容，无法在"属性"面板中输入回车。
- wordWrap：设置文本是否可自动换行。
- maxChars：设置文本区域最多可以容纳的字符数。
- restrict：指示用户可输入文本区域中的字符集。

10.2　模　板

10.2.1　引入案例——下雪啦

【案例学习目标】利用模板制作下雪效果。

【案例知识要点】新建模板动画文件，更改模板文件中的背景图片，制作动态下雪效果，

如图 10-36 所示。

【效果所在位置】资源包/Ch10/效果/下雪啦.swf。

【制作步骤】

(1) 选择"文件"→"新建"命令，打开"新建文档"对话框。

(2) 在"新建文档"对话框中选择"模板"标签，切换到"从模板新建"对话框，如图 10-37 所示。

图 10-36 "下雪啦"效果图

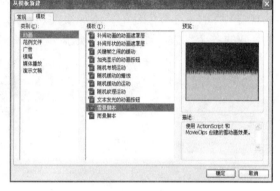

图 10-37 "从模板新建"对话框

(3) 在"类别"中选择"动画"，然后在右边的"模板"列表中选择"雪景脚本"，在"预览"中能够显示该动画对应的图片，如图 10-37 所示。

(4) 单击"确定"按钮，即生成了以"雪景脚本"为模板的.fla 文件，如图 10-38 所示。将文件保存为"下雪啦.swf"文件。

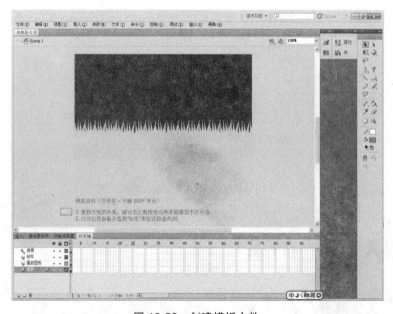

图 10-38 创建模板文件

(5) 选择"文件"→"导入"→"导入到库"命令,将"雪景村庄.jpg"图片导入到库面板。

(6) 选中"背景"图层,删掉原来的背景图片,将"雪景村庄"图片拖入该层,并调整图片大小完全和舞台对齐,效果如图 10-39 所示。至此,"下雪啦"动画制作完毕,按快捷键 Ctrl+Enter 测试动画效果。

图 10-39 更改背景图片

10.2.2 模板的基本操作

Flash CS5 提供了多种帮助用户简化工作的模板。和以往版本相比较,CS5 增加了动画类的模板。用户应用模板时,只需要更改其中的图像和文本,就可以达到制作的要求。也可以把模板文件应用到其他的动画中,从而提高工作效率。如果系统内置的模板满足不了用户的要求,系统还允许用户将自己将用的 Flash 文档添加为模板。

选择"文件"→"新建"命令,在弹出的"新建文档"对话框中选择"模板"选项卡,可以看到一共有六个类别的模板,分别是"动画"、"范例文件"、"广告"、"横幅"、"媒体播放"、"演示文稿"。要创建模板文件,只需要选择相应的类别,再在右边的"模板"中选择相应的效果,单击"确定"按钮,即可生成对应的模板文件。如选择"动画"中的"随机缓动的蜡烛"模板,单击"确定"按钮,生成如图 10-40 所示的模板文件。

在大多数的模板文件中,都有一个"说明"的引导图层,而文档中的红色文字即为说明文字,用户可以根据说明理解动画的制作或进行效果的修改。

图 10-40　"随机缓动的蜡烛"效果

10.3　综 合 案 例

10.3.1　综合案例 1——就业问卷调查

【案例学习目标】使用常见的组件制作就业问卷调查表。

【案例知识要点】使用 RadioButton、CheckBox、Button 等组件制作就业调查问卷，设置各个组件的参数，添加动作脚本语句，在另外一个页面中显示问卷调查结果，效果如图 10-41、图 10-42 和图 10-43 所示。

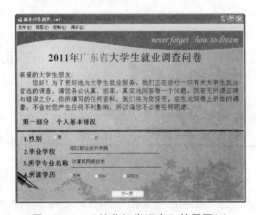

图 10-41　"就业问卷调查"效果图(1)

图 10-42　"就业问卷调查"效果图(2)

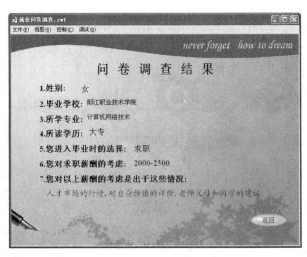

图 10-43　"就业问卷调查"效果图(3)

【效果所在位置】资源包/Ch10/效果/就业问卷调查.swf。

【制作步骤】

(1) 选择"文件"→"新建"命令，在弹出的"新建文档"对话框中选择"ActionScript 2.0"选项，进入新建文档舞台窗口。舞台的宽设置为 700 像素，高设置为 500 像素，背景颜色设置为白色。将文件保存为"就业问卷调查.fla"。

(2) 将"图层 1"改名为"背景"，选择"文件"→"导入"→"导入到舞台"命令，在弹出的"导入"对话框中选择"Ch10/素材/就业问卷调查/背景.jpg"文件，单击"打开"按钮，图片被导入到舞台窗口中。设置图片大小和舞台大小完全对齐，并在第 3 帧插入帧，锁定该图层，如图 10-44 所示。

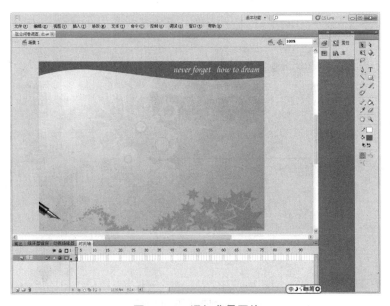

图 10-44　添加背景图片

(3) 新建图层，改名为"个人情况"，删除第 2 帧和第 3 帧，只保留第 1 帧。使用工具箱中的文本工具，在舞台上输入文本。使用直线工具，在"个人基本情况"下绘制一条粗细为 4 像素的黑色直线，如图 10-45 所示。

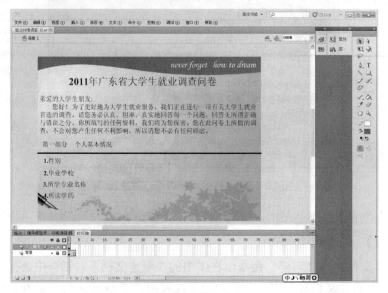

图 10-45　输入文本

(4) 选择"窗口"→"组件"命令，打开"组件"面板。在"组件"面板中选择"User Interface"下的"RadioButton"组件，将其拖到"性别"的右边，创建两个该组件的实例。打开"属性"面板下的"组件参数"，将 groupName 名都改为"radioGroup1"，将 label 参数分别设置为"男"、"女"，如图 10-46 所示。

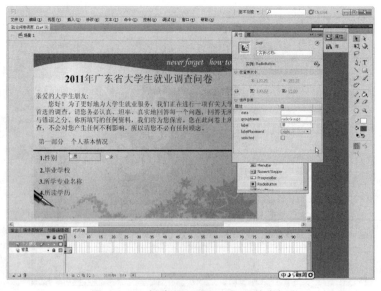

图 10-46　创建 RadioButton 组件实例

(5) 设置"所读学历"对应的单选按钮，方法与步骤(4)一样。在"组件参数"面板中，将该组件的 groupName 设置为"radioGroup2"，将 label 分别设置为"专科"、"本科"、"研究生"，如图 10-47 所示。

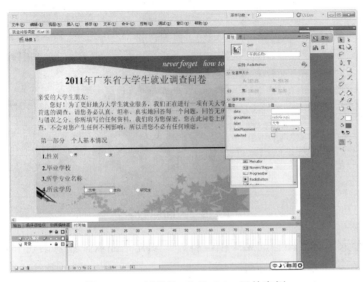

图 10-47　创建 RadioButton 组件实例

(6) 在"毕业学校"和"所学专业名称"后设置一个输入文本框，并在每个输入文本框的下面绘制一条粗细为 1 像素的黑色直线。在"属性"面板中，将第一个文本框的变量命名为"s2"，第二个文本框的变量命名为"s3"，如图 10-48 所示。

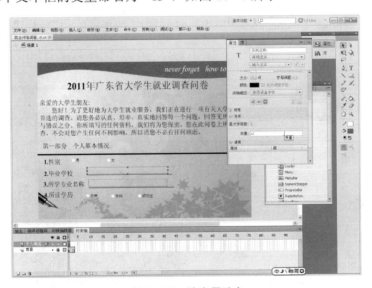

图 10-48　给变量改名

(7) 在"组件"面板中选择"User Interface"下的"Button"组件，将其拖到舞台的下方，在"组件参数"面板中，将 label 改名为"下一页"，如图 10-49 所示。

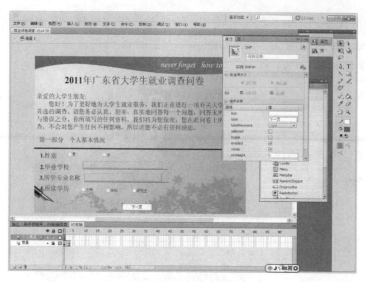

图 10-49　给 label 改名

(8) 选择"个人情况"图层的第 1 帧，打开"动作"面板，输入语句"stop();"，使动画播放时首先停止在第 1 帧。

(9) 新建图层，改名为"正式问卷"。在该图层的第 2 帧插入关键帧，并删除第 3 帧。在第 2 帧上设置如图 10-50 所示的题目。其中第 5 题使用的是 radioButton 单选按钮组件，将该组件的 groupName 设置为"radioGroup3"，label 分别设置为"求职"、"考研"、"出国"、"求职考研两手准备"。第 6 题同样使用 radioButton 单选按钮组件，将该组件的 groupName 设置为"radioGroup4"，label 分别设置为如图 10-50 所示的金额。第 7 题为多选题，组件实例名分别设置为"checkbox1"、"checkbox2"、"checkbox3"、"checkbox4"和"checkbox5"，如图 10-50 所示。

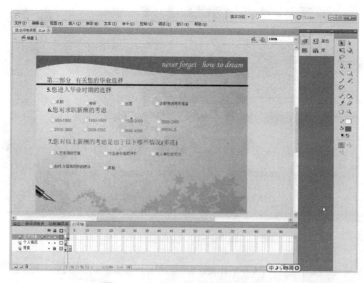

图 10-50　添加多个单选按钮组

(10) 选择"窗口"→"公用库"→"按钮"命令，从中拖入一个按钮到适当位置，将按钮上的文本改为"提交"，如图 10-51 所示。

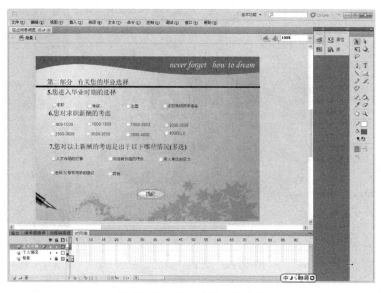

图 10-51　添加"提交"按钮

(11) 新建图层，改名为"调查结果"。在第 3 帧插入关键帧，设置如图 10-52 所示的内容。其中第 2 题、第 3 题后对应的为输入文本框，其他均为动态文本框。把这几个文本框的变量分别命名为 s1、s2、s3、s4、s5、s6 和 s7。

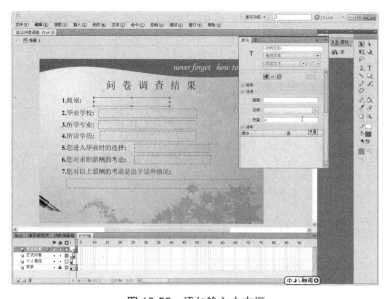

图 10-52　添加输入文本框

(12) 选择"窗口"→"公用库"→"按钮"命令，从中拖入一个按钮到适当位置，将按钮上的文本改为"返回"，如图 10-53 所示，并在该按钮上添加动作语句"on(release)

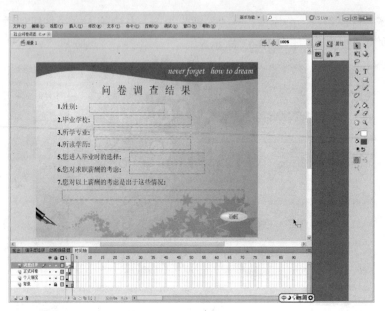

图 10-53 添加"返回"按钮

{gotoAndPlay(1);}"。

(13) 接下来设置"下一步"按钮和"提交"按钮的动作语句。在"下一步"按钮上添加如下语句。

```
on(click){
    _root.s1=_root.radioGroup1.getValue();//将"radioGroup1"的值赋给变量 s1
    _root.s4=_root.radioGroup2.getValue();//将"radioGroup2"的值赋给变量 s2
    _root.gotoAndStop(2);// 跳转到第 2 帧并停止播放
}
```

在"提交"按钮上添加如下语句:

```
on(release){
    _root.s5=_root.radioGroup3.getValue();//将"radioGroup3"的值赋给变量 s5
    _root.s6=_root.radioGroup4.getValue();//将"radioGroup4"的值赋给变量 s6
    _root.s7=" ";  //将空值赋给变量 s7
    if (checkbox1.selected==true) {
        _root.s7="人才市场的行情";
    }
    if (checkbox2.selected==true) {
        _root.s7=_root.s7+",对自身价值的评价";
    }
    if (checkbox3.selected==true) {
        _root.s7=_root.s7+",用人单位的实力";
    }
    if (checkbox4.selected==true) {
        _root.s7=_root.s7+",老师父母和同学的建议";
    }
    if (checkbox5.selected==true) {
```

```
        _root.s7=_root.s7+",其他";
    }
    _root.gotoAndStop(3);}
```

(14) "就业问卷调查"制作完毕。按快捷键 **Ctrl+Enter** 测试影片，效果如图 10-41 所示。

(15) 根据自我情况填写第一页的内容后，单击"下一页"按钮，将会进入下一个页面，填写完毕后，单击"提交"按钮，则显示"问卷调查结果"，如图 10-43 所示。

10.3.2 综合案例 2——烛光晚餐

【案例学习目标】使用模板制作烛光晚餐动画效果。

【案例知识要点】在新建模板文件中，选择"动画"类别中的"随机缓动的蜡烛"模板，更改场景大小、蜡烛大小，添加动画背景，制作烛光晚餐的动画，效果如图 10-54 所示。

【效果所在位置】资源包/Ch10/效果/烛光晚餐.swf。

图 10-54 "烛光晚餐"效果图

【制作步骤】

(1) 选择"文件"→"新建"命令，打开"新建文档"对话框。

(2) 在"新建文档"对话框中选择"模板"选项卡，切换到"从模板新建"对话框，在"类别"中选择"动画"，然后在右边的"模板"列表中选择"随机缓动的蜡烛"，在"预览"中能够显示该动画对应的图片，如图 10-55 所示。

(3) 单击"确定"按钮，即生成了以"随机缓动的蜡烛"为模板的.fla 文件，如图 10-56 所示。将文件保存为"烛光晚餐.swf"文件。

(4) 选择名为"说明"的引导层，将其删除。打开"属性"面板，将文档大小设置成 680 像素×500 像素，如图 10-57 所示。

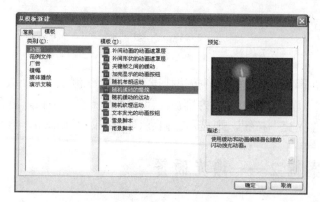

图 10-55　在"模板"中预览

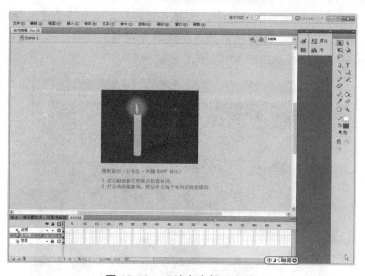

图 10-56　"烛光晚餐"文件

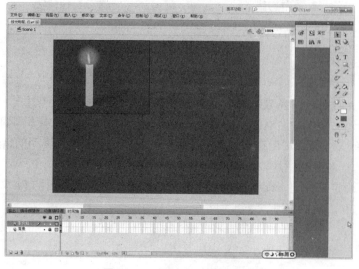

图 10-57　删除"说明"图层

　　(5) 打开"库"面板，双击"wax"图形元件，进入该元件的编辑窗口。将填充颜色设置为"红色"，用颜料桶工具对蜡烛进行颜色的填充，如图 10-58 所示。

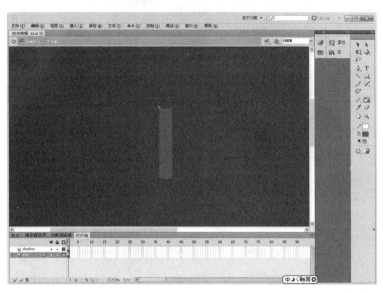

图 10-58　填充红色

　　(6) 新建一图层，改名为"人物"。选择"文件"→"导入"→"导入到舞台"命令，在弹出的"导入"对话框中选择"Ch10/素材/烛光晚餐/烛光晚餐.psd"文件，单击"打开"按钮，图片被导入到舞台窗口中。设置图片大小和舞台大小完全对齐，如图 10-59 所示。

图 10-59　导入背景图片

　　(7) 选择名为"影片剪辑"的图层，将"candle"实例缩小，并拖放到左边的烛台上，如图 10-60 所示。

图 10-60　添加左边蜡烛

(8) 选中已经缩小的"candle"实例，复制一份副本，拖放到右边的烛台上，如图 10-61 所示。至此，"烛光晚餐"动画制作完毕，按快捷键 Ctrl+Enter 测试效果。

图 10-61　添加右边蜡烛

课 后 实 训

1．制作网站后台登录界面。

【练习要点】使用 TextInput 和 Button 组件，制作网站后台登录界面，如图 10-62 所示。

【效果所在位置】资源包/Ch10/效果/网站后台登录界面.fla。

2. 制作动画：寂寞的行人。

【练习要点】在新建模板文件中，选择"范例文件"类别中的"IK 曲棍球手范例"模板，更改动画背景，制作"寂寞的行人"动画效果，如图 10-63 所示。

【效果所在位置】资源包/Ch10/效果/寂寞的行人.fla。

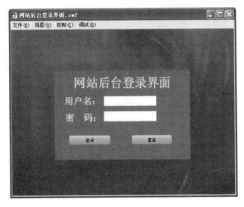

图 10-62　网站后台登录界面

图 10-63　"寂寞的行人"效果图

第 11 章　测试、优化、导出与发布

11.1　测试和优化动画

动画设计好之后，需要先对影片进行测试，如果测试结果为达到预期效果，还需要将影片导出或发布。在发布影片之前，应根据使用场合的需要，对影片进行适当的优化处理，这样可以在不影响影片质量的前提下获得最佳的影片播放速度。此外，导出和发布影片时，还可以根据不同的需要设置多种发布形式，以保证影片与其他应用程序兼容。本章主要介绍动画的测试、优化、导出和发布。

本章学习目标

- ✧　熟练地对动画进行测试并优化；
- ✧　熟练地将动画导出为各种需要的格式的影片或图像；
- ✧　熟悉"发布设置"对话框中各参数的设置；
- ✧　熟练地导出适用于各种应用程序的动画作品。

11.1.1　测试动画

动画作品制作好后，在发布之前应该先进行测试。Flash CS5 提供了测试影片的环境，例如测试主时间轴上的声音、主时间轴上的帧动作、主时间轴上的动画、按钮的状态、动画速度和下载性能等，不仅能够发现和消除动画作品中存在的问题，还可以达到优化动画的效果。

根据测试对象的不同，测试可以分为测试影片、测试场景、测试环境、测试动画功能和测试动画作品下载性能等类别。

(1) 测试影片。选择"控制"→"测试影片"→"测试"菜单命令或按下快捷键 Ctrl+Enter，即可对当前影片进行测试。系统将自动生成扩展名为".swf"的影片文件，并将该文件放置在与源文件相同的目录下。

(2) 测试场景。测试影片时总是从"场景 1"的第 1 帧开始测试，如果一个影片包含多个场景，想要单独对当前场景进行测试，则可以选择"控制"→"测试场景"菜单命令或按下快捷键 Ctrl+Alt+Enter。测试场景也会自动生成该场景的(只有该场景)扩展名为".swf"的影片，影片默认名称是"源文件名+场景名"。

(3) 测试环境。测试影片和测试场景的同时也是对环境的测试，只是如果是环境测试，则更侧重于关注影片的整体环境。虽然仍处于 Flash 环境中，但界面已经改变。这是因为现在是处于测试环境中而非编辑环境中。

(4) 测试动画功能。动画测试时应该完整地观看动画，并对动画中所有的互动元素进行

测试，如按钮、影片剪辑元件等，查看动画中有无遗漏、错误或不合理的地方。

(5) 测试动画作品的下载性能。进行关于动画作品下载的相关性能的测试，举例如下：测试影片《走路的莲藕人》的下载性能，效果如图 11-1 所示。

图 11-1　测试案例"走路的莲藕人"

【操作步骤】

(1) 设置"下载设置"。在影片的测试状态下，选择"视图"→"下载设置"菜单命令，在其子菜单中选择一种带宽，用以测试动画在该带宽下的下载性能，如图 11-2 所示。

Flash CS5 允许用户以不同的调制解调器速度测试动画在 Web 上的传递，除了图 11-2 所示的几种速度外，还允许用户以不常用的速度或者用户自己决定的速度进行测试，这样就可以完全控制动画的测试。要创建自定义调制解调器速度以测试流动性，选择"自定义"菜单命令，打开"自定义下载设置"对话框进行设置，如图 11-3 所示。

(2) 查看"数据流图表"。在菜单栏中选择"视图"→"带宽设置"命令，此时"数据流

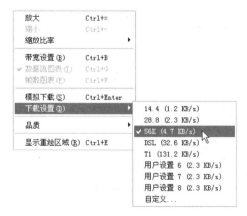

图 11-2　在"视图"菜单中选择带宽进行测试　　　图 11-3　"自定义下载设置"对话框

图表"自动变为可用并呈选定状态，单击"数据流图表"菜单命令，如图 11-4 所示。如果图中有红色线，则红线以上的块表示流动过程中可能引起暂停的区域，根据红线上的块可以看到能引起暂停的具体帧。

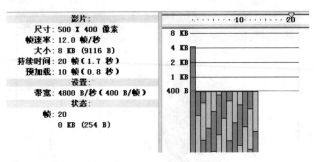

图 11-4　数据流图表

在数据流图表的左边，有一个提供测试动画时的信息栏，各项功能如下。

● 尺寸：动画的大小。

● 帧速率：动画播放的速度，单位用帧/秒表示。

● 大小：整个动画文件的大小(如果测试的是场景，则是在整个动画中所占的文件大小)，括号中的数字是用字节表示的精确数字。

● 持续时间：动画的帧数(如果测试的是场景，则是场景的帧数)，括号中的数字表示动画或场景的持续时间(单位为"秒")。

● 预加载：从动画开始下载到开始放映之间的帧数，或者根据当前的放映速度折算成相应的时间。

● 带宽：用于模拟实际下载的带宽速度。

● 帧：显示两行数字，上面的数字表示时间轴上放映头当前所在的测试环境中的帧编号；下面的数字则是表示当前帧在整个动画中所占的文件大小。括号中的数字是文件大小的精确数字。将放映头移到时间线，按 Enter 键测试，出现各个帧的信息，此信息可以找到特大帧。

(3) 查看"帧数图表"。在菜单栏中选择"视图"→"帧数图表"命令，将会出现帧的图形表示。灰色块表示动画中的帧，块的高度表示帧的大小，如图 11-5 所示。

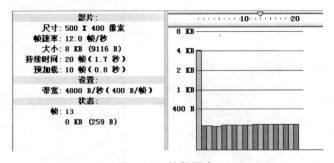

图 11-5　帧数图表

(4) 查看"模拟下载"(见图 11-6)。在菜单栏中选择"视图"→"模拟下载"命令，进入模拟下载界面，其速度为在设置"下载设置"时选择的连接带宽。

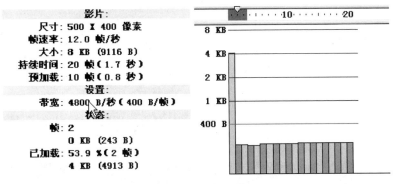

图 11-6　模拟下载

11.1.2　优化动画

优化动画主要是为了缩短影片的下载时间和播放时间，所以在导出动画之前有必要对动画尤其是较大的动画作品进行优化。优化动画的总前提是：在不影响动画效果和动画质量的基础上，尽量减小影片文件的大小。对动画进行优化，可从如下几个方面进行。

1．减小文件大小

● 对于动画中多次出现的元素，应将其转换为元件。
● 制作动画时，尽可能使用补间动画。因为补间动画基本只需要保存关键帧的信息。
● 对于动画序列，最好使用影片剪辑而不使用图形元件。
● 除了作为静态元素或背景，尽量减少位图图像元素的使用。
● 限制每个关键帧中的改变区域，在尽可能小的区域内执行动作。
● 尽可能使用压缩声音格式(如 MP3 格式)和压缩图像格式(如.jpg 格式)，视频最好选用最流行且体积小的.flv 格式。

2．优化元素和线条

● 尽量将相关元素组合在一起。
● 对于随动画过程而改变的元素，最好使用不同的图层分开组织。
● 尽量使用铅笔工具绘制所需的线条。
● 多用实线，尽可能避开虚线、点状线、锯齿状线等特殊线条的使用。
● 在菜单栏中选择"优化"→"形状"→"优化"命令优化形状，以达到形状的最优化。

3．优化文本和字体

● 如无特殊需要，尽可能使用系统默认的字体。
● 尽可能使用同一种字体和样式，尽量少用嵌入字体。

4．优化颜色

● 尽量使用"混色器"面板进行颜色的选择和设置，使其与浏览器专用的调色板匹配。

● 尽量减少使用渐变色，使用渐变色填充区域要比纯色填充大概多占用 50 字节的存储空间。

● 尽量减少 Alpha 透明度的使用，它会减慢影片的播放速度。

5．优化动作脚本

● 在"发布设置"对话框的"高级"选区中勾选"省略 trace 语句"复选框，从而发布影片时不使用 trace 语句，如图 11-7 所示。

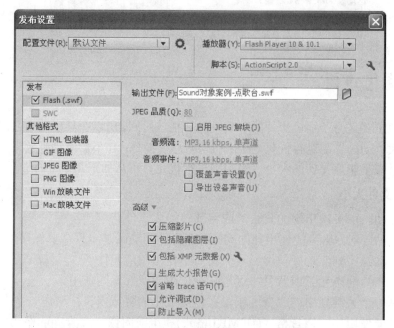

图 11-7　"发布设置"对话框选中"省略 trace 语句"复选框

● 将经常重复使用的代码定义为函数，用到时调用函数即可。

● 尽量使用局部变量。

11.2　动画的导出

动画可以导出为影片，也可以导出为图像，导出的图像又分为静态图像和动态图像两类。

11.2.1　导出影片

要以动画影片或图像序列的形式导出源文件中的内容，则需要选择导出影片。可在菜单栏中选择"文件"→"导出"→"导出影片"命令，在打开的"导出影片"对话框中进行设置。默认的导出格式为 Flash 播放文件"SWF 影片(*.swf)"，除此之外，还可以导出成视频文件"Windows AVI(*.avi)"、"GIF 动画(*.gif)"和图像序列等。

例如，以第 4 章的案例文件——"窗帘.fla"为例，分别要导出为 Flash 动画影片、视频影片和动态图像，方法如下。

1．导出为Flash动画影片

选择"文件"→"导出"→"导出影片"菜单命令，弹出"导出影片"对话框，在"文件名"文本框中输入导出文件的名称，在"保存类型"下拉列表中选择"SWF 影片(*.swf)"，单击"保存"按钮，即可导出 Flash 默认的影片形式，如图 11-8 所示。

2．导出为视频影片

选择"文件"→"导出"→"导出影片"命令，在弹出的"导出影片"对话框的"保存类型"下拉列表中选择"Windows AVI(*.avi)"或"QuickTime(*.mov)"，单击"保存"按钮，即可导出视频形式，使用视频播放器播放的效果如图 11-9 所示。

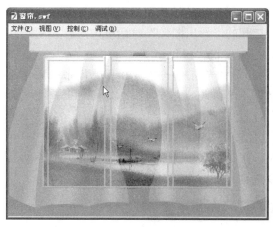

图 11-8　导出为 Flash 动画影片

图 11-9　导出为视频影片

3．导出为动态图像

按照上面相同的方法打开"导出影片"对话框，在"保存类型"下拉列表选择"GIF 动画(*.gif)"，单击"保存"按钮，影片即可以动态图像的形式导出，使用图像查看软件打开的效果如图 11-10 所示。

4．导出为图像序列

可以将 Flash 源文件导出为一系列的图像序列，动画中的每一帧都会被导出为一张独立的图像，图像的命名以源文件名开头，后面几位数字与相应的帧编号一致。可以导出的图像序列格式有"JPEG 序列(*.jpg、*.jpeg)"、"GIF 序列(*.gif)"和"PNG 序列(*.png)"。导出效果之一如图 11-11 所示。

提示：相应的详细效果可以参见本书资源包中相应的文件。

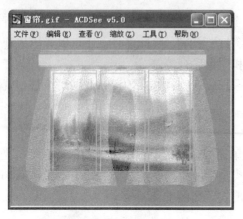

图 11-10 导出为动态图像

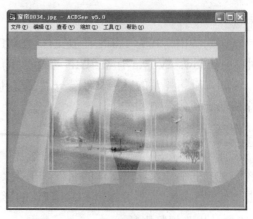

图 11-11 导出图像序列效果图之一

11.2.2 导出图像

如果要从影片中导出图像，可在当前影片中选择要导出的帧或图像，然后在菜单栏中选择"文件"→"导出"→"导出图像"命令，在打开的"导出图像"对话框中进行设置，则可将当前帧的内容保存为各种图像格式，如.jpg、.gif、.png 和.bmp 等。

✎ 提示：此方法导出的各种格式的文件都只是将当前这一个帧内容进行导出操作而已，其他帧内容均没有被导出。此方法也可以导出.swf 格式的文件，但也只能导出一个帧的动画。

如果要将帧保存为 Web 所用格式的透明背景的图像，则可以将图像导出为.gif 格式，并且要打开"导出图像"对话框，在其"保存类型"下拉列表中选择"GIF 图像(*.gif)"，然后在弹出的"导出 GIF"对话框中勾选"透明"复选框，如图 11-12 所示。

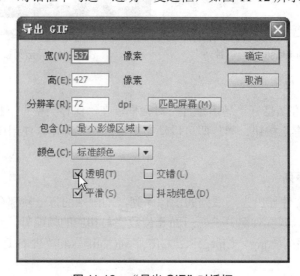

图 11-12 "导出 GIF"对话框

11.3 动画的发布

动画发布跟动画导出一样，都可以生成多种不同类型的文件。但是发布影片可以对背景音乐、图形格式及颜色等参数进行单独设置，而导出操作就不行。

默认情况下，使用"发布"命令可以创建 Flash SWF 文件及将 Flash 影片插入浏览器窗口所需的 HTML 文档。Flash CS5 提供了多种发布格式，可以根据需要选择发布的格式并设置发布的参数。

11.3.1 发布设置

在菜单栏中选择"文件"→"发布设置"命令，可打开如图 11-13 所示的"发布设置"对话框。对话框的上方可以设置"配置文件"、选择播放器版本和选择脚本版本，一般使用默认设置即可。左下方显示了可以发布的文件格式，右下方是相关格式的发布参数设置。下面就来简单介绍几种发布格式的常用参数设置。

1．Flash(.swf)

此发布格式是 Flash 默认的发布格式，发布为.swf 格式的文件，其常用参数说明如下。

● JPEG 品质：设置位图图像的压缩率。在输出作品过程中，Flash 将作品中的所有位图图像都转换为可以压缩的 JPEG 格式的图像，并通过压缩比例进行压缩处理。压缩率在 0 至 100 之间选择。

● 音频流和音频事件：设置作品中音频素材的压缩格式和参数。单击右边的蓝色文本，可以打开"声音设置"对话框，进行详细的设置。

● 覆盖声音设置：选择此复选框，音频流和音频事件两项设置对影片中的所有声音起作用。

● 导出设备声音：这一项是为发布用在手机等移动设备上的动画设置的。由于手机等移动设备支持和使用一些袖珍的声音格式，如 MMF、MIDI 等，而这些声音格式都是 Flash 所不支持的，为了能在针对这些移动设备而开发的 Flash 中使用这些特殊格式的声音，在 Flash 文档中用一个对 Flash 而言合法的声音格式文件作为傀儡，运行时调用并播放那些对 Flash 而言不合法的声音格式文件。

● 高级选区：如图 11-14 所示，"压缩影片"指将影片进行压缩，一般要勾选；勾选"包括隐藏图层"在发布时可以将隐藏图层的内容也一起发布；若选中"生成大小报告"选项，在导出 Flash 作品的同时，将生成一个记录作品中动画对象容量大小的文本文件，该文件与导出作品的文件同名；若选中"省略 trace 语句"，则不在"输出"面板中显示 trace 语句；若选中"允许调试"，则会激活调试器并允许远程调试 Flash 影片，若选中"防止导入"选项，则激活"密码"文本框，用户可在此输入密码保护用户的 Flash 影片，这样导出的 Flash 作品不能再导入到另外的 Flash 作品中或转回 FLA 格式文件。

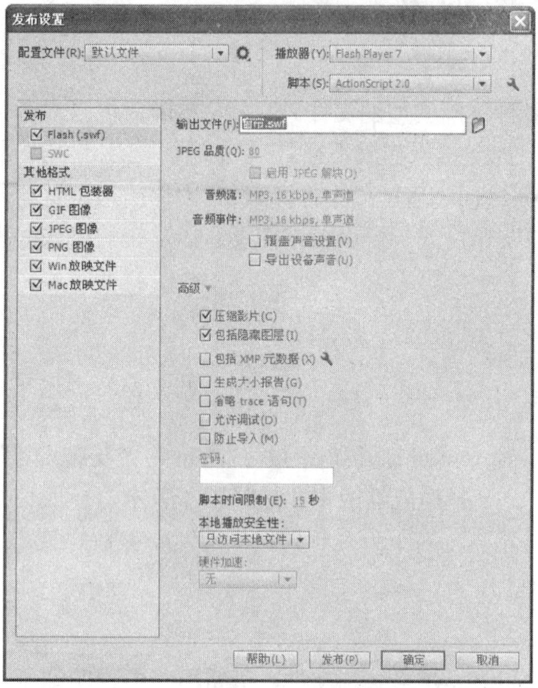

图 11-13 "发布设置"对话框

图 11-14 发布为"Flash"的"高级"参数区

2. HTML包装器

HTML 包装器格式也是发布的默认格式。发布为 HTML 格式要和发布为.swf 格式相结

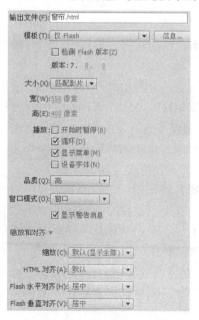

图 11-15 "HTML 包装器"格式的参数

合，因为导出的 Flash 影片同时也放置在生成的 HTML 网页上。HTML 包装器的参数如图 11-15 所示，常用参数的功能介绍如下。

- 模板：用于选择产生 HTML 程序段的模板。系统提供了八个模板，单击"信息"按钮，可查看所选模板的信息。

- 检测 Flash 版本：检测打开当前影片所需要的最低的 Flash 版本。

- 大小：设置影片的大小。选择默认值"匹配影片"后，浏览器的大小与影片的大小相同；选择"像素"选项后，可在宽度和高度文本框中输入具体的像素值；选择"百分比"选项后，设置和浏览器窗口相对大小的影片尺寸，在宽度和高度文本框中输入具体的百分比数值。

- 播放：设置控制动画的播放属性。选中"开始时暂停"复选框，影片只有在用户手动启动时才播放；选中"循环"复选框，影片播放完毕后可返回重新播放；选中"显示菜单"复选框，用户在浏览器中右击后可看到快捷菜单；选中"设备字体"复选框，将使用设备字体来替换用户系统中未安装的字体。

● 品质：设置动画作品播放时的图像质量。其中包括"高"、"中"、"低"、"自动降低"、"自动升高"、"最佳"六种列表项。

● 窗口模式：设置动画作品在浏览器中的透明模式，该选项只有在具有 Flash ActiveX 控件的 Internet Explorer 中有效。选择"窗口"选项，可在网页上的矩形窗口中以最快速度播放动画；选择"不透明无窗口"选项，可以移动 Flash 影片后面的元素(如动态 HTML)，以防止它们透明；选择"透明无窗口"选项，将显示该影片所在的 HTML 页面的背景，透过影片的所有透明区域都可以看到该背景，但这样将减慢动画播放速度。

● 显示警告消息：标记在设置发生冲突时显示错误消息。

● 缩放：设置缩放。选择"默认(显示全部)"列表项，可在指定区域内显示整个影片，并且不会发生扭曲，同时保持影片的原始宽高比；选择"无边框"项，可以对影片进行缩放，使其填充指定的区域，并保持影片的原始宽高比，同时不会发生扭曲，如果有需要则会裁剪影片的边缘；选择"精确匹配"项，可以在指定区域显示整个影片，它不保持影片的原始宽高比，因此可能会发生扭曲；选择"不缩放"列表项，可禁止影片在调整 Flash Player 窗口大小时进行缩放。

● 其他："HTML 对齐"、"Flash 水平对齐"和"Flash 垂直对齐"都是用来设置动画作品在浏览器中的对齐方式，或图片在浏览器指定矩形区域中的放置位置的。

3．GIF图像

选择"发布设置"对话框的"GIF"选项卡，可设定 GIF 格式的相关参数，如图 11-16 所示，现将常用参数介绍如下。

● 大小：设置动画的大小。

● 播放：设置控制动画的播放效果。选中"静态"列表项，文件发布成静态的序列图像格式；选中"动态"列表项，文件发布为 GIF 动画格式，"不断循环"和"重复次数"单选按钮变为可用。如选择"不断循环"选项，动画可以循环播放；选中"重复次数"选项，并在旁边的文本框中输入播放次数，可以让动画循环播放指定的次数。

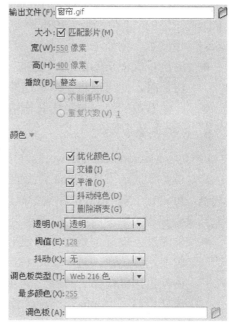

图 11-16 "GIF 图像"格式的参数

- 颜色：设置 GIF 的外观。选中"优化颜色"复选框，将对图片的颜色进行优化处理，从而减小发布的 GIF 文件的大小；选中"交错"复选框，则在下载过程中，以交错方式逐渐显示在舞台上，但对于 GIF 动画不能选择"交错"复选框；选中"平滑"复选框，可减小位图的锯齿，使画面质量提高，但是平滑处理后会增大文件的大小；选中"抖动纯色"复选框，可使纯色产生渐变色效果，以防止出现不均匀的色带；选中"删除渐变"复选框，可使所有的渐变色转变为以渐变的第一种颜色为基础的纯色，从而减小文件的大小。

- 透明：设置背景是否为透明状态及将 Alpha 设置转换为 GIF 的方式。选中"不透明"列表项，使图像的整个区域不透明，导出的图像将以它在 Flash 中的样式出现在 HTML 文件中；选中"透明"列表项，使导出的 GIF 背景透明；选择"Alpha"列表项，可以激活后面的"阈值"文本框，在该文本框中可输入 0 至 255 之间的一个值，Alpha 值超过这个输入值的任何颜色导出时都为不透明，Alpha 值低于这个输入值的任何颜色导出时都为透明。

- 抖动：对图片中的色块进行处理，以防止出现不均匀的色带。

- 调色板类型：选择一种调色板，可以定义图像的调色板。

- 最多颜色：在"调色板类型"中选择"最合适"和"接近 Web 最适色"项时，可输入"最多颜色"的值来设置 GIF 图像中使用的颜色数量。选择颜色数量越多，图像的颜色品质就会越高，生成的文件就会越大。

- 调色板：在"调色板类型"中选择"自定义"，就可以自定义调色板。

4．JPEG图像

一般情况下，GIF 适合导出图形，而 JPEG 则适合导出图像。使用 JPEG 格式可将图像发布为高压缩的 24 位图像。单击该复选框，即可设定 JPEG 格式的相关参数，如图 11-17 所示，常用参数介绍如下。

- 渐进：类似于 GIF 的"交错"选项。当在 Web 浏览器中以较慢的速度下载 JPEG 图像时，此选项将使图像逐渐清晰地显示在舞台上。

- 其他参数的使用与上面其他格式图像的参数设置相同。

5．PNG图像

PNG 是 Macromedia Fireworks 的文件格式。使用 PNG 发布影片，具有支持压缩和 24 位色彩功能，同时还支持 Alpha 通道的透明度。选择"发布设置"对话框中的"PNG 图像"复选框，可设定 PNG 格式的相关参数，如图 11-18 所示。部分参数的设置与发布 GIF 文件的参数设置基本一致，用户可以参考上述 GIF 的参数功能，新的参数介绍如下。

- 位深度：设置创建图像时使用的每个像素的位数和颜色数。图像位数决定用于图像中的颜色数。对于 256 色图像来说，可以选择"8 位"选项；如果要使用数千种颜色，可选择"24 位"选项；如果颜色数超过数千种，还要求有透明度，则要选择"24 位 Alpha"选项。位数越大，文件越大。

图 11-17　"JPEG 图像"参数设置　　　图 11-18　"PNG 图像"参数设置

● 滤镜选项：压缩过程中，PNG 图像会经过一个筛选的过程，此过程使图像以一种最有效的方式进行压缩。过滤可同时获得最佳的图像质量和文件大小，但是要使用此过程可能需要一些时间，通过选择"无"、"下"、"上"、"平均"、"线性函数"和"最适应"等不同的选项来比较它们之间的差异。

6．Win放映文件

在"发布设置"对话框中选择"Windows 放映文件"复选框，可创建 Windows 独立运行的 EXE 格式文件，而不需使用 Flash Player 或其他播放器来播放动画文件。

7．Mac放映文件

在"发布设置"对话框中选择"Mac 放映文件"选项卡，可创建 Macintosh 独立放映文件。

11.3.2　发布动画

打开第 4 章的"窗帘.fla"案例，另存到本章目录的"《窗帘》发布"文件夹下，然后单击菜单栏"文件"→"发布设置"命令，在弹出的"发布设置"对话框中全选所有发布格式，参数按默认设置，然后单击"发布"按钮，可以看到在源文件的相同路径下生成了如图 11-19所示的六种格式的发布文件。

图 11-19　"窗帘"案例发布的六种格式文件

或者在"发布设置"对话框中选择要发布的格式，并设置相应参数后，单击"确定"按钮，然后选择"文件"→"发布"菜单命令，可以得到相同的发布效果。

11.4 综合案例——导出 QQ 龇牙表情动画

【案例学习目标】使用绘图工具绘制 QQ 龇牙表情，然后导出为 GIF 动画和视频类型文件。

【案例知识要点】使用椭圆工具、钢笔工具、线条工具、铅笔工具和颜料桶工具等，绘制 QQ 龇牙表情，然后导出为 GIF 动态图像及视频文件。效果如图 11-20 所示。

【效果所在位置】资源包/Ch11/效果/QQ 表情.gif、资源包/Ch11/效果/QQ 表情.avi。

图 11-20   QQ 龇牙表情

【制作步骤】

(1) 新建及保存文件。新建宽 300 像素、高 280 像素的 "ActionScript2.0" 文件，将 "帧频" 改为 8 fps，并将文件保存为 "QQ 表情.fla"。

(2) 绘制 QQ 表情。使用椭圆工具、钢笔工具、线条工具、铅笔工具和颜料桶工具等，绘制 QQ 龇牙表情，然后将绘制好的表情转换为元件，元件名称为 "smile"。

(3) 制作龇牙动画。在时间轴第 2 帧插入关键帧，单击选中舞台上的龇牙表情，按下三次向上的光标键将其上移 3 像素。

(3) 导出 GIF 动画。选择 "文件" → "导出" → "导出影片" 菜单命令，在弹出的 "导出影片" 对话框中选择文件的路径、输入文件名 "QQ 表情" 并在 "保存类型" 下拉列表框中选择 "GIF 动画(*.gif)" 项，然后单击 "保存" 按钮即可。

(4) 导出视频。与上一步相同的操作，只是最后需在 "保存类型" 下拉列表框中选择 "Windows AVI(*.avi)"。

(5) 导出完毕，打开相应文件查看效果即可。

课　后　实　训

优化和发布 MV《今年夏天》。

【练习要点】使用前面介绍的方法优化学生作品 MV《今年夏天》，然后分别将该 MV 发布成 Flash 动画影片(.swf)和 Win 放映文件(.exe)格式的文件。MV 效果如图 11-21 所示。

图 11-21　MV《今年夏天》

【效果所在位置】资源包/Ch11/效果/今年夏天.fla。

第 12 章 综 合 案 例

本章主要综合前面各章所学知识，制作四个不同类型的 Flash 项目。在项目的制作过程中，按照布局文档、制作元件、布置场景、添加代码和测试影片五个基本的步骤进行。这五个步骤是开发 Flash 项目的基本工作流程，有了工作流程，才能在实际开发过程中体现自己严谨的设计思路，才能成功完成项目的开发。

12.1 圣 诞 贺 卡

【设计思路】

圣诞老人提着满满的一袋礼物，"乘"着月亮来到小朋友的家。不怕脏的圣诞老人从烟囱钻进小朋友的家里，把礼物送给熟睡的小朋友……最后以"Merry Christmas"来祝福大家节日快乐。

【技术要点】

能熟练绘制简单的图形，掌握遮罩动画的制作方法，能给动画添加背景音乐。

12.1.1 布局文档

(1) 选择"文件"→"新建"命令，在弹出的"新建文档"对话框中选择"ActionScript 2.0"选项，进入新建文档舞台窗口。舞台的大小设置为 729 像素×576 像素，背景颜色设置为黑色。将文件保存为"圣诞贺卡.fla"。

(2) 执行"视图"→"辅助线"→"显示辅助线"命令，添加四条辅助线，如图 12-1 所示。

图 12-1 添加辅助线

12.1.2 制作元件

该贺卡主要有三个场景，首先是圣诞老人随着月亮到屋顶，然后是圣诞老人进入屋内，第三个场景是圣诞老人给小孩送礼物。根据场景的需要，先制作对应的元件。由于涉及的元件较多，故未能一一介绍。下面将元件根据场景分类，用文件夹组织起来。

1．"屋顶"文件夹

(1) "圣诞树"图形元件。使用"工具"面板中的铅笔工具、填充工具，绘制雪景中的圣诞树，如图 12-2 所示。

图 12-2 "圣诞树"图形元件

(2) "屋顶"图形元件。使用"工具"面板中的绘图工具，绘制屋顶图片，并创建多个"圣诞树"元件实例，效果如图 12-3 所示。

图 12-3 "屋顶"图形元件

2．"屋里"文件夹

该文件夹主要包括屋内场景中的图片，首先制作"圆"、"鞋子"、"铃铛"、"圣诞树"、"亲爱的圣诞老人"、"礼物 2"、"礼物盒子"元件，然后再利用这些元件制作"屋里"图形元件，如图 12-4 所示。

(a) "球" 图形元件　　　　(b) "鞋子" 图形元件　　　　(c) "铃铛" 图形元件　　　　(d) "圣诞树" 图形元件

(e) "亲爱的圣诞老人" 图形元件　　　　　　　(f) "礼物 2" 图形元件

(g) "礼物盒子" 图形元件　　　　　　　(h) "屋里" 图形元件

图 12-4　 "屋里" 文件夹对应的元件

3. "晚安"文件夹

该文件夹主要包括熟睡小孩房间的图片，首先制作 "月亮"、"月亮光"、"小星星"、"大星星" 元件，然后再利用这些元件制作"晚安"图形元件，如图 12-5 所示。

(a) "月亮" 图形元件　　(b) "月亮光" 图形元件　　(c) "小星星" 图形元件　　(d) "大星星" 图形元件

图 12-5　 "晚安" 文件夹对应的元件

(e) "晚安"图形元件

续图 12-5

4．"圣诞老人"文件夹

在三个场景中，到处都有圣诞老人的身影。在该文件夹中主要包含"圣诞老人睡月亮"，该元件应用于第一个场景；第二个元件是"倒圣诞老人"图形元件，该元件应用于圣诞老人倒立钻烟囱；第三个元件是"钻烟囱"图形元件，这里给出的是圣诞老人倒立的瞬间图片。效果如图 12-6 所示。

(a) "圣诞老人睡月亮"图形元件　　　(b) "倒圣诞老人"图形元件　　　(c) "钻烟囱"图形元件

图 12-6　"圣诞老人"文件夹对应的元件

5．"文字"文件夹

在整个场景的设计中，都有对应的文字。文字的出现采用的是淡入淡出的效果，故需要将文字制作成对应的元件。在"文字"文件夹中，共有 10 个图形元件，这些文字采用的字体是"华文隶书"，大小为"35 点"，如图 12-7 所示。

圣诞夜　　圣诞老人给你带来惊喜

(a)　"文本 1"　　　　　　　　(b)　"文本 2"

圣诞老人当然不怕脏　　为了把礼物送给亲爱的你

(c)　"文本 3"　　　　　　　　(d)　"文本 4"

圣诞老人的白胡子给烟灰弄黑了　　哈哈　如此美好的夜晚

(e)　"文本 5"　　　　　　　　(f)　"文本 6"

无论如何都要把礼物送到你手上　　甜美的梦里

(g)　"文本 7"　　　　　　　　(h)　文本 8"

最美好的礼物送给你　　Merry Christmas

(i)　"文本 9"　　　　　　　　(j)　"文本 10"

图 12-7　　"文字"文件夹对应的元件

6．"按钮"文件夹

在场景最后，需要添加一个重新播放的按钮。在这里绘制一棵圣诞树作为按钮，如图 12-8 所示。

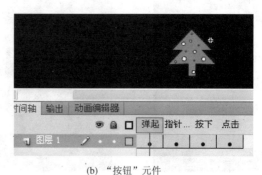

(a)　"小树"图形元件　　　　　　　(b)　"按钮"元件

图 12-8　　"按钮"文件夹对应的元件

12.1.3　布置场景

1．"屋顶"场景

该场景以"屋顶"元件为背景，制作圣诞老人跟着月亮出现的效果，主要通过三个图层来完成。

(1) 将"图层 1"改名为"宽"。在该图层中，绘制一个黑色的矩形，大小为 1 490 像素×1 176 像素，放置在场景的正中央。并在第 500 帧处插入帧，表明本动画的长度共有 500 帧。

(2) 新建图层，改名为"背景"。选中第 1 帧，把"屋顶"元件拖入场景，制作第 1 帧至第 5 帧的渐入效果，并分别在第 90 帧和第 95 帧处插入关键帧，制作第 90 帧至第 95 帧的淡出效果。

(3) 新建图层，改名为"月亮动"。在第 5 帧处插入关键帧，从"库"面板中拖入"圣诞老人睡月亮"的元件，在第 50 帧处插入帧，设置第 5 帧至第 50 帧的移动效果。这三个图层的显示效果如图 12-9 所示。

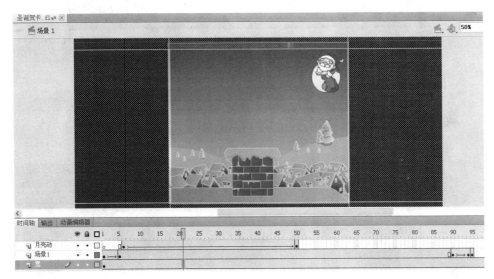

图 12-9 "屋顶"场景

2. 圣诞老人钻烟囱

通过遮罩层来完成圣诞老人钻烟囱场景。

(1) 新建图层，改名为"圣诞老人掉"。在第 51 帧处插入关键帧，从"库"面板中将元件"倒圣诞老人"拖入场景，放置在烟囱上方。在第 60 帧处插入关键帧，把圣诞老人拖到烟囱下，创建第 51 帧到第 60 帧的传统补间动画。

(2) 新建图层，改名为"遮罩"。在第 51 帧处插入关键帧，利用矩形工具绘制一个长方形，该长方形的大小要能盖住烟囱上方区域，并在第 60 帧处插入普通帧。选中"遮罩"层，将该图层的类型改为"遮罩"类型。这两个图层的效果如图 12-10 所示，对应图层"遮罩"、"圣诞老人掉"。

3. 显示文字

在这里分先后显示元件"文字 1"和"文字 2"，并采用渐入渐出的方式，如图 12-11 所示，对应的图层是"文字 1"和"文字 2"。

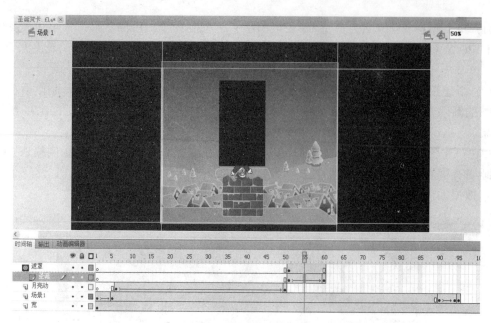

图 12-10　圣诞老人钻烟囱

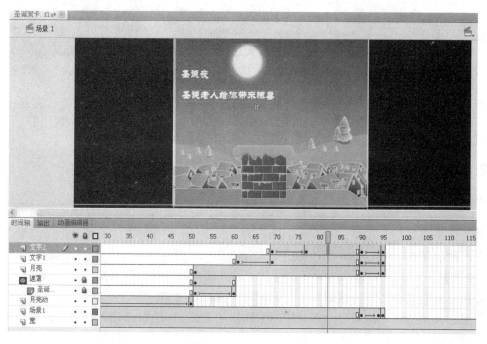

图 12-11　显示文字

4．"屋里"场景

该场景以"屋里"元件为背景，逐渐显示元件"文字 3"至"文字 7"对应的文字。如图 12-12 所示，对应的图层"文字 7"至"屋里"。

图 12-12 "屋里"场景

5. "晚安"场景

该场景以"晚安"元件为背景,制作圣诞老人送礼物到小孩床前的效果。礼物的移动通过逐帧动画的方式来完成,并通过两个文字图层进行说明。如图 12-13 所示,对应图层"文字 9"至"晚安"。

图 12-13 "晚安"场景

6. "祝福"场景

该场景以放大的"圣诞老人"和"月亮"为背景,显示元件"文字 10"的文字达到祝福的目的。在第 350 帧处添加按钮元件,实现重新播放。并添加新图层,用来放置背景音乐,效果如图 12-14 所示,对应图层"文本 10"至"音乐"。

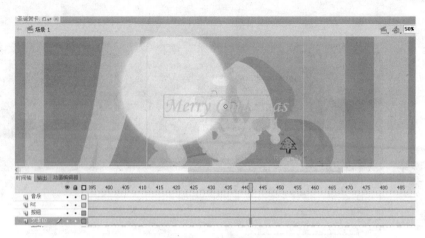

图 12-14 "祝福"场景

12.1.4 添加代码

(1) 选中"按钮"图层,将第 500 帧转换为关键帧,在该关键帧上添加如下语句:

`stop();`即动画播放到第 500 帧的时候停留在该图层对应的画面。

(2) 选中第 500 帧的按钮,打开"动作"面板,在按钮上添加语句:

`on(release){gotoAndPlay(1);}`

该语句的作用是,单击该按钮,转到动画的第 1 帧重新开始播放。至此,该贺卡动画制作完毕。

12.1.5 测试影片

测试影片,效果如图 12-15 所示。

图 12-15 测试结果

12.2 banner 动画——金山植物园

【设计思路】

金山植物园是一个免费开放的公园，园内植物品种繁多，空气清新。在设计该植物园网站的时候，需要制作对应的 banner 动画。该动画的目的是宣传金山植物园，故采用图片切换的方式向人们展示金山植物园的风景，并用文字"呼吸新空气，感受新生活"呼吁人们回归大自然，以文字"金山植物园欢迎您！"结束动画。

【技术要点】

熟练掌握特殊文字效果、图片切换效果的制作方法，能使用动作语句制作随机飘动的效果。

12.2.1 布局文档

选择"文件"→"新建"命令，在弹出的"新建文档"对话框中选择"ActionScript 2.0"选项，进入新建文档舞台窗口。舞台的大小设置为 550 像素×150 像素，背景颜色设置为白色。将文件保存为"banner——金山植物园.fla"。

12.2.2 制作元件

1. 图形元件

(1) 创建名为"图 1"的图形元件。从外部导入素材"1.jpg"图片即可，如图 12-16 所示。

(2) 创建名为"图 2"、"图 3"、"图 4"的图形元件，分别从外部导入素材"2.jpg"、"3.jpg"、"4.jpg"图片。

图 12-16 "图 1"图形元件

2. "文字1"影片剪辑元件

(1) 创建名为"文字 1"的影片剪辑元件。选择文本工具,设置字体为"楷体",大小为"50 点",加粗,颜色为"#FF00FF"。 输入文字"呼吸新空气,感受新生活",如图 12-17 所示。

(2) 选中文本,执行"修改"→"分离"命令,分离文本,如图 12-18 所示。

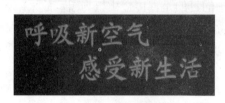

图 12-17 输入文字

图 12-18 分离文本

(3) 选择"修改"→"时间轴"→"分散到图层"命令,此时每个文字将分散到单独的图层,并以该文字给图层命令,如图 12-19 所示。此时,"图层 1"不再有内容,将其删除。

(4) 选中文字"呼",按 F8 键将该文字转换为图形元件,元件名称为"呼"。逐个选中其他的文字,并都转换为对应的图形元件。将第二排文字中的"新"字元件命名为"新 2",如图 12-20 所示。

图 12-19 分散到图层

图 12-20 转换为图形元件

(5) 选择"视图"→"标尺"命令,显示标尺,并拖一条垂直辅助线至"呼"字左边。选中名为"呼"的图层,将第 10 帧转换为关键帧。选中第 1 帧的"呼"元件实例,将其拖到辅助线的左边,并将该元件实例的 Alpha 值设置为 0%。选中第 1 帧,右击,在弹出的快捷菜单中选择"创建传统补间"命令,如图 12-21 所示。

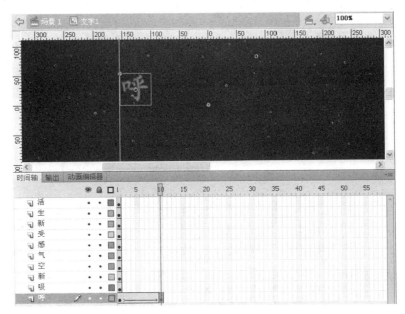

图 12-21 创建 "呼" 的传统补间动画

(6) 选中名为 "吸" 的图层, 将第 1 帧拖到第 5 帧, 将第 15 帧转换为关键帧。选中第 5 帧的 "吸" 元件实例, 将其往左边移动一个文字的距离, 并设置 Alpha 值为 0%。选中第 5 帧, 右击, 在弹出的快捷菜单中选择 "创建传统补间" 命令, 如图 12-22 所示。

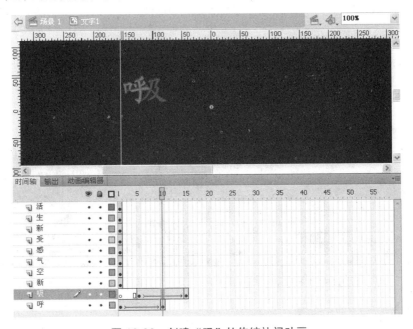

图 12-22 创建 "吸" 的传统补间动画

(7) 采用同样的方法设置其他图层的文字效果。除 "感" 图层外, 其他每个图层都和下一图层间隔 5 帧, 效果如 12-23 所示。

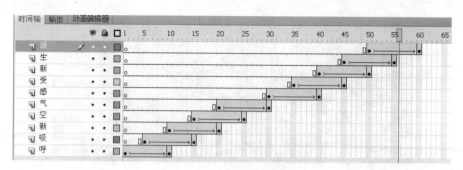

图 12-23 "时间轴"面板

(8) 选中名为"呼"的图层,将第 70 帧和第 80 帧转换为关键帧。选中第 80 帧,设置元件实例的 Alpha 值为 0%。选中第 70 帧,右击,创建传统补间动画。其他图层的操作同名为"呼"的图层,最终时间轴如图 12-24 所示。至此,"文字 1"影片剪辑元件制作完成。

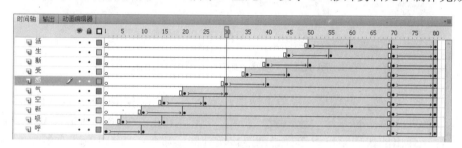

图 12-24 最终的时间轴

3. "文字2"影片剪辑元件

(1) 创建名为"文字 2"的影片剪辑元件。选择文本工具,字体设置为"楷体",大小为"50 点",颜色为"红色",输入文字"金山植物园欢迎您!",并将该文字转换为图形元件,命名为"文本",如图 12-25 所示。

图 12-25 输入文本

(2) 选中图层 1,将第 15 帧转换为关键帧。选中第 1 帧的元件实例,将该实例缩小,并设置 Alpha 值为 0%。选中第 1 帧,右击,在弹出的快捷菜单中选择"创建传统补间"命令,并在第 45 帧处插入帧。效果如图 12-26 所示。至此，"文字 2"影片剪辑元件制作完毕。

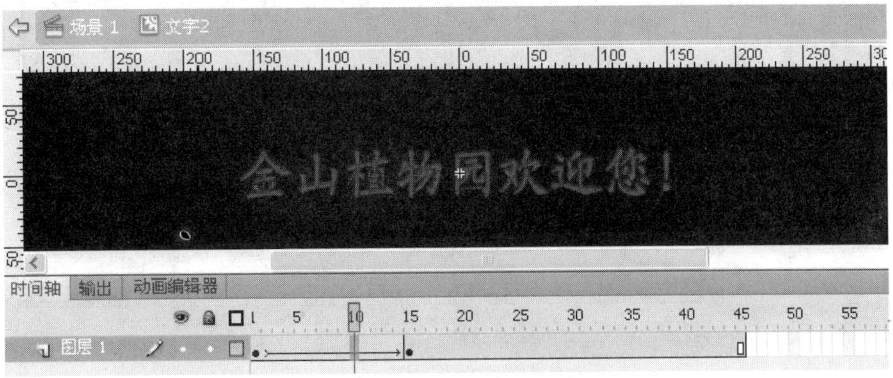

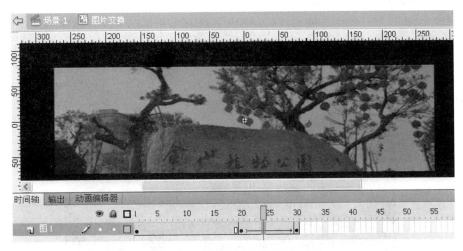

图 12-26 "文字 2"影片剪辑元件

4. "图片交换"影片剪辑元件

(1) 创建名为"图片交换"的影片剪辑元件。将"图层 1"改名为"图 1"，从"库"面板中将"图 1"元件拖到舞台中央，将第 20 帧和第 30 帧转换为关键帧。选中第 30 帧的影片剪辑实例，设置 Alpha 值为 0%。选中第 20 帧，右击，在弹出的快捷菜单中选择"创建传统补间"命令。这里制作的是图片渐隐的效果，如图 12-27 所示。

图 12-27 制作图片渐隐的效果

(2) 新建图层 2，改名为"图 2"。选中第 25 帧，插入空白关键帧，从"库"面板中将名为"图 2"的图形元件拖到舞台中央，设置和"图 1"层的图片完全对齐。将第 35 帧、第 60 帧和第 70 帧转换为关键帧，设置第 25 帧和第 70 帧的元件实例的 Alpha 值为 0%。选中第 25 帧，右击，在弹出的快捷菜单中选择"创建传统补间"命令。选中第 60 帧，右击，在弹出的快捷菜单中选择"创建传统补间"命令。这里制作的是图片的渐显渐隐效果。图形元件"图 3"、"图 4"的制作方法和效果，不再一一介绍，对应时间轴的效果如图 12-28 所示。

图 12-28　添加"图 2"图形元件

(3) 新建图层，改名为"文字 1"。选中第 110 帧，将其转换为空白关键帧，从"库"面板中将影片剪辑元件"文字 1"拖到舞台中央，在第 190 帧处插入帧。

(4) 新建图层，改名为"文字 2"。选中第 190 帧，将其转换为空白关键帧，从"库"面板中将影片剪辑元件"文字 2"拖到舞台中央，在第 235 帧处插入帧。至此，"图片交换"影片剪辑元件制作完毕。

5．"星星闪烁"影片剪辑元件

(1) 创建名为"星星闪烁"的影片剪辑元件。选择多角星形工具，填充颜色为白色。在"工具设置"中，选择"样式"为"星形"，"边数"为"5"，"顶点大小"为"0.10"，在舞台中绘制一颗星星，并将该星星转化为图形元件，改名为"星星"，如图 12-29 所示。

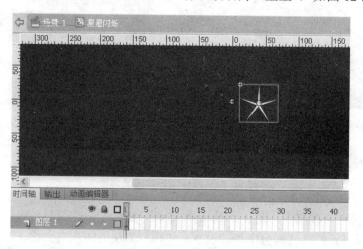

图 12-29　绘制星星

(2) 将第 10 帧、第 20 帧和第 30 帧转化为关键帧，将第 1 帧和第 20 帧的图形变小，设置第 30 帧元件实例的 Alpha 值为 0%，在相邻两关键帧间创建传统补间动画，如图 12-30 所示。

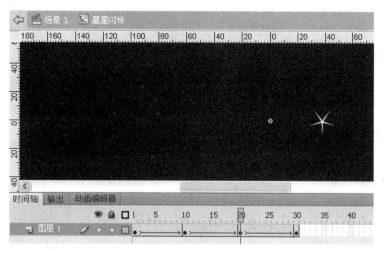

图 12-30 制作"星星闪烁"影片剪辑元件

12.2.3 布置场景，添加代码

(1) 从"库"面板中将"图片切换"元件拖入舞台中，并和舞台完全对齐，在第 2 帧插入帧。

(2) 新建图层 2，改名为"闪烁星星"。从"库"面板中将"星星闪烁"元件拖入舞台中，放置到舞台下方，并将实例命名为"star"。选中第 1 帧，打开"动作"面板，输入如下语句。

```
duplicateMovieClip("star","star"+i,i);
setProperty("star"+i,_x,random(550));
setProperty("star"+i,_y,random(400));
setProperty("star"+i,_alpha,random(100));
i++;
```

(3) 选中"闪烁星星"图层的第 2 帧，将其转化为关键帧。打开"动作"面板，输入如下语句。

```
if(i<40){
    gotoAndPlay(1);
}else
{i=1;}
```

这两个关键帧的语句实现"闪烁星星"的随机复制，至此，该 banner 动画——金山植物园制作完毕。

12.2.4 测试影片

测试影片，效果如图 12-31 所示。

图 12-31　测试结果

12.3　数　学　课　件

【设计思路】

在小学的数学课堂上，面对一连串的数字，还有因数、倍数……学生们看得有点晕了。把枯燥的数学内容做成动画课件，是不是可以增加课程的吸引力呢？接下来我们要做的是小学三年级的数学内容"因数和倍数"，通过颜色鲜艳的画面，有趣的图片来展示学习的内容，让学生们在枯燥的学习过程中找到童年的乐趣！

【技术要点】

通过在按钮上添加 gotoAndStop()和 gotoAndPlay()语句，来实现画面的跳转。

12.3.1　布局文档

选择"文件"→"新建"命令，在弹出的"新建文档"对话框中选择"ActionScript 2.0"选项，进入新建文档舞台窗口。舞台的大小设置为 550 像素×400 像素，背景颜色设置为白色。将文件保存为"数学课件.fla"。

12.3.2　制作元件

在整个课件中，主要包含五个场景：第一个是"首页"；第二个是"定义"，制作课件内容"因数和倍数"的定义；第三个是"例题"，通过两个例题来讲解定义；第四个是"练习"，让学生通过三个练习来巩固所学知识；第五个场景是"总结"，对本节课的内容进行归纳总结。

1．导入图片

执行"文件"→"导入"→"导入到库"命令，将所需要的素材全部导入到"库"面板中，并用"图片"文件夹将这些素材组织起来，如图 12-32 所示。

图 12-32　导入素材

2．"背景图"文件夹

五个场景对应四个背景图，其中"定义"和"例题"用同一个背景图。把每个背景图都制作成图形元件，分别用"背景 1"、"背景 2"、"背景 3"、"背景 4"命名，如图 12-33 所示。

(a)　"背景 1"图形元件

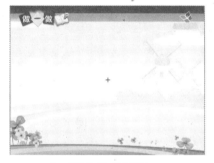

(b)　"背景 2"图形元件

(c)　"背景 3"图形元件

(c)　"背景 4"图形元件

图 12-33　四个背景图形元件

3. "因数和倍数" 影片剪辑元件

(1) 新建图形元件，改名为"文字"。使用文本工具，设置字体为"宋体"，大小为"43点"，颜色为"黑色"，输入文本"一、因数和倍数"，如图 12-34 所示。

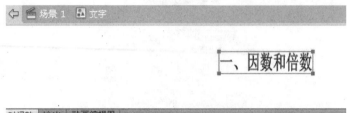

图 12-34 "文字" 图形元件

(2) 新建影片剪辑元件，改名为"因数和倍数"，利用刚才制作的"文字"元件，制作文本的移动效果，采用遮罩动画来完成，并在最后一个关键帧上添加"stop();"语句，如图 12-35所示。

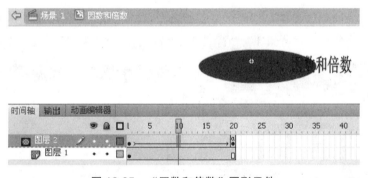

图 12-35 "因数和倍数" 图形元件

4. "按钮" 元件

新建按钮元件，改名为"按钮"，这里制作一个圆形的按钮，"弹起"帧和"鼠标经过"帧对应的图形分别如图 12-36 和图 12-37 所示。

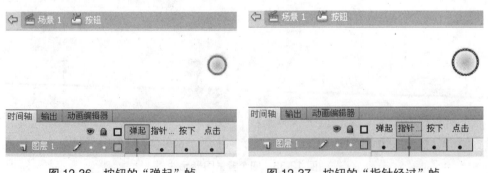

图 12-36 按钮的"弹起"帧   图 12-37 按钮的"指针经过"帧

12.3.3　布置场景，添加代码

1. "背景"图层

(1) 将"图层 1"改名为"背景"，选中第 1 帧，将"背景 1"元件拖到场景中，并和舞台完全对齐。在第 1 帧添加"stop();"语句，让动画首先停止在第一帧的画面，如图 12-38 所示。

(2) 选中第 21 帧，插入空白关键帧，将"背景 2"元件拖入舞台，设置和舞台完全对齐；选中第 29 帧，插入空白关键帧，将"背景 3"元件拖入舞台，设置和舞台完全对齐；选中第 39 帧，插入空白关键帧，将"背景 4"元件拖入舞台，设置和舞台完全对齐，如图 12-39 所示。

图 12-38　第 1 帧的画面

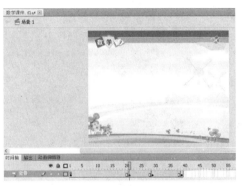
图 12-39　其他背景画面

2. "题目"图层

(1) 新建图层，改名为"题目"。在这个图层中，需要插入多个关键帧，在每个关键帧中设置不同的题目画面。将第 21 帧到第 39 帧的所有帧全部选定，并转换为空白关键帧。然后在每个空白关键帧中设置不同的画面，如图 12-40 所示为每个关键帧所对应的画面。

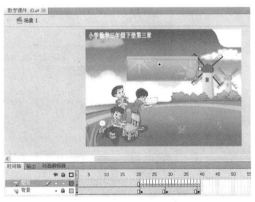
(a) 第 1 帧对应画面

(b) 第 21 帧对应画面

图 12-40　"题目"图层的各个帧

(c) 第 22 帧对应画面

(d) 第 23 帧对应画面

(e) 第 24 帧对应画面

(f) 第 25 帧对应画面

(g) 第 26 帧对应画面

(h) 第 27 帧对应画面

(i) 第 28 帧对应画面

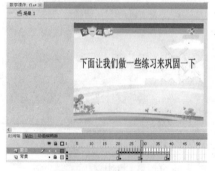

(j) 第 29 帧对应画面

续图 12-40

(k) 第 30 帧对应画面

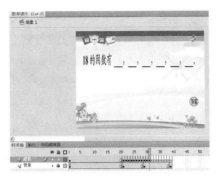

(l) 第 31 帧对应画面

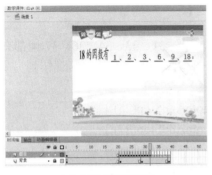

(m) 第 32 帧对应画面

(n) 第 33 帧对应画面

(o) 第 34 帧对应画面

(p) 第 35 帧对应画面

(q) 第 36 帧对应画面

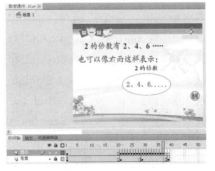

(r) 第 37 帧对应画面

续图 12-40

(s) 第 38 帧对应画面　　　　　　　　(t) 第 39 帧对应画面

续图 12-40

(2) 上面制作的画面中，其中第 24、26、27、30、31、33、34、36、37 帧都有一个继续按钮，在这些按钮上都添加了对应的语句。这些语句的作用就是从该帧跳转到另外一帧，每个关键帧上的按钮对应的语句如下。

在第 24 帧对应按钮上的语句：on(release){gotoAndStop(25);}

在第 26 帧对应按钮上的语句：on(release){gotoAndStop(27);}

在第 27 帧对应按钮上的语句：on(release){gotoAndStop(28);}

在第 30 帧对应按钮上的语句：on(release){gotoAndStop(31);}

在第 31 帧对应按钮上的语句：on(release){gotoAndStop(32);}

在第 33 帧对应按钮上的语句：on(release){gotoAndStop(34);}

在第 34 帧对应按钮上的语句：on(release){gotoAndStop(35);}

在第 36 帧对应按钮上的语句：on(release){gotoAndStop(37);}

在第 37 帧对应按钮上的语句：on(release){gotoAndStop(38);}

3. "导航条"图层

(1) 新建图层，改名为"导航条"。从"库"面板中将"按钮"元件拖到场景中，创建多个"按钮"实例，并调整按钮的大小。采用铅笔工具绘制曲线，将各个按钮元件连接起来，并在按钮上输入对应的文字，效果如图 12-41 所示。

(2) 在"导航条"图层中对应 10 个按钮，给每个按钮添加跳转语句，即在单击该按钮时可以跳转到对应的帧。各个按钮对应的语句如下。

"首页"按钮：on(release){gotoAndPlay(1);}

"定义"按钮：on(release){gotoAndStop(21);}

"例题"按钮：on(release){gotoAndStop(23);}

"例题"旁边的"1"按钮：on(release){gotoAndStop(24);}

"例题"旁边的"2"按钮：on(release){gotoAndStop(26);}

"练习"按钮：on(release){gotoAndStop(29);}

"练习"旁边的"1"按钮：on(release){gotoAndStop(30);}

"练习"旁边的"2"按钮：on(release){gotoAndStop(33);}

"练习"旁边的"3"按钮：on(release){gotoAndStop(36);}

"总结"按钮：on(release){gotoAndStop(39);}

至此，该数学课件制作完毕。

12.3.4 测试影片

测试影片，效果如图 12-42 所示。

图 12-41 导航条

图 12-42 测试结果

12.4 《童话》MV

【设计思路】

童话故事往往是人们所向往的。而光良的《童话》告诉我们要憧憬美好的未来，但也要学会面对残酷的现实，要勇敢面对各种挑战。短片的主要内容是：主人公在演唱会上演唱歌曲《童话》，当演唱开始时，他拨通躺在病床上的女孩的电话，让她通过电话聆听自己的歌声，以此来鼓励女孩要勇敢要坚强！在弹奏钢琴及演唱的过程中，回忆自己在医院陪伴女孩，回忆他们一起看电视、看日出等场景。

【技术要点】

根据歌词编写剧本；根据剧本设置分镜头脚本，然后再根据分镜头脚本制作各个场景。

12.4.1 前期准备

前期准备是一部完整 Flash 动画的起步阶段，前期准备充分与否尤为重要，往往需要设计者就剧本的故事，剧作的结构、风格、人物、音乐等一系列问题进行反复的探讨、商榷。首先要有一部构思完整、结构合理的文学剧本，接着需要根据剧本设计主场景和人物。尽可能地达到音乐与画面上动作节奏的和谐、统一，达到音乐配合画面动作、色彩、意境的效果。

1. 剧本

一个好剧本是 MV 制作的灵魂，只有在剧本的指导下，才能指挥角色、元件、影片剪辑等对象进行演出，所以首先要确定剧本。

以音乐《童话》为主题，编写了如下剧本。

主人公在音乐演唱会上演唱歌曲《童话》，在演唱开始时，他拨通躺在病床上的女孩的电话，让她通过电话聆听自己的歌声，以此来鼓励女孩要勇敢要坚强！在弹奏钢琴及演唱的过程中，回忆自己在医院陪伴女孩，回忆他们一起看电视、看日出等场景。

2. 分镜头脚本

根据剧本，编写分镜头脚本如表 12-1 所示。

表 12-1 分镜头脚本

序号	场　景	序号	场　景
1	片头	2	准备演唱
3	观众	4	弹奏钢琴
5	演唱	6	哭泣

续表

序号	场　　景	序号	场　　景
7	医院	8	拥抱
9	看日出	10	片尾

12.4.2　布局文档

选择"文件"→"新建"命令，在弹出的"新建文档"对话框中选择"ActionScript 2.0"选项，进入新建文档舞台窗口。舞台的大小设置为 550 像素×400 像素，背景颜色设置为黑色。将文件保存为"童话 MV.fla"。

12.4.3　制作元件

不同的场景需要不同的背景图片，同时还需要考虑整体的色彩搭配，因此背景构图是相当费神的。而在短片中，人物是必不可少的。人物在整个短片中，动作较多，用图片表示很占空间，而且画面不会很流畅。因此，人物动作主要采用矢量绘图，对每个动作进行分解，然后对其进行仔细绘制。在场景中会涉及很多小的修饰对象，如炫目的灯光、飘落的雪花等，为了使其更逼真，也可采用外部素材再加工的方法将其放到场景中。

在该短片中场景比较多，故对应的元件也很多，这里就不一一介绍其制作方法了。下面将元件分类，然后用文件夹组织起来。

1. "片头"文件夹

"片头"文件夹主要包含影片剪辑元件"童话"，图形元件"片头画面"、"MV 制作"

和"DOUFU"，按钮元件"按钮"，如图 12-43 所示。

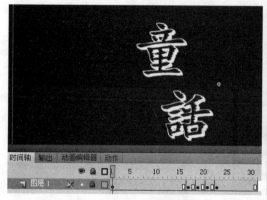

(a) "童话"影片剪辑元件

(b) "片头画面"图形元件

(c) "MV 制作"图形元件

(d) "DOUFU"图形元件

(e) "按钮"按钮元件

图 12-43 "片头"文件夹对应的元件

2. "舞台灯光"文件夹

在该文件夹中，先制作好"灯光"和"圆形灯"图形元件，再利用这两个元件制作"舞台(动)"影片剪辑元件，影片剪辑元件的效果如图 12-44 所示。

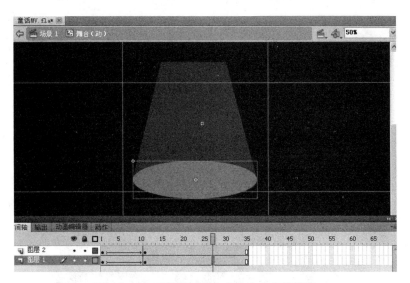

图 12-44 "舞台灯光"文件夹对应的元件

3. "观众"文件夹

在该文件夹中,主要是制作"有观众的坐椅"这个影片剪辑元件。制作过程分三步进行,先制作"坐椅",接下来制作"观众",再把"坐椅"和"观众"结合起来制作"有观众的坐椅"影片剪辑元件。

(1) 制作"坐椅"。

首先制作好"坐椅"图形元件,然后利用"坐椅"元件制作"座位"图形元件,如图12-45 所示。

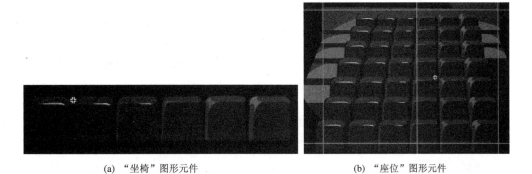

(a) "坐椅"图形元件   (b) "座位"图形元件

图 12-45 "坐椅"和"座位"图形元件

(2) 制作"观众"。

先制作好"观众 01"影片剪辑元件,这里利用逐帧动画制作眼睛会动的观众。"观众 02"、"观众 03"影片剪辑元件的制作方法与"观众 01"的相同。再利用这三个影片剪辑元件制作"01"至"07"图形元件,如图 12-46 所示。

(a) "观众01"影片剪辑元件

(b) "01"图形元件

图 12-46 "观众"元件的制作

(3) 制作"有观众的坐椅"影片剪辑元件。

利用刚才制作的"坐椅"和"观众"元件，制作"有观众的坐椅"影片剪辑元件。采用补间动画的方式来逐渐显示观众，如图 12-47 所示。

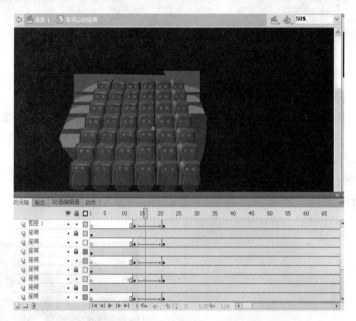

图 12-47 "有观众的坐椅"影片剪辑元件

4．"钢琴的零散元件"文件夹

绘制钢琴时，需要很多个小的部件，这里要把钢琴的一些零散部件制作成元件。

5．"钢琴"文件夹

在"钢琴"文件夹中，共包含 12 个元件。这里制作的元件主要是钢琴的几个画面，以及男孩放手机到钢琴上、弹奏的几个画面。元件较多，这里不一一介绍，部分元件如图 12-48 所示。

6．"男孩"文件夹

该文件夹主要包含男孩走向舞台中央、男孩反身走回钢琴和鞠躬的三个画面，对应三个影片剪辑元件，效果如图 12-49 所示。

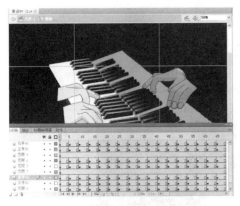
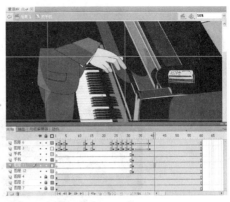

(a) "琴键"影片剪辑元件   (b) "放手机"影片剪辑元件

图 12-48   "钢琴"文件夹对应的元件

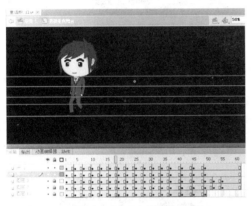
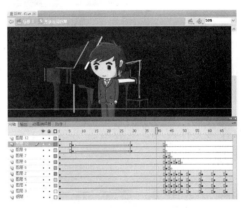

(a) "男孩走向舞台"影片剪辑元件   (b) "男孩走回钢琴"影片剪辑元件

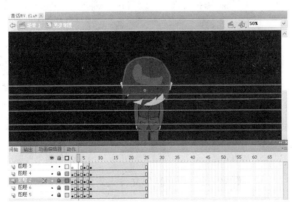

(c) "男孩弯腰"影片剪辑元件

图 12-49   "男孩"文件夹对应的元件

7. "嘴"文件夹

男孩唱歌时，口型是根据歌词变化的。在这里把可能出现的口型都制作成元件。

8."唱歌"文件夹

该文件夹中放置的是男孩唱歌时的画面。使用"嘴"文件夹中的元件,制作男孩唱歌时的动画,如图 12-50 所示。

图 12-50 "唱歌"文件夹对应的元件

9."医院"文件夹

在该文件夹中,主要放置男孩在医院陪伴女孩的画面,共有七个元件,部分元件的效果如图 12-51 所示。

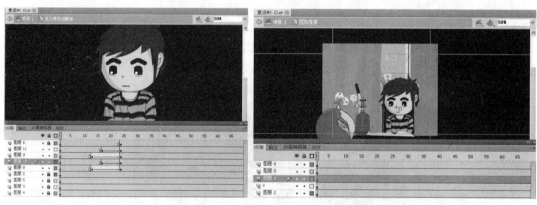

(a)"床边男孩流眼泪"影片剪辑元件　　　　　　(b)"医院背景"影片剪辑元件

图 12-51 "医院"文件夹对应的元件

10."窗户边"文件夹

该文件夹中放置的画面是男孩伫立在窗户旁,拉起窗帘,望着对面楼房……主要包含两个元件,如图 12-52 所示。

11."星星和羽毛"文件夹

该文件中主要包含"星星"和"羽毛"两个元件。

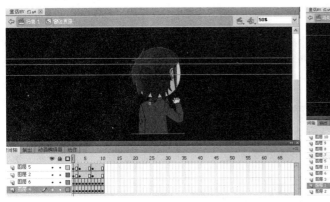

(a)"窗边男孩"影片剪辑元件　　　　　　(b)"男孩拉窗帘"影片剪辑元件

图 12-52　"窗户边"文件夹对应的元件

12."男孩和女孩"文件夹

该文件夹主要包含 11 个元件,主要是女孩和男孩在一起的画面,比如握手、拥抱、一起看日出、看电视等,部分元件效果如图 12-53 所示。

(a)"哭"影片剪辑元件

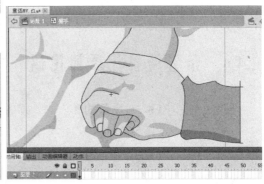

(b)"握手"图形元件

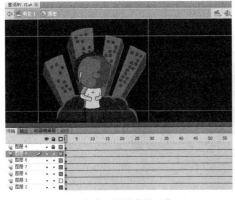

(c)"拥抱"影片剪辑元件

(d)"一起看日出"影片剪辑元件

图 12-53　"男孩和女孩"文件夹对应的元件

13. "声音"文件夹

在整个 MV 的制作过程中，共有三种声音：首先是掌声，然后是按键音，最后是演唱歌曲的声音。歌曲由"01.mp3"和"02.mp3"两个文件组成。将对应的这四个素材导入到"库"面板，如图 12-54 所示。

图 12-54　"声音"文件夹

12.4.4　布置场景，添加代码

元件制作完毕后，在场景的布置中，读者可以根据自己的构思来设置画面出现的先后顺序。

1. "片头"场景

该场景首先停止在"片头"画面，当单击"PLAY"按钮的时候，进入下一个"童话"的文字画面，然后再显示"MV 制作"及"DOUFU"元件，画面的出现效果以淡入淡出为主，如图 12-55 所示。

图 12-55　"片头"场景

2. "走向舞台"场景

(1) 新建四个图层，分别改名为"舞台灯光"、"钢琴"、"座位"和"角色"。

(2) 首先出场的是"舞台(动)"影片剪辑元件和"钢琴 01"图形元件，对应"舞台灯光"和"钢琴"图层，这两个图层都从第 74 帧开始到第 99 帧结束，并在第 100 帧处插入空白关键帧。然后出场的是"座位"图形元件，放置在"座位"图层，从第 100 帧到第 126 帧，并在第 127 帧处插入空白关键帧。接下来出场的是"男孩走向舞台"影片剪辑元件，放置在"角色"图层，从第 127 帧到第 187 帧。在"男孩走向舞台"的同时，"灯光"和"钢琴"是作为背景的，故在"舞台灯光"和"钢琴"图层的第 127 帧到第 187 帧，也需要制作对应的效果，如图 12-56 所示。

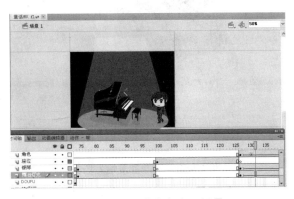

图 12-56 "走向舞台"场景

3. "观众"场景

(1) 在"座位"图层的第 188 帧处插入空白关键帧，并将"有观众的坐椅"影片剪辑元件放置在该帧，在第 249 帧处插入普通帧，并在第 250 帧处插入空白关键帧。

观众出现的同时，掌握即刻响起。

(2) 新建图层，改名为"掌声及按键"。在第 200 帧处插入空白关键帧，打开"属性"面板，添加声音"掌声.mp3"，在第 248 帧处插入普通帧，并在第 249 帧处插入空白关键帧，效果如图 12-57 所示。

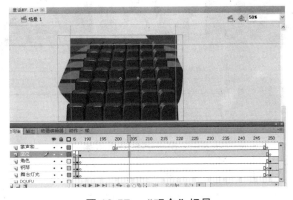

图 12-57 "观众"场景

4. "准备演唱"场景

接下来是男孩鞠躬，然后走向钢琴。在"角色"图层的第 250 帧处插入空白关键帧，放置"男孩弯腰"影片剪辑元件。这一幕同样需要以钢琴和灯光作为背景，故对应的"钢琴"和"舞台灯光"图层也需要制作相同的效果。

在"钢琴"图层的第 274 帧插入空白关键帧，放置"男孩走向钢琴"的影片剪辑元件，在第 269 帧处插入普通帧，并在第 270 帧处插入空白关键帧，效果如图 12-58 所示。

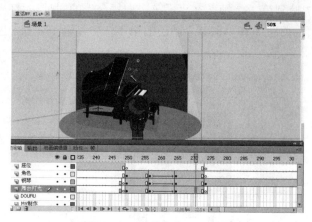

图 12-58　"准备演唱"场景

5. 其他场景

(1) 该动画共有 2 922 帧，故不再一一介绍其每个场景的制作过程。接下来新建八个图层，分别命名为"手"、"主体 1"、"主体 2"、"灯光"、"音乐 1"、"音乐 2"、"片尾"、"黑框"。其中在"黑框"图层中绘制一个黑色的矩形，效果如图 12-59 所示。

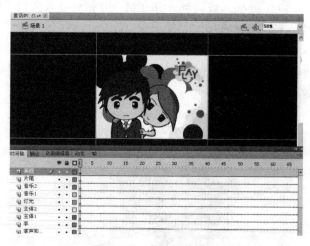

图 12-59　其他场景效果

(2) 剩下各个场景的制作不再一一介绍。表 12-2 标明了每个图层中的帧所对应的元件，读者可以根据该表格进行元件对象的添加和效果的设置。

表 12-2 元件列表

图 层 名	帧 范 围	对 应 元 件
"灯光"	125~187	"灯光" 图形元件
"灯光"	250~429	"灯光" 图形元件
角色	370~429	"男孩放手机" 影片剪辑元件
钢琴	430~465	"钢琴架" 图形元件
掌声	379~435	"按键音" 声音
音乐	396~2467	"01.mp3" 声音
音乐	2 467~2 922	"02.mp3" 声音
手	466~500	"手 02" 影片剪辑元件
手	501~556	"琴键" 影片剪辑元件
手	557~582	"医院背景 02"
主体 1	562~636	"医院背景"
主体 1	637~720	"唱歌" 影片剪辑元件
主体 1	721~768	"握手"
主体 1	769~816	"男孩拉窗帘" 影片剪辑元件
主体 1	817~889	"钢琴上的手机" 影片剪辑元件
主体 1	890~907	"电视" 影片剪辑元件
主体 1	908~975	"哭" 影片剪辑元件
主体 1	976~1 060	"唱歌" 影片剪辑元件
主体 1	1 061~1 225	"拥抱"
主体 1	1 226~1 315	"琴键" 影片剪辑元件
主体 1	1 316~1 404	"拥抱 02"
主体 1	1 405~1 489	"唱歌" 影片剪辑元件
主体 1	1 490~1 561	"richu"
主体 1	1 562~1 695	"琴键" 影片剪辑元件
主体 1	1 696~1 744	"哭" 影片剪辑元件
主体 1	1 745~1 778	"电视" 影片剪辑元件
主体 1	1 779~1 818	"钢琴上的手机" 影片剪辑元件
主体 1	1 819~1 858	"唱歌" 影片剪辑元件
主体 1	1 859~1 943	"医院背景 03"
主体 1	1 944~2 033	"拥抱场景"
"主体 2"	1 985~2 025	"羽毛动" 影片剪辑元件
主体 1	2 034~2 203	"琴键" 影片剪辑元件
主体 1	2 204~2 314	"钢琴架"

续表

图 层 名	帧 范 围	对 应 元 件
主体 1	2 315~2 373	"拥抱 02"
主体 1	2 374~2 449	"哭" 影片剪辑元件
主体 1	2 450~2 548	"唱歌" 影片剪辑元件
主体 1	2 549~2 584	"琴键" 影片剪辑元件
主体 1	2 585~2 629	"唱歌" 影片剪辑元件
"主体 2"	2 630~2 694	"握手" 影片剪辑元件
"主体 1"	2 695~2 774	"医院背景 02"
"主体 2"	2 775~2 866	"日出 02" 影片剪辑元件
"主体 2"	2 867~2 922	"唱歌" 影片剪辑元件
"片尾"	2 922	"PLAY" 按钮、"DOUFU" 图形元件、"MV 制作" 图形元件

(3) 选中 "片尾" 图层的第 2 922 帧，打开 "动作" 面板，添加语句 "stop();"，让动画播放到第 2 922 帧时停止。选中该帧上的 "PLAY" 按钮，打开 "动作" 面板，给按钮添加如下语句：

```
On(release){gotoAndPlay(2);}
```

即当单击该按钮时，跳转到第 2 帧并从第 2 帧开始播放。

至此，整个动画制作完毕。

12.4.5　测试影片

测试影片，效果如图 12-60 所示。

图 12-60　测试结果

参 考 文 献

[1] 刘进军. Flash 二维动画设计与制作[M]. 北京：清华大学出版社，2011.

[2] 前沿思想. Flash CS5 动画设计与制作 200 例[M]. 北京：科学出版社，2010.

[3] 腾飞科技，万方. 巧学巧用 Flash CS5 制作动画[M]. 北京：人民邮电出版社，2010.

[4] 车龙俊. Flash CS5 从新手到高手[M]. 北京：中国青年出版社，2010.

[5] 梁栋，潘洪军. 中文版 Flash CS4 动画制作实用教程[M]. 北京：清华大学出版社，2010.

[6] 曲培新，李峰，刘晓光，等. Flash CS4 精品动画制作 50 例[M]. 北京：电子工业出版社，2010.

[7] 九州书源. Flash CS5 动画制作[M]. 北京：清华大学出版社，2011.

[8] 文杰书院. Flash CS5 动画制作基础教程[M]. 北京：清华大学出版社，2012.

[9] 杨聪，张希玲. Flash CS5 动画设计案例实训教程[M]. 北京：科学出版社，2012.

[10] 于永忱，伍福军. Flash CS5 动画设计案例教程[M]. 北京：北京大学出版社，2011.